战略性新兴领域"十四五"高等教育系列教材

绿色低碳建筑设计

主　编　贺丽洁
副主编　薛名辉　郭娟利　房　涛
参　编　凌　薇　刘　恒　彭相国　燕　艳　蒋航军　赵　颖
主　审　李存东

机械工业出版社
CHINA MACHINE PRESS

本书以实现国家"双碳"目标为宏观背景,以当前我国建筑绿色化、低碳化、智能化发展为重要依据,介绍了绿色低碳建筑的基础知识、设计原理、关键技术和实用策略。本书主要内容包括概论、场地规划设计、建筑空间设计、物理环境设计、材料与构造设计、可再生能源技术设计、绿色低碳建筑的智能设计和实践案例分析。

本书主要面向建筑学、城乡规划、风景园林、土木工程等专业的本科生和研究生,同时也适用于建筑行业的设计师、工程师和管理人员,以及对绿色低碳建筑设计感兴趣的广大读者。

本书配有PPT课件、教学大纲、思考题答案等教学资源,免费提供给选用本书作为教材的授课教师,需要者请登录机械工业出版社教育服务网(www.cmpedu.com)注册后下载。

图书在版编目(CIP)数据

绿色低碳建筑设计 / 贺丽洁主编. -- 北京:机械工业出版社,2024.11. -- (战略性新兴领域"十四五"高等教育系列教材). -- ISBN 978-7-111-77261-3

Ⅰ. TU201.5

中国国家版本馆CIP数据核字第2024X9F620号

机械工业出版社(北京市百万庄大街22号 邮政编码100037)
策划编辑:刘春晖　　　　　　责任编辑:刘春晖　高凤春
责任校对:龚思文　陈　越　　封面设计:马若濛
责任印制:张　博
北京华宇信诺印刷有限公司印刷
2024年12月第1版第1次印刷
184mm×260mm・20.25印张・471千字
标准书号:ISBN 978-7-111-77261-3
定价:79.00元

电话服务　　　　　　　　网络服务
客服电话:010-88361066　　机 工 官 网:www.cmpbook.com
　　　　　010-88379833　　机 工 官 博:weibo.com/cmp1952
　　　　　010-68326294　　金 书 网:www.golden-book.com
封底无防伪标均为盗版　　　机工教育服务网:www.cmpedu.com

系列教材编审委员会

顾　　　问：谢和平　彭苏萍　何满潮　武　强　葛世荣
　　　　　　陈湘生　张锁江
主 任 委 员：刘　波
副主任委员：郭东明　王绍清
委　　　员：（排名不分先后）

刁琰琰　马　妍　王建兵　王　亮　王家臣
邓久帅　师素珍　竹　涛　刘　迪　孙志明
李　涛　杨胜利　张明青　林雄超　岳中文
郑宏利　赵卫平　姜耀东　祝　捷　贺丽洁
徐向阳　徐　恒　崔　成　梁鼎成　解　强

丛书序一

面对全球气候变化日益严峻的形势，碳中和已成为各国政府、企业和社会各界关注的焦点。早在 2015 年 12 月，第二十一届联合国气候变化大会上通过的《巴黎协定》首次明确了全球实现碳中和的总体目标。2020 年 9 月 22 日，习近平主席在第七十五届联合国大会一般性辩论上，首次提出碳达峰新目标和碳中和愿景。党的二十大报告提出，"积极稳妥推进碳达峰碳中和"。围绕碳达峰碳中和国家重大战略部署，我国政府发布了系列文件和行动方案，以推进碳达峰碳中和目标任务实施。

2023 年 3 月，教育部办公厅下发《教育部办公厅关于组织开展战略性新兴领域"十四五"高等教育教材体系建设工作的通知》（教高厅函〔2023〕3 号），以落实立德树人根本任务，发挥教材作为人才培养关键要素的重要作用。中国矿业大学（北京）刘波教授团队积极行动，申请并获批建设未来产业（碳中和）领域之一系列教材。为建设高质量的未来产业（碳中和）领域特色的高等教育专业教材，融汇产学共识，凸显数字赋能，由 63 所高等院校、31 家企业与科研院所的 165 位编者（含院士、教学名师、国家千人、杰青、长江学者等）组成编写团队，分碳中和基础、碳中和技术、碳中和矿山与碳中和建筑四个类别（共计 14 本）编写。本系列教材集理论、技术和应用于一体，系统阐述了碳捕集、封存与利用、节能减排等方面的基本理论、技术方法及其在绿色矿山、智能建造等领域的应用。

截至 2023 年，煤炭生产消费的碳排放占我国碳排放总量的 63%左右，据《2023 中国建筑与城市基础设施碳排放研究报告》，全国房屋建筑全过程碳排放总量占全国能源相关碳排放的 38.2%，煤炭和建筑已经成为碳减排碳中和的关键所在。本系列教材面向国家战略需求，聚焦煤炭和建筑两个行业，紧跟国内外最新科学研究动态和政策发展，以矿业工程、土木工程、地质资源与地质工程、环境科学与工程等多学科视角，充分挖掘新工科领域的规律和特点、蕴含的价值和精神；融入思政元素，以彰显"立德树人"育人目标。本系列教材突出基本理论和典型案例结合，强调技术的重要性，如高碳资源的低碳化利用技术、二氧化碳转化与捕集技术、二氧化碳地质封存与监测技术、非二氧化碳类温室气体减排技术等，并列举了大量实际应用案例，展示了理论与技术结合的实践情况。同时，邀请了多位经验丰富的专家和学者参编和指导，确保教材的科学性和前瞻性。本系列教材力求提供全面、可持续的解决方案，以应对碳排放、减排、中和等方面的挑战。

本系列教材结构体系清晰，理论和案例融合，重点和难点明确，用语通俗易懂；融入了编写团队多年的实践教学与科研经验，能够让学生快速掌握相关知识要点，真正达到学以致用的效果。教材编写注重新形态建设，灵活使用二维码，巧妙地将微课视频、模拟试卷、虚拟结合案例等应用样式融入教材之中，以激发学生的学习兴趣。

  本系列教材凝聚了高校、企业和科研院所等编者们的智慧，我衷心希望本系列教材能为从事碳排放碳中和领域的技术人员、高校师生提供理论依据、技术指导，为未来产业的创新发展提供借鉴。希望广大读者能够从中受益，在各自的领域中积极推动碳中和工作，共同为建设绿色、低碳、可持续的未来而努力。

谢和平

中国工程院院士
深圳大学特聘教授
2024 年 12 月

丛书序二

2015年12月,第二十一届联合国气候变化大会上通过的《巴黎协定》首次明确了全球实现碳中和的总体目标,"在本世纪下半叶实现温室气体源的人为排放与汇的清除之间的平衡",为世界绿色低碳转型发展指明了方向。2020年9月22日,习近平主席在第七十五届联合国大会一般性辩论上宣布,"中国将提高国家自主贡献力度,采取更加有力的政策和措施,二氧化碳排放力争于2030年前达到峰值,努力争取2060年前实现碳中和",首次提出碳达峰新目标和碳中和愿景。2021年9月,中共中央、国务院发布《中共中央 国务院关于完整准确全面贯彻新发展理念做好碳达峰碳中和工作的意见》。2021年10月,国务院印发《2030年前碳达峰行动方案》,推进碳达峰碳中和目标任务实施。2024年5月,国务院印发《2024—2025年节能降碳行动方案》,明确了2024—2025年化石能源消费减量替代行动、非化石能源消费提升行动和建筑行业节能降碳行动具体要求。

党的二十大报告提出,"积极稳妥推进碳达峰碳中和""推动能源清洁低碳高效利用,推进工业、建筑、交通等领域清洁低碳转型"。聚焦"双碳"发展目标,能源领域不断优化能源结构,积极发展非化石能源。2023年全国原煤产量47.1亿t、煤炭进口量4.74亿t,2023年煤炭占能源消费总量的占比降至55.3%,清洁能源消费占比提高至26.4%,大力推进煤炭清洁高效利用,有序推进重点地区煤炭消费减量替代。不断发展降碳技术,二氧化碳捕集、利用及封存技术取得明显进步,依托矿山、油田和咸水层等有利区域,降碳技术已经得到大规模应用。国家发展改革委数据显示,初步测算,扣除原料用能和非化石能源消费量后,"十四五"前三年,全国能耗强度累计降低约7.3%,在保障高质量发展用能需求的同时,节约化石能源消耗约3.4亿t标准煤、少排放CO_2约9亿t。但以煤为主的能源结构短期内不能改变,以化石能源为主的能源格局具有较大发展惯性。因此,我们需要积极推动能源转型,进行绿色化、智能化矿山建设,坚持数字赋能,助力低碳发展。

联合国环境规划署指出,到2030年若要实现所有新建筑在运行中的净零排放,建筑材料和设备中的隐含碳必须比现在水平至少减少40%。据《2023中国建筑与城市基础设施碳排放研究报告》,2021年全国房屋建筑全过程碳排放总量为40.7亿$t\ CO_2$,占全国能源相关碳排放的38.2%。建材生产阶段碳排放17.0亿$t\ CO_2$,占全国的16.0%,占全过程碳排放的41.8%。因此建筑建造业的低能耗和低碳发展势在必行,要大力发展节能低碳建筑,优化建筑用能结构,推行绿色设计,加快优化建筑用能结构,提高可再生能源使用比例。

面对新一轮能源革命和产业变革需求,以新质生产力引领推动能源革命发展,近年来,中国矿业大学(北京)调整和新增新工科专业,设置全国首批碳储科学与工程、智能采矿工程专业；开设新能源科学与工程、人工智能、智能建造、智能制造工程等专业，积极响应未来产业（碳中和）领域人才自主培养质量的要求，聚集煤炭绿色开发、碳捕集利用与封存等领域前沿理论与关键技术，推动智能矿山、洁净利用、绿色建筑等深度融合，促进相关学科数字化、智能化、低碳化融合发展，努力培养碳中和领域需要的复合型创新人才，为教育强国、能源强国建设提供坚实人才保障和智力支持。

为此，我们团队积极行动，申请并获批承担教育部组织开展的战略性新兴领域"十四五"高等教育教材体系建设任务，并荣幸负责未来产业（碳中和）领域之一系列教材建设。本系列教材共计14本，分为碳中和基础、碳中和技术、碳中和矿山与碳中和建筑四个类别，碳中和基础包括《碳中和概论》《碳资产管理与碳金融》和《高碳资源的低碳化利用技术》，碳中和技术包括《二氧化碳转化原理与技术》《二氧化碳捕集原理与技术》《二氧化碳地质封存与监测》和《非二氧化碳类温室气体减排技术》，碳中和矿山包括《绿色矿山概论》《智能采矿概论》《矿山环境与生态工程》，碳中和建筑包括《绿色智能建造概论》《绿色低碳建筑设计》《地下空间工程智能建造概论》和《装配式建筑与智能建造》。本系列教材以碳中和基础理论为先导，以技术为驱动，以矿山和建筑行业为主要应用领域，加强系统设计，构建以碳源的降、减、控、储、用为闭环的碳中和教材体系，服务于未来拔尖创新人才培养。

本系列教材从矿业工程、土木工程、地质资源与地质工程、环境科学与工程等多学科融合视角，系统介绍了基础理论、技术、管理等内容，注重理论教学与实践教学的融合融汇；建设了以知识图谱为基础的数字资源与核心课程，借助虚拟教研室构建了知识图谱，灵活使用二维码形式，配套微课视频、模拟试卷、虚拟结合案例等资源，凸显数字赋能，打造新形态教材。

本系列教材的编写，组织了63所高等院校和31家企业与科研院所，编写人员累计达到165名，其中院士、教学名师、国家千人、杰青、长江学者等24人。另外，本系列教材得到了谢和平院士、彭苏萍院士、何满潮院士、武强院士、葛世荣院士、陈湘生院士、张锁江院士、崔愷院士等专家的无私指导，在此表示衷心的感谢！

未来产业（碳中和）领域的发展方兴未艾，理论和技术会不断更新。编撰本系列教材的过程，也是我们与国内外学者不断交流和学习的过程。由于编者们水平有限，教材中难免存在不足或者欠妥之处，敬请读者不吝指正。

刘波

教育部战略性新兴领域"十四五"高等教育教材体系
未来产业（碳中和）团队负责人
2024年12月

前　言

随着全球气候变化的加剧和资源的日益紧张，建筑行业作为全球能源消耗和温室气体排放的主要领域之一，肩负着推动可持续发展的重要责任。据国际能源署（IEA）统计，建筑物的建设和运营占全球能源消耗的近40%，同时贡献了约36%的温室气体排放。因此，发展绿色低碳建筑对于减缓气候变化、实现全球碳中和目标具有重要意义。

自20世纪末以来，随着可持续发展理念的普及和相关技术的进步，绿色低碳建筑在全球范围内得到了快速发展。国际上，绿色建筑已经形成一套成熟的评价体系和标准，如LEED、BREEAM等。许多国家正在推动新建建筑全面执行绿色建筑标准，并鼓励对既有建筑进行节能改造。我国政府高度重视绿色发展，党的二十大报告中明确提出了推动绿色发展、促进人与自然和谐共生的目标。国家层面出台了一系列政策和规划，如《"十四五"建筑节能与绿色建筑发展规划》，旨在推动建筑行业向绿色低碳方向转型。

科技进步为绿色低碳建筑的发展提供了强大动力。新型材料、节能技术、智能系统等创新成果不断涌现，为实现建筑的节能减排提供了更多的可能。同时，建筑师们也在探索更加人性化、生态化的设计理念，将自然光、通风、绿色空间等元素融入建筑之中，创造出既美观又实用的绿色低碳建筑。

面对绿色低碳建筑的发展需求，培养具备相关知识和技能的专业人才显得尤为重要。本书正是为满足这一需求而编写，旨在为学生和相关从业人员提供绿色低碳建筑设计的系统指导，帮助他们掌握必要的理论知识和实践技能，为推动建筑行业的绿色低碳转型贡献力量。

本书是战略性新兴领域"十四五"高等教育系列教材之一，主要介绍了绿色低碳建筑的基础知识、设计原理、关键技术和实用策略。本书共8章：第1章为概论，介绍了绿色低碳建筑的概念、设计影响因素以及国内外发展情况和未来发展方向。第2~4章分别介绍了场地规划设计、建筑空间设计和物理环境设计。场地规划设计包括建筑选址与布局、场地物理环境和景观设计；建筑空间设计包括绿色低碳建筑设计原则，建筑空间的形态设计、节能设计和环境设计；物理环境设计包括绿色低碳建筑的风环境、光环境、声环境和热环境设计。第5~7章分别介绍了材料与构造设计、可再生能源技术设计和绿色低碳建筑的智能设计。材料与构造设计包括绿色低碳建材，建筑保温、隔热和透明围护结构的构造设计；可再生能源技术设计包括可再生能源概述，太阳能、地热能、风能、生物质能及其在建筑中的应用；绿色低碳建筑的智能设计包括智能设计概述、全生命周期综合解决方案和性能预测的人工智能方法。第8章为实践案例分析，通过工程项目概述、设计方案解析和技术方案解析分别介绍了10个绿色低碳建筑的典型案例。希望本书能够激发读者对绿色低碳建筑设计的热

前　言

情，提高读者在建筑设计实践中的创新能力和实践技能。

本书由中国矿业大学（北京）贺丽洁任主编，全国工程勘察设计大师、中国建筑设计研究院有限公司李存东任主审，哈尔滨工业大学薛名辉、天津大学郭娟利和山东建筑大学房涛任副主编。第1章和第3章由贺丽洁编写，第2章和第5章由郭娟利编写，第4章由哈尔滨工业大学凌薇编写，第6章由房涛编写，第7章由薛名辉、中国科学院大学彭相国编写，第8章由中国建筑设计研究院有限公司刘恒、上海建筑设计研究院有限公司燕艳、房涛、中国建筑标准设计研究院有限公司蒋航军、同济大学建筑设计研究院（集团）有限公司赵颖编写。

本书在编写过程中，得到了众多专业人士的宝贵支持与帮助。首先，特别感谢中国工程院院士、全国工程勘察设计大师崔愷，他以其深刻的学术见解和广阔的专业视角，为本书提供了大量宝贵的见解与指导。其次，特别感谢天津大学杨崴教授，她以其丰富的学术经验和深厚的专业知识，为本书提供了诸多有益的建议和意见。同时，还得到了清华大学建筑学院杨滔，中国建筑设计研究院有限公司黄剑钊，同济大学建筑设计研究院（集团）有限公司汪铮、张瑞，华东建筑设计研究院有限公司于鹏，夏初科技集团刘钧文的大力支持与鼎力帮助。在此，向所有参与和支持本书编写工作的个人和团队表达最衷心的感谢。

限于编者水平，书中内容难免存在不足之处，敬请广大读者批评指正。

编　者

授课视频二维码清单

序号	章节位置	资源名称	二维码图形
1	1.1.1	绿色建筑的相关概念	
2	1.1.2	零碳建筑设计案例	
3	1.2.7	建筑智能化发展——智慧空间设计决策系统	
4	1.3.3	绿色低碳建筑的数字化发展	
5	2.2	场地物理环境设计	
6	2.3	建筑场地景观设计	
7	3.1	绿色低碳建筑设计原则	

授课视频二维码清单

（续）

序号	章节位置	资源名称	二维码图形
8	3.2.1	顺应当地气候	
9	3.2.2	适应周边环境	
10	3.2.3	控制空间形体	
11	3.2.4	形式追随功能	
12	3.2.5	弹性空间设计	
13	3.2.6	结构空间协同	
14	3.3.1	区分和减少用能空间	
15	3.3.2	加强自然采光和通风	
16	3.3.3	采用标准化和集成化	

（续）

序号	章节位置	资源名称	二维码图形
17	5.1	绿色低碳建材	
18	5.2	保温构造设计	
19	5.3	隔热构造设计	
20	5.4	透明围护结构构造设计	
21	7.3	性能预测的人工智能方法	
22	8.1	哈萨克斯坦阿斯塔纳住宅	
23	8.2	长江生态环境学院	
24	8.3	雄安设计中心	
25	8.4	上海张江未来公园艺术馆	

（续）

序号	章节位置	资源名称	二维码图形
26	8.5	山东建筑大学教学实验综合楼	
27	8.6	成都天府农博园	
28	8.7	上海市第一人民医院改扩建	
29	8.8	上海自贸区临港新片区酒店	
30	8.10	上海临港星空之境主题公园游客服务中心	

目 录

丛书序一

丛书序二

前言

授课视频二维码清单

第1章 概论 / 1

 1.1 绿色低碳建筑概述 / 2

  1.1.1 绿色建筑及相关概念 / 2

  1.1.2 低碳及零碳建筑概述 / 3

  1.1.3 绿色低碳建筑解析 / 5

 1.2 绿色低碳建筑设计影响因素 / 6

  1.2.1 场地选址规划 / 6

  1.2.2 建筑空间形态 / 7

  1.2.3 建筑物理环境 / 9

  1.2.4 建筑构造设计 / 12

  1.2.5 绿色建筑材料 / 13

  1.2.6 可再生能源技术 / 15

  1.2.7 建筑智能化发展 / 17

 1.3 绿色低碳建筑的发展 / 18

  1.3.1 国外绿色低碳建筑的发展 / 18

  1.3.2 国内绿色低碳建筑的发展 / 20

  1.3.3 绿色低碳建筑的未来发展 / 22

 思考题 / 25

第2章 场地规划设计 / 26

 2.1 建筑选址与布局 / 26

  2.1.1 建筑选址布局原则 / 26

  2.1.2 气候的组成及分类 / 27

2.1.3 不同地形地貌的场地选址 / 28
2.1.4 场地选址及总体布局设计 / 32

2.2 场地物理环境设计 / 35
2.2.1 场地布局设计的风环境设计 / 35
2.2.2 场地布局设计的光环境设计 / 37
2.2.3 场地布局设计的声环境设计 / 41
2.2.4 场地布局设计的热环境设计 / 44
2.2.5 微气候综合设计 / 48

2.3 建筑场地景观设计 / 50
2.3.1 景观设计理论 / 50
2.3.2 绿地景观设计 / 52
2.3.3 水体景观设计 / 56

思考题 / 58

第3章 建筑空间设计 / 59

3.1 绿色低碳建筑设计原则 / 59
3.1.1 根植本土化设计 / 59
3.1.2 倡导人性化使用 / 60
3.1.3 提高低碳化循环 / 60
3.1.4 满足长寿化利用 / 61
3.1.5 实现智慧化应用 / 62

3.2 建筑空间形态设计 / 63
3.2.1 顺应当地气候 / 63
3.2.2 适应周边环境 / 67
3.2.3 控制空间形体 / 69
3.2.4 形式追随功能 / 71
3.2.5 弹性空间设计 / 73
3.2.6 结构空间协同 / 75

3.3 建筑空间节能设计 / 77
3.3.1 区分和减少用能空间 / 77
3.3.2 加强自然采光和通风 / 80
3.3.3 采用标准化和集成化 / 87

3.4 建筑空间环境设计 / 90
3.4.1 提升室内环境品质 / 90
3.4.2 营造自然生态空间 / 92
3.4.3 增加健康行为空间 / 95
3.4.4 创造良好视觉空间 / 97

3.4.5　设置人性化设施　/ 98

思考题　/ 100

第4章　物理环境设计　/ 101

4.1　风环境设计　/ 101

 4.1.1　风环境设计基本概念　/ 101

 4.1.2　风环境研究方法　/ 102

 4.1.3　室内自然通风设计方法　/ 106

4.2　光环境设计　/ 110

 4.2.1　光环境设计基本概念　/ 110

 4.2.2　自然光的利用方法　/ 113

 4.2.3　绿色照明设计方法　/ 114

4.3　声环境设计　/ 115

 4.3.1　声环境设计基本概念　/ 115

 4.3.2　声环境研究方法　/ 117

 4.3.3　室内音质设计方法　/ 119

 4.3.4　噪声控制方法　/ 120

4.4　热环境设计　/ 123

 4.4.1　热环境设计基本概念　/ 123

 4.4.2　建筑保温设计方法　/ 125

 4.4.3　建筑防热与隔热设计方法　/ 127

 4.4.4　空调系统应用　/ 129

思考题　/ 131

第5章　材料与构造设计　/ 132

5.1　绿色低碳建材　/ 132

 5.1.1　绿色低碳建材的定义与基本特征　/ 132

 5.1.2　绿色低碳建材的发展现状与趋势　/ 134

 5.1.3　绿色低碳建材的碳足迹　/ 135

 5.1.4　绿色低碳建材的品种及其产品　/ 140

 5.1.5　建材的资源化利用　/ 147

 5.1.6　建筑节材技术与方法　/ 148

5.2　保温构造设计　/ 150

 5.2.1　建筑保温设计原则　/ 150

 5.2.2　墙体保温构造设计　/ 150

 5.2.3　屋面保温构造设计　/ 156

5.3　隔热构造设计　/ 160

5.3.1　隔热构造设计原则　/　160
　　　5.3.2　墙体隔热构造设计　/　161
　　　5.3.3　屋面隔热构造设计　/　164
　5.4　透明围护结构构造设计　/　168
　　　5.4.1　透明围护结构设计原则　/　168
　　　5.4.2　门窗节能构造设计　/　168
　　　5.4.3　屋顶天窗构造设计　/　171
　　　5.4.4　遮阳设计　/　172
思考题　/　175

第6章　可再生能源技术设计　/　176

　6.1　可再生能源概述　/　176
　　　6.1.1　可再生能源的定义　/　176
　　　6.1.2　可再生能源的种类　/　176
　　　6.1.3　可再生能源建筑应用概况　/　178
　6.2　太阳能及其建筑应用　/　179
　　　6.2.1　我国太阳能资源状况与分布　/　179
　　　6.2.2　我国太阳能建筑应用现状　/　180
　　　6.2.3　太阳能建筑应用技术　/　181
　　　6.2.4　太阳能建筑一体化设计　/　188
　6.3　地热能及其建筑应用　/　198
　　　6.3.1　我国地热资源状况与分布　/　198
　　　6.3.2　地热资源的开发利用现状　/　198
　　　6.3.3　地热能建筑应用技术　/　199
　6.4　风能及其建筑应用　/　202
　　　6.4.1　风能资源状况与分布　/　202
　　　6.4.2　国内外风能应用现状　/　203
　　　6.4.3　风能建筑应用技术　/　205
　6.5　生物质能及其建筑应用　/　206
　　　6.5.1　我国生物质资源状况　/　207
　　　6.5.2　国内外生物质能应用现状　/　207
　　　6.5.3　生物质能建筑应用技术　/　207
思考题　/　208

第7章　绿色低碳建筑的智能设计　/　209

　7.1　智能设计概述　/　209
　　　7.1.1　智能设计的基本内容　/　209

    7.1.2 建筑外壳的智能设计　/　218
    7.1.3 绿色低碳智能建筑管理系统　/　223
  7.2 全生命周期综合解决方案　/　225
    7.2.1 全生命周期 BIM 模型的构建　/　225
    7.2.2 全生命周期数据的整合与分析　/　227
    7.2.3 运营维护和使用后评估　/　230
  7.3 性能预测的人工智能方法　/　234
    7.3.1 建筑能源消耗预测　/　235
    7.3.2 室内热舒适度预测　/　241
    7.3.3 室内空气质量预测　/　244
    7.3.4 室内空间占用率预测　/　245
思考题　/　248

第 8 章　实践案例分析　/　249

  8.1 哈萨克斯坦阿斯塔纳住宅　/　249
    8.1.1 工程项目概述　/　249
    8.1.2 设计方案解析　/　249
    8.1.3 技术方案解析　/　250
  8.2 长江生态环境学院　/　254
    8.2.1 工程项目概述　/　254
    8.2.2 设计方案解析　/　255
    8.2.3 技术方案解析　/　256
  8.3 雄安设计中心　/　258
    8.3.1 工程项目概述　/　258
    8.3.2 设计方案解析　/　259
    8.3.3 技术方案解析　/　260
  8.4 上海张江未来公园艺术馆　/　266
    8.4.1 工程项目概述　/　266
    8.4.2 设计方案解析　/　266
    8.4.3 技术方案解析　/　268
  8.5 山东建筑大学教学实验综合楼　/　270
    8.5.1 工程项目概述　/　270
    8.5.2 设计方案解析　/　270
    8.5.3 技术方案解析　/　271
  8.6 成都天府农博园　/　277
    8.6.1 工程项目概述　/　277
    8.6.2 设计方案解析　/　277

8.6.3 技术方案解析 / 278

8.7 上海市第一人民医院改扩建 / 281
  8.7.1 工程项目概述 / 281
  8.7.2 设计方案解析 / 281
  8.7.3 技术方案解析 / 282

8.8 上海自贸区临港新片区酒店 / 285
  8.8.1 工程项目概述 / 285
  8.8.2 设计方案解析 / 285
  8.8.3 技术方案解析 / 286

8.9 苏州奥林匹克体育中心 / 289
  8.9.1 工程项目概述 / 289
  8.9.2 设计方案解析 / 290
  8.9.3 技术方案解析 / 290

8.10 上海临港星空之境主题公园游客服务中心 / 292
  8.10.1 工程项目概述 / 292
  8.10.2 设计方案解析 / 293
  8.10.3 技术方案解析 / 293

参考文献 / 299

第1章 概论

随着经济的快速发展,资源消耗多、能源短缺等问题已经成为制约我国社会经济持续发展、危及我国现代化建设进程和国家安全的战略问题。目前,我国正处于城镇化快速发展阶段,城乡建设规模空前,伴随而来的是严峻的能源资源问题和生态环境问题。2020年9月,习近平总书记在第七十五届联合国大会一般性辩论上宣布,中国二氧化碳排放力争于2030年前达到峰值,努力争取2060年前实现碳中和。实现碳达峰、碳中和是我国向世界做出的庄严承诺,是党中央推动生态文明建设的重大战略决策。

据统计,全球有1/3的能源资源被建筑所消耗,在人类产生的生活垃圾中有40%为建筑垃圾,而且由建筑所引起的污染包括空气污染、光污染等占据了环境污染总和的1/3以上。我国拥有世界上最大的建筑市场,每年新增建筑面积达18亿~20亿 m^2。建筑行业作为我国能源消费的大户,其能耗和碳排放量约为总量的50%以上,其中建筑房屋的碳排放量约占总量的38.2%,住宅的碳排放量约占总量的22.5%。2021年我国建筑全过程能耗与碳排放总量及占比情况如图1-1所示。而目前我国的既有住区中,只有不到5%的既有住区采取了节能减排措施,约95%的既有住区属于高能耗高排放住区。同时建筑还消耗大量的水资源、原材料等,无论是能源、物质消耗,还是污染、碳排放的产生,建筑都是问题的关键所在。

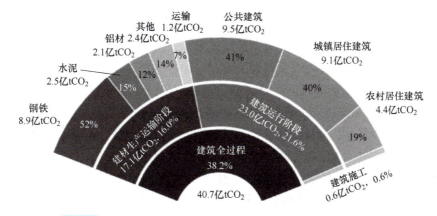

图 1-1 2021年我国建筑全过程能耗与碳排放总量及占比情况

注:建造阶段的建材碳排放和施工碳排放仅包含房屋建筑,不涉及基础设施;建材碳排放仅为能源碳排放,不含建材的工业过程碳排放。

建筑业碳减排潜力大，若采用合理适度的人均建造面积，在建筑材料生产阶段可实现的碳减排量达 58%；若采用被动式建筑设计以及应用高效的暖通空调系统技术，可实现 25% 的建筑碳减排，应用数字化、可再生能源技术可进一步将碳排放量降低 7%。与普通建筑相比，绿色建筑、超低能耗建筑全生命周期碳排放量可分别减少 20%、56%。为此，国家明确提出要从推进城乡建设低碳转型、大力发展节能低碳建筑与绿色住区、加快优化建筑用能结构三个方面，全力提升城乡建设绿色低碳发展质量。党的二十大报告中指出，要积极稳妥推进碳达峰碳中和，推进工业、建筑、交通等领域清洁低碳转型，并推动形成绿色低碳的生产方式和生活方式。

可见，绿色低碳建筑是将可持续发展理念引入建筑领域的结果，是转变建筑业增长方式的迫切需求，是实现环境友好型、建设资源节约型社会的必然选择，是探索解决建筑行业高投入、高消耗、高污染、高碳排等问题的根本途径。

1.1 绿色低碳建筑概述

1.1.1 绿色建筑及相关概念

由于世界各国经济发展水平、地理位置以及人均资源等条件的不同，国际上对于绿色建筑的表述也是不同的。

美国国家环境保护局（U. S. Environmental Protection Agency）对绿色建筑（Green Building）的定义为：在整个建筑物的全生命周期（建筑材料的开采、加工、施工、运营维护及拆除的过程）中，从选址、设计、建造、运行、维修及拆除等方面都要最大限度地节约资源和对环境负责。此定义从全生命周期出发来考虑资源的有效利用以及环境的友好相处。而英国研究建筑生态的 BSRIA（Building Services Research and Information Association）把绿色建筑界定为：一个健康的建筑环境的建立和管理应基于高效的资源利用和生态效益原则。此定义则是从建筑的建设以及管理角度来界定的，强调了资源效益和生态原则以及健康环境的要求。香港大学建筑学系建筑节能研究所对绿色建筑有如下定义：绿色建筑环境的设计是一个建筑物的整体设计。可持续建筑要综合考虑到所有资源，无论是材料、燃料还是使用者本身。绿色建筑涉及许多需要解决的问题和矛盾，设计的每一环节都会对环境造成影响。

2006 年 3 月 7 日，中华人民共和国建设部颁发了适合我国国情的《绿色建筑评价标准》，其中对绿色建筑做出了如下定义："绿色建筑是指在建筑的全寿命周期内，最大限度地节约资源（节能、节地、节水、节材），保护环境和减少污染，为人们提供健康、舒适、适用和高效的使用空间。绿色建筑是与自然和谐共生的建筑。"其基本内涵可以归纳为：减轻建筑对环境的负荷，提供安全、健康、舒适的生活空间，实现人、建筑与环境的和谐共处和永续发展。2019 年修订的《绿色建筑评价标准》进一步强调了此项定义内容，还提出了五大指标：安全耐久、健康舒适、生活便利、资源节约、环境宜居。

绿色建筑的室内环境设计强调空间布局合理、减少合成材料的使用、充分利用自然光照和节省能源，强调温度、光环境、声环境和空气质量的优化，以提高居住者的舒适度和健康水平。室外环境设计则注重与自然环境的融合，与所在地气候特征、经济条件、文化传统观念的配合，利用自然通风、采光等手段，减少对环境的破坏。总体来说，绿色建筑不仅是一种建筑类型，还是一种可持续发展的理念，旨在通过建筑设计和施工实现资源节约、环境保护和人类健康的目标。

与"绿色建筑"相近的概念，还有"节能建筑""生态建筑"和"可持续性建筑"等，是建筑领域中几个密切相关但又各自具有特定侧重点的概念。

（1）节能建筑（Energy-Efficient Building）

节能建筑是一种在设计、建造和运营过程中，通过各种技术和管理措施，最大限度地减少能源消耗和提高能源利用效率的建筑类型。节能建筑主要关注的是建筑在运营过程中的能源消耗。它通过采用高效的能源系统、优化建筑的保温隔热性能、使用节能设备和材料等措施，来降低建筑的能源需求，提高能源利用效率。节能建筑的目标是减少对传统能源的依赖，降低运营成本。

绿色建筑的相关概念

（2）生态建筑（Ecological Building）

生态建筑强调建筑与自然环境的和谐共生，它不仅关注建筑的能源利用效率，还包括对生态系统的保护和生物多样性的维护。生态建筑的设计会考虑到建筑对周围生态系统的影响，如避免破坏自然景观、保护当地物种、使用本地材料等。

（3）可持续性建筑（Sustainable Building）

可持续性建筑是一个更为广泛的概念，它不仅包括绿色建筑、节能建筑和生态建筑的元素，还涉及社会、经济和文化等多个层面。可持续性建筑追求的是建筑在其整个生命周期中对环境、社会和经济的全面影响最小化，实现长期的可持续发展。

这些概念虽然有所重叠，但各自的侧重点不同，共同构成了现代建筑发展的重要方向。在实际应用中，很多建筑项目会综合考虑这些概念，以实现更加全面和深入的可持续发展目标。

1.1.2 低碳及零碳建筑概述

"低碳"主要是指较低或更低的温室气体（二氧化碳为主）排放。低碳建筑是指在建筑的全生命周期内，以低能耗、低污染、低排放为基础，提高能源利用效率，减少温室气体的排放，为人们提供安全、健康、舒适环境的建筑。低碳建筑的本质是建筑具有可持续发展的特性：在建筑节能的基础上，最大限度地减少碳排放，同时增加碳汇（吸收消耗空气中的二氧化碳），减少总的碳排放量，从而减轻建筑对环境的影响；与自然环境的融合和共生，做到人、建筑、自然的和谐持续发展；提供安全、健康、舒适的生活空间。低碳建筑具有以下六大特点：科学合理的选址及规划、循环高效的资源利用、综合高效的节能环保措施、健康舒适的建筑环境、少量或无废弃物排放以及灵活多变的建筑功能。

总体而言，低碳建筑应在建筑设计阶段有着明确而详细的减少温室气体排放的方案，在建筑全生命周期内建筑材料与设备制造、建造、使用和拆除处置各阶段减少碳排放甚至是零碳排放；并且在围护结构、能源和设备系统、照明、智能控制、可再生能源利用等方面综合选用各项节能技术，减少化石能源的使用，提高能效并增加建筑吸收二氧化碳的能力，最大限度地减少温室气体的排放量，甚至可以达到零排放或负排放，建造低碳建筑、零碳建筑或负碳建筑。

2006年英国政府规定零碳建筑的定义为：1年周期内建筑净碳排放量为零，主要适用于英国的居住建筑。2006年，美国根据不同计算边界与度量方式给出了四种不同定义，其中一种为净零能源排放建筑。2011年，澳大利亚可持续建筑环境理事会提出了"零排放建筑"；其定义是在建筑运行期间，建筑服务系统直接排放与间接排放总量达到净零，排放包含二氧化碳排放与其他温室气体排放。2020年，美国Architecture 2030发布了Zero Code 2.0，该标准对中高层居住、商业、酒店建筑提出了具体要求，即规定高效建筑在1年内仅通过建筑可再生能源或场外采购可再生能源，满足自身能源需求的为零碳建筑。部分国家零碳建筑名称与定义见表1-1。

零碳建筑
设计案例

表1-1 部分国家零碳建筑名称与定义

年份	国家	名称	定义
2006	英国	零碳建筑 (Zero Carbon Building)	1年周期内，建筑净碳排放量为零
2006	美国	净零能源排放建筑 (Net-Zero Energy Emissions Building)	1年周期内，建筑物产生的可再生能源的减排量应等于或大于其能源消耗的温室气体排放量
2011	澳大利亚	零排放建筑 (Zero Emissions Building)	1年周期内，建筑服务系统直接排放与间接排放总量达到净零
2020	美国	零碳建筑 (Zero Carbon Building)	高效建筑在1年内仅通过建筑可再生能源或场外采购可再生能源，满足自身能源需求的是零碳建筑

建筑碳核算的度量方式有碳足迹、二氧化碳排放量等诸多形式，虽然形式有所不同，但其本质是控制碳排放。我国2019年发布的国家标准GB/T 51366—2019《建筑碳排放计算标准》，确定以二氧化碳作为度量方式，建议采用单位面积碳排放作为度量方式。

零碳建筑碳排放核算的计算周期有月、年、全生命期三种方式。从建筑运行角度考虑，采用逐年方式进行碳排放平衡计算可靠度较高，此种方式得到了较为广泛应用。也有学者认为采用全生命期碳排放计算更为合理，此种方式可将建筑运行、建材、施工等碳排放进行分阶段计算，但存在计算范围与工业、交通领域重叠等问题。也有学者认为采用短匹配周期（逐月）可以更好地体现出能源需求与能源供给之间的响应关系，但从实现零碳建筑的角度出发，计算周期短会导致供需匹配差异较大等问题。

计算边界的划定对建筑碳排放计算有着重要影响，各评价体系对计算边界的确定存在一些差别。在联合国政府间气候变化专门委员会的理论体系中，根据全统计口径，将建筑领域碳排放分为直接排放与间接排放，并认为建筑领域需重点解决直接排放问题，包括供暖、生活热水、炊事。英国BREEAM (Building Research Establishment Environmental Assessment Method) 建筑评估体系在能源部分对建筑碳排放提出要求，计算边界包括供暖、通风、空调与照明。美国绿色建筑委员会于 2018 年推出了评价 LEED Zero Carbon 认证体系，LEED 零碳认证中，碳排放包括建筑所用的电力和燃料消耗产生的碳排放，同时将人员交通产生的碳排放计算在内。美国 Architecture 2030 出台的 Zero Code 2.0 中要求对供暖、通风、空调、照明、生活热水和插座的碳排放进行计算。各评价体系的碳排放计算范围均在建筑运行阶段内，不同评价体系给出了具体计算边界。

1.1.3 绿色低碳建筑解析

绿色低碳建筑整合了绿色建筑和低碳建筑的特点，从本质上是指在建筑的全生命周期内（包括规划、设计、施工、运营以及拆除等各个阶段）最大限度地节约资源（节材、节能、节水、节地），采取有效措施减少建筑对环境的影响，尤其是降低化石能源等不可再生能源的消耗和降低二氧化碳排放，提高能源利用效率，减少环境污染。

这种建筑强调的是提高能效、使用可再生能源、减少温室气体排放、利用环保材料以及优化建筑的室内和室外环境。绿色低碳建筑还注重运营管理，推动建筑运行电气化、智能化，打造超低能耗建筑，实行用能全面电气化，降低建筑运行碳排放。绿色低碳建筑的发展需要政府、企业和公众的共同努力，通过技术创新、政策支持和市场推动，实现建筑行业的可持续发展。绿色低碳建筑是一种综合性的可持续发展建筑设计理念，它强调在建筑的规划、设计、施工、运营和维护等各个阶段，采取有效措施减少能源消耗和碳排放，提高建筑的环境性能和可持续性。以下是绿色低碳建筑的基本特征：

1) 节能减排：通过优化建筑设计和使用高效的能源系统，显著降低建筑的能源需求和碳排放。

2) 能源利用效率：通过优化建筑的隔热、采光和通风设计，以及使用高效的能源系统，降低能源消耗。

3) 绿色建筑材料：选择低碳、本地、可回收、生物降解或低毒性等材料，减少建筑过程中的碳排放和环境影响。

4) 室内空气质量：通过自然通风、空气净化系统和使用环保材料，保证室内空气质量。

5) 可持续能源利用：优先考虑使用太阳能、风能、地热能等可再生能源，减少对化石能源的依赖。

6) 水资源管理：通过采取雨水收集、废水处理和再利用等措施，有效管理和节约水资源。

7) 生态设计：建筑设计应考虑生态平衡，采用绿色屋顶、垂直花园等，以提高生物多样性和改善城市微气候。

8) 智能化管理：利用智能建筑管理系统，实现能源和资源的高效利用。

9) 适应性和灵活性：建筑设计应具备适应性，能够适应环境变化和技术发展，延长建筑的使用寿命。

10) 社会和经济效益：考虑社会和经济效益，如提高居住者的生活质量，降低运营成本等。考虑建筑与周边社区的整合，鼓励使用公共交通、步行和自行车等低碳出行方式。

11）健康和福祉：关注建筑对居住者和使用者的健康和福祉的影响，提供舒适的生活和工作环境。

12）生命周期评估（Life Cycle Assessment，LCA）：评估建筑在其整个生命周期中的环境影响，包括材料生产、建筑施工、运营维护和拆除回收。

绿色低碳建筑的目标是通过这些概念的实施，实现建筑的可持续发展，减少对环境的负担，同时提高居住者的生活质量。绿色低碳建筑的定义并不是固定不变的，随着技术进步和环境意识的提高，这一概念也在不断发展和完善。其核心目标是通过综合考虑建筑的环境、社会和经济影响，实现建筑的可持续发展。

1.2 绿色低碳建筑设计影响因素

1.2.1 场地选址规划

建筑选址及场地规划均是绿色低碳建筑设计不可忽视的重要内容。建筑选址是决定建筑其他设计的基础。必须避免因地形、周围环境等条件造成的空气滞留或风速过大。应尽量选择对区域生态环境影响最小的地区；同时充分利用区域内的道路、绿化、湖水等空间，将风引入使其与夏季主导风向一致。应考虑充分利用建筑所在环境的自然资源条件，遵循气候设计方法和建筑技术措施，尽可能减少对常规化石能源的依赖。

1. 气候条件

气候条件既包括建设地点的宏观气象条件，如气候分区、降雨量等气象参数，也包括场地周边的局部微观气候条件，如温度、湿度、风向、风速、日照等指标。这些指标与地区气候参数有较大差异。对于绿色低碳建筑来说，太阳辐射是最重要的气候因素。在寒冷地区可利用太阳能帮助供暖，而在炎热地区，需要避免太阳辐射引起的室内过热。在规划设计中应考虑太阳辐射对于建筑朝向、建筑间距的影响，同时根据需要可应用计算机软件对风环境、日照环境等进行模拟，从而提供更有针对性的设计参考指标。

我国幅员辽阔，各地气候差异明显。针对不同气候下的室内外温差、日照强度、雨雪季风、干潮渗透等环境特质，应在场地规划和建筑形态生成与推敲阶段，提出具有针对性的场地布局和形体适应性方案。

2. 地形因素

影响建筑的地形因素主要包括地质和地貌两部分。

1）地质方面：一般来说，地基土、地下水均对传统民居建筑的基础构件产生影响。各种地基土的承载力和含水量是不同的，因此各地民居对地基处理也各不相同。北方盐渍土、湿陷性黄土等，稍加夯实即可作基础。而江苏沿海一带是软土层，需开挖填土，夯实后再铺砖。

2）地貌方面：我国地貌类型多样，从民居营造角度看，可分为平地（平原）、丘陵（缓坡）和山地等几种类型。平地（平原）对民居和村落没有特殊限制，地形对它们的影响主要表现在水体和植被。在多雨地区，聚落需注意排水防涝，选址应尽量位于高处；为抵抗冬季风沙和寒流，村落周围种植高大耐寒的杨树和柳树。丘陵（缓坡）和山地占据我国2/3的领土，为节省耕地，传统民居聚落多布局于丘陵或缓坡上，在人多地少之处尤其如此。村落沿山坡而上，民居单体则高低变化，以多种构筑方式适应地形，显示出丰富多彩的造型。山区谷地狭小，弥足珍贵，多用于耕地。民居聚落则依山而建，形成高低参差的山村或山寨。

我国土地资源丰富，地形复杂，山川河流众多，各地区的建筑通过顺应地形的设计手段形成各具地域特色的建筑空间。从村落布局到单体建筑形态，或依山就势，或傍水而居（图1-2），都充分表现出对自然环境的尊重和合理利用。

地貌对于建筑选址、布局和营建，都有十分重要的影响。选址要选择地基稳固，日照通风良好的地带；同时避开寒风侵袭，洪水、滑坡等危害。要尽量利用贫土地、坡地、台地等不宜耕作地段，尽量不占或少占沃土良田。要对地形的影响降到最低，避免大兴土木的修建。

3. 生态环境

生态环境要素包括场地及周边地上附着物、地表植被、地表水文、土壤环境等，生态环境同时受气候条件、空气质量、污染源等影响。目前我国总体生态环境在恶

图1-2　黛瓦粉墙的安徽宏村民居

化，主要面临水土流失、大气污染、植被破坏严重、生态承载力弱化甚至被破坏等问题，因此在建设项目的规划之初应制订详细的调研计划，深入了解建设场地生态环境诸多要素，做到首先不破坏当地生态环境，并尽可能进行局部恢复和改善。

绿色低碳建筑设计应重视建筑与周边自然环境的协调性与统一性，力求减轻工程建设期间对周边环境产生负面影响与破坏。建筑选址时，要选择基础设施条件较好的区域；要选择交通条件较好、交通便利的区域；最大化开发城市中心区域的地下空间，优化地下空间的设计，降低建筑密度的同时满足使用需求。

1.2.2　建筑空间形态

建筑空间形态对于建筑的自然通风、日照采光、热环境方面有着显著的影响。通过对建筑群体的布置以及建筑形体的设计，可以有效地改善建筑与环境的关系，使其充分利用自然条件，节约能源消耗，改善人居体验。

1. 对通风的影响

自然通风是指依靠自然力量，如温差引起的空气密度差异、风压差等，实现建筑物内外空气交换的过程。这种通风方式不需要依赖机械动力，而是通过建筑设计中的特定元素和策略，如窗户、通风口、中庭等，来促进空气流动。自然通风可以在不消耗能源的情况下，带走内部空间热量、湿气和污浊空气，从而降低室内温度并提供新鲜的自然空气。自然通风有助于减少人们对空调的依赖，防止空调病并节约能源，减少碳排放量。

（1）建筑布局

建筑群的布局，如并排、环绕或错落有致的排列，会影响风在建筑之间的流动，形成通

风走廊或风障。建筑内部的空间布局影响空气流动的路径和分布。开放式布局通常能够提供更好的空气流通，而封闭或隔断的空间可能会限制空气流动。

（2）建筑形状

建筑物的平面形状和立体形状会影响风的方向和流速。例如，长条形建筑可能形成风的通道，而圆形建筑可能减少风的阻力。流畅的建筑形状，如曲线型或流线型，可能更有利于减少风阻并引导风流动，而尖锐或不规则的形状可能会造成涡流和死角。

（3）建筑朝向

建筑物的朝向决定了自然风的方向和强度。根据当地的风向，合理布局建筑朝向可以提高通风效率。较高的建筑可能形成烟囱效应，促进热空气上升和冷空气下降，从而改善通风。

（4）建筑开口

窗户、通风口和其他开口的位置、大小和布局对通风至关重要。合理分布的开口可以促进空气流通。

（5）内部空间组织

内部空间的分布和组织，如中庭、开放式楼层和通风井，可以促进空气的垂直和水平流动。

2. 对日照采光的影响

日照采光是指在建筑设计和规划中利用自然光源即太阳光，来提供室内照明的一种方法。它是一种可持续的照明策略，旨在减少对人工照明系统的依赖，同时提高室内环境的舒适度和居住者的视觉体验。在设计过程中综合考虑建筑物的方位、布局、形态和构件等多个方面，以实现最佳的自然光照效果。

（1）建筑朝向

建筑物的朝向决定了其接收阳光的角度和时长。我国绝大部分国土处于北回归线以北，南向的立面通常能够获得更多的日照。

（2）建筑布局

建筑群的布局，如行列式、围合式或分散式布局，会影响日照的进入和分布。建筑间距是指建筑之间的距离，也会影响日照时间，合理的建筑间距可以确保充足的自然光照。室内空间的组织方式，如开放式布局、室内庭院等，可以改善自然光的分布。

（3）建筑形态

建筑物的形状和体量，如高度、宽度和深度（塔楼、板楼或庭院式布局），会影响日照采光的分布和效率。建筑的高度与宽度比例影响日照的分布，较高的建筑可能在自身阴影下形成较大的区域。

（4）窗户遮阳

窗户的大小、形状、位置和布局直接影响采光效果。大窗户、落地窗或带天窗的设计可以引入更多的自然光。适当的遮阳板、百叶窗或窗帘可以控制进入室内的光线量，防止过强的阳光造成眩光或室内过热。

（5）中庭和采光井

中庭和采光井可以作为光线的垂直通道，将自然光引入建筑物的深层空间。在多层建筑中，采光井可以将自然光引到地下或中间层。

3. 对节能的影响

建筑形体的复杂程度与保温、散热、通风、采光有一定的关系，几何块状的组合形式有利于建筑通风散热，减少层数的单体建筑有利于建筑保温，过于复杂的建筑形式不利于内部采光。空间越高，形成的层级温差越大；若开有天窗，建筑腔体内的纵向气流速度也将随层高增加而变大。这些设计都会影响建筑节能。

（1）体形系数

体形系数是衡量建筑形态对能耗影响的重要参数，它与建筑的体积和表面积有关。在寒冷地区，体形系数与建筑的总能耗成正比，而在气候温和的地区，降低体形系数可能会导致总能耗略微增加。

（2）建筑布局

合理的空间布局可以提高建筑的能源利用效率。例如，庭院式建筑在多种气候条件下表现出较好的能耗性能。优先布置适应气候的普通性能空间，充分利用融入自然的低能耗空间。

（3）建筑朝向

建筑朝向对采光和室内温度有直接影响。北半球建筑的主立面朝南有利于冬季获取更多日照，但研究表明，改变建筑朝向对总能耗的影响通常在3%以内。

（4）窗户遮阳

窗墙面积比是建筑节能设计中的关键因素。合理的窗墙面积比可以优化自然采光和通风，减少对人工照明和空调的依赖。不同气候区域的最佳窗墙面积比存在差异，新建建筑的合理窗墙面积比一般在0.3~0.45之间。在制冷需求较高的地区，适当的遮阳设计能有效降低建筑的制冷能耗。遮阳设施的设计应考虑地理纬度、太阳路径等因素。

1.2.3 建筑物理环境

1. 建筑风环境

建筑风环境是指室外自然风在建筑群、建筑单体、建筑周边绿化等影响下形成的风场。风环境不仅和人们的舒适、健康有关，也和人类安全密切相关。建筑设计和规划如果对风环境因素考虑不周，会造成局部地区气流不畅，在建筑物周围形成漩涡和死角，使得污染物不能及时扩散，直接影响人的身体健康。

室外风环境除了受到大气气流构成、地形和地貌影响外，还与建筑群体关系、建筑间距及建筑形态相关。建筑风环境不仅能够直接影响地面活动人群的感受和公共空间的品质，同时也能影响空气质量及建筑能耗。建筑风环境的设计主要有两个目标：一方面要保证人的舒适性要求，即风不能过强；另一方面要维持空气清新，即通风量不能太小。

良好的建筑风环境可以提高自然通风效率，减少能量消耗，降低城市热岛效应，从而降低能源消耗和碳排放；还可以减少污染物质的产生，改善室内外环境。建筑风环境的组织与设计直接影响建筑的布局、形态和功能。单体建筑风环境设计主要关注室内空气质量和提高热舒适度，并实现节能。在建筑平面设计中，要综合考虑功能划分、空间组织、通风采光、能源利用等各种因素。合理的平面布置可以使室内气流顺畅，空间组织更合理。夏季，周边开敞的建筑更能促进室内气流顺畅运行；冬季，为保持室内稳定的热量，南向应安排较大空间，北向则安排较小空间。同时引入智能化控制系统，结合风速和风向的实时数据，通过智能化控制系统调节建筑的通风开口，实现动态的室内环境控制。考虑风障和风道效应，利用建筑布局引导风流，形成有效的自然通风路径。在风速较高的地区，可以提高风能利用的潜力，如通过风力发电机为建筑提供清洁的可再生能源。

2. 建筑光环境

建筑光环境是指由光（照度水平和分布、照明的形式）与颜色（色调、色饱和度、室内颜色分布、颜色显现）在室内建立的同房间形状有关的生理和心理环境。从设计的角度来说，室内光环境包括天然采光和人工照明两方面内容。人们在良好的光环境下，才可以进行正常的工作和生活，创造舒适的建筑室内光环境能够减少人的视觉疲劳，确保身体健康，提高学习和工作效率，降低建筑能耗。因此，为了确保人们日常工作和生活，建筑光环境的好坏是评价绿色低碳建筑室内环境质量的重要指标。

自然光是建筑光环境的重要组成部分，自然采光不仅有利于节能，也有利于使用者的生理和心理健康。天然采光是通过不同形式的窗户以及建筑构件利用天然光线，使室内形成一个合理舒适的光环境。窗户大小、玻璃颜色、反射和折射镜等不同构件的组合可产生丰富多彩的室内光环境。天然光线（太阳光线）具有固定丰富的光谱。自然采光充足的房间白天不需要人工照明，可以有效地节省能源。为了营造一个舒适的光环境，可以采用各种技术手段，通过不同的途径来利用自然光。在主动式的采光设计中一般都是使用反射采光技术、导光管导光、光纤导光、棱镜组传光、卫星反射镜采光以及光伏效应间接采光等。通过采用室外光污染防治技术，如上海中心大厦（图1-3）的幕墙玻璃可见光反射率控制在12%以下，有效控制光污染影响范围。经过对以上自然采光技术的运用，不仅可以有效地改善建筑光环境，同时还可以实现建筑节能的目标。

图1-3　上海中心大厦

人工照明的目的是按照人的生理、心理和社会的需求，创造一个人为的光环境。人工照明主要可分为工作照明（或功能性照明）和装饰照明（或艺术性照明）。前者主要着眼于满足人们生理上、生活上和工作上的实际需要，具有实用性目的；后者主要满足人们心理上、精神上和社会上的观赏需要，具有艺术性目的。在考虑人工照明时，既要确定光源、灯具、安装功率和解决照明质量等问题，还需要同时考虑相应的供电线路和设备。还可以采用智能控制系统集成，结合室内外光照条件的监测数据，通过智能控制系统自动调节窗帘、百叶或人工照明，以适应不同的采光需求。

3. 建筑声环境

建筑声环境是指建筑内外各种噪声源在建筑内部和外部环境中形成的对使用者在生理上

和心理上产生影响的声音环境。它是评判建筑室内环境质量与性能水平的重要指标。现代城市中，交通噪声、施工噪声、建筑设备噪声、生活噪声等环境噪声对人们的身心健康产生不利影响。

良好的声环境设计可以减少噪声干扰，提供更为安静舒适的居住和工作环境，提高居住者的生活质量。绿色低碳建筑设计时应考虑通过有效的隔声和吸声措施，来减少外部噪声的侵入，提高建筑的整体能源利用效率。通过合理的建筑布局和景观设计，可以降低交通噪声等对周边环境的影响，提升室外空间的声环境质量。在建筑内部，通过合理的空间布局和声学设计，可以创造出声学上舒适的环境，减少回声和声音聚焦现象。不同的建筑功能对声环境有不同的要求，如音乐厅、会议室、医院等，良好的声环境有助于实现建筑的功能需求。

同时，可以集成先进的声学技术和环保材料，如智能隔声窗户、吸声墙面、吸声板、隔声窗等，既能满足声学要求，又符合绿色低碳建筑的环保理念。还可以利用智能技术对建筑声环境进行监控和管理，可以根据不同的使用需求和外部环境条件，自动调节声环境。

4. 建筑热湿环境

建筑热湿环境是指室内空气温度、相对湿度、空气流速及围护结构辐射温度等因素综合作用形成的室内环境，是建筑环境中最主要的内容。建筑热湿环境形成是建筑在各种外扰和内扰作用下达到热平衡和湿平衡，从而决定了建筑内的温度、湿度。内扰是指室内设备、照明和人体的散热散湿，包括设备与照明的散热、人体的散热和散湿、室内湿源的散湿，它们以对流、辐射和传热形式与室内进行热湿交换。外扰是指室外空气的温度、湿度、太阳辐射强度、风速和风向以及邻室的空气温湿度。它们以对流、导热、辐射以及空气交换的形式通过围护结构影响房间的热湿状态。室内空气湿度直接影响人体的蒸发散热。一般认为最适宜的相对湿度应为 50%~60%。在大多数情况下，气温在 16~25℃时，相对湿度在 30%~70% 范围内变化，对人体的热感觉影响不大。良好的热湿环境设计可以提高室内空气质量，减少污染物和有害微生物的滋生；有助于保护建筑结构和材料，降低建筑的运营成本，减少能源和维护费用。

建筑热湿环境设计应考虑不同气候区域的特点，适应当地的自然环境和气候条件。适宜的热湿环境可以提高居住者的热舒适度，减少对供暖、空调等设备的依赖，从而降低能耗。通过合理的建筑设计和材料选择，如保温隔热、遮阳、通风等，可以有效地控制室内温度和湿度，提高能源利用效率。选择具有良好热湿性能的建筑材料，如高热阻材料、吸湿材料等，可以提高建筑的热湿稳定性。通过被动式建筑设计，如利用太阳能、地热能等自然能源，可以减少对主动供暖和制冷系统的依赖。利用先进的节能技术，如热回收系统、智能温湿度控制等，可以进一步降低建筑的能耗。

5. 建筑空气环境

随着我国经济的发展和人们消费观念的变化，室内装修盛行，且装修支出越来越高，但天然有机装修材料（如天然原木）的使用越来越少。而大部分人造材料（如人造板材、地毯、壁纸、胶黏剂等）是室内挥发性有机化合物（VOC）的主要来源，尤其是空调的普遍使用，要求建筑围护结构及门、窗等有良好的密封性能，以达到节能的目的，而现行设计的空调系统多数新风量不足，在这种情况下容易造成室内空气质量的极度恶化。人们在这样的环境中，往往会出现头疼、头晕、过敏性疲劳和眼、鼻、喉刺痛等不适感，人体健康受到极大的影响。

室内空气污染物的来源是多方面的，主要来源于室内和室外两方面。室内主要来源：一是由人们在室内活动产生的，包括呼吸、行走、吸烟、烹调、使用家用电器等所产生的 SO_2、CO、NO 以及可吸入颗粒物、细菌、尼古丁等污染物；二是由建筑材料、装修材料和室内家具在使用过程中向室内释放的多种挥发性有机化合物，如苯、甲苯、二甲苯、甲醛、三氯甲烷、三氯乙烯等。室外主要来源是室外被污染了的空气。空气环境质量直接关系着人体的健康和舒适，应是绿色低碳建筑设计的重要内容。

1.2.4 建筑构造设计

1. 墙体构造设计

墙体是建筑的主要围护结构，关系到建筑的结构稳定性、保温隔热性能、隔声效果以及耐久性等多个方面，是绿色低碳建筑设计的重要组成部分。大部分建筑墙体是使用钢筋混凝土结构、剪力墙等承受荷载的，使用填充材料起到保温效果。建筑围护墙体的材料有内外之分，在相同的环境温度下，不同位置的材料具有的保温效果各不相同。所以，为防止建筑墙体的内部出现冷凝现象，应在其外侧保温层展开科学设计。

建筑墙体的保温隔热性能直接影响建筑的能源消耗。高能效的墙体构造可以显著降低供暖和制冷的能耗，减少碳排放。在进行绿色低碳建筑设计时，应该优先选择保温外墙，外墙的保温形式有外保温、自保温、内保温。建筑外围护结构的细部设计和构造设计对于保温隔热效果具有重要作用。在设计实践中，主要涉及选择相应的保温材料和构造节点，并进行围护结构节能模拟计算，最终对建筑外围护结构的保温隔热性能和节能效果做出判断，确保其达到有关部门规定的节能标准。为防止热桥现象，应采取有效的保温方式，对于墙体中的附墙、出挑等结构，如阳台、腰线、栏板等应选取阻热材料，进行保温设计。对于建筑窗户周围部分的墙体，应使用环保的保温材料填充。当建筑使用玻璃幕墙结构时，使用保温材料填充墙和梁之间的缝隙。随着技术的进步，还出现了光伏建筑一体化，可以将光伏系统与建筑墙体结合，来提高建筑的能源自给能力，推动建筑用能结构的优化。同时，加快发展装配式建筑，提高预制墙体构件和部品部件的通用性，推广标准化、少规格、多组合设计，也是实现建筑领域绿色低碳发展的重要途径。

2. 屋面构造设计

屋面构造是建筑构造的重要组成部分，它不仅关系到建筑物的防水、保温、隔热和承载能力，还涉及建筑的美观和耐久性。屋顶的形式主要有平屋顶、坡屋顶；材料有钢筋混凝土屋面、瓦屋面、金属屋面、膜材屋面等。就节能而言，需要根据气候分区、建筑类型、围护结构类型、体形系数、经济造价的不同，选择相应的保温材料和厚度，使之达到相应的传热系数和热惰性指标等要求。

在屋面设计中，应该结合实际情况优先使用保温隔热屋面、种植屋面、坡屋面、避风屋面等。对于普通屋面，适用于各气候区，不适合室内湿度较大的建筑；对于倒置式屋面，适用于夏热冬暖、夏热冬冷、寒冷地区，不适用于金属屋面；架空隔热屋面应与不同保温屋面系统联合使用，严寒、寒冷地区不宜采用；对于种植屋面，适用于夏热冬冷、夏热冬暖地区，严寒地区不宜采用，且坡屋顶、高层及超高层建筑的平屋顶宜采用草皮、地被植物。同时，可以在屋面安装太阳能光伏板或太阳能热水器，利用可再生能源为建筑提供电力或热水。可以集成雨水收集系统，用于收集屋顶雨水，用于灌溉、冲洗或其他非饮用用途。

3. 门窗与遮阳设计

门窗与遮阳是实现建筑节能和提升室内舒适度的重要元素，直接影响建筑的能源利用效率和室内环境质量。高性能的门窗可以显著降低能耗，减少碳排放。开窗设计既涉及日照、采光，还涉及自然通风，同时也关系到建筑物的立面设计和节能效果，需要综合考虑。在设计中应根据建筑热工设计分区、建筑朝向、建筑体形系数、窗墙面积比等情况，确定相应的传热系数、遮阳系数、综合遮阳系数、可见光透射比等指标。经过节能模拟计算之后，不断调整优化，最终确定。同时，还应考虑外门窗和玻璃幕墙的气密性、水密性等要求。开展高性能门窗推广工程；根据我国门窗技术现状、技术发展方向，提出不同气候地区门窗节能性能提升目标，推动高性能门窗应用。

适宜的遮阳设施可以减少太阳辐射热的进入，降低空调负荷。建筑遮阳按遮阳设施的位置分为两类：一类是内遮阳，即安装在建筑外围护结构内侧的遮阳设施，如窗帘、卷帘、百叶帘等；另一类是外遮阳，即安装在建筑外围护结构外侧的遮阳设施，包括固定遮阳和可调节遮阳。外遮阳的形式又可以分为水平式、垂直式、挡板式、综合式四类。水平遮阳遮挡从上方投射的阳光，适用于南向窗户；垂直遮阳遮挡从两侧斜射的阳光，适用于东北向、北向和西北向窗户；挡板遮阳遮挡正对窗口的阳光，适用于东西向窗户；综合遮阳结合水平遮阳和垂直遮阳，适用于南向、东南向和西南向窗户。还有一种多功能遮阳，其外遮阳构件可以与通风、太阳能收集等功能集成，如使用太阳能装置作为外遮阳设施。同时，推动门窗和遮阳技术的创新，如使用新型材料、智能控制技术等，能自动调整遮阳效果以满足室内环境需求，以实现更高水平的节能和环保。

1.2.5 绿色建筑材料

1992年国际学术界明确提出：绿色材料是指在原料采取、产品制造、使用或再循环以及废料处理等环节中对地球环境负荷最小和有利于人类健康的材料。绿色建材是指健康型、环保型、安全型的建筑材料，在国际上也称为健康建材或环保建材。绿色建材不是指单独的建材产品，而是对建材"健康、环保、安全"品性的评价。它注重建材对人体健康和环保所造成的影响及安全防火性能。绿色建材是采用清洁生产技术，使用工业或城市固态废弃物生产的建筑材料。它是具有消磁、消声、调光、调温、隔热、防火、抗静电的性能，并具有调节人体机能的特种新型功能建筑材料。

1. 建筑结构材料

绿色低碳建筑结构材料是实现建筑环保性、可持续性和舒适性的关键因素，主要包括生态环境友好型水泥、透水性混凝土、植被混凝土、低钙酸水泥、轻质钢结构等。高性能水泥混凝土具有更高的使用效率和优异的材料性能，从而降低材料消耗。钢材是常用的绿色建材，具有良好的坚固性和稳定性，不仅可以保证建筑结构的稳固，还可以进行回收重复利用，节能环保效益很不错。再生钢通过重新利用钢铁，减少能源密集型生产，耐用性强，适用于框架、屋顶和结构元件。

使用绿色低碳建筑结构环保材料，可以有效减少甲醛等污染物的产生，改善建筑物内部生活质量，部分新型绿色环保材料还具有吸湿、隔热、保温、除菌等作用，可以进一步提升整个建筑内部的环境质量，提供优质的生活场景。可再生材料如竹材和稻草，生长周期短，能快速再生，生产过程中二氧化碳排放较少。循环利用材料，通过回收利用废弃混凝土、废旧钢材等，减少建筑废弃物，节约资源，降低能源消耗和碳排放。低碳材料如轻质混凝土和生态砖，生产过程能耗低，二氧化碳排放较少，有助于降低建筑的整体碳足迹。新型墙体材料，使用混凝土、水泥、砂等硅酸质材料制成，可能掺加粉煤灰、煤矸石、炉渣等工业废料或建筑垃圾，具有保温、隔热、轻质、高强等优点。稻草捆提供隔热和热性能，降低能源使用和排放，适用于墙壁和屋顶。麻制混凝土由大麻纤维和石灰制成，具有隔热性能，可减少能源消耗并提高热效率。

2. 围护结构材料

围护结构是指建筑物及房间各面的围护物，分为透明和不透明两种类型。不透明围护结构有墙、屋面、地板、顶棚等；透明围护结构有窗户、天窗、阳台门、玻璃隔断等。

墙体是建筑的重要组成部分，占70%以上的比例，由此可见环保型墙体材料的重要性。绿色墙体材料是建筑领域节能减排、实现可持续发展的重要选择。它们通常具有轻质、隔热、隔声、保温等特点，部分材料还具备防火功能。绿色墙体材料的应用可以有效减少环境污染，节省生产成本，并增加房屋使用面积。加气混凝土砌砖是一种新型环保墙体材料，以粉煤灰、煤矸石、石粉、炉渣等废料为主要原料，具有轻质、隔热、隔声、保温且原料污染小等特点；小型混凝土空心砌块有较高的建筑节能性，质量轻便，防水性能好；纤维石膏板是使用工业副产品（如石膏）制成的轻质板材，具有隔热和隔声效果；新型隔墙板可能包含多种材料和技术，如玻璃纤维增强水泥（GRC）轻质多孔隔墙条板；硅酸钙板作为一种新型轻质墙体板材，具有良好的防火、隔热、超轻、防潮、防腐、防霉变等性能。

除此之外，活性炭墙体、陶粒砌块、页岩砖、PC板、新式隔墙板等材料也是绿色墙体材料中的一部分，其中的原材料主要为煤矸石、炉渣、石粉、竹炭以及粉煤灰等，具有绿色、环保、轻质、保温、隔声等特点，施工过程简单，且墙体较传统材料薄，有利于节省建筑占地空间。

绿色墙体材料的发展趋势：利用工业废料生产墙体材料，如粉煤灰、矿渣粉等，以实现资源的循环利用；向高新技术发展，如使用纳米技术、生物化学技术、光催化技术等提高产品的附加值和功能；绿色化发展，注重生产过程中的环境保护，减少废渣、废水、废气的排放。

门窗是建筑中的主要节能部分，涉及采光、隔声、通风以及造型感等。绿色门窗有铝合金、PVC型、断桥铝隔热、玻璃钢型、低辐射窗等，其中玻璃的材质是影响门窗节能效果的重要因素，当前我国使用的玻璃类型主要是中空型、绿色真空型以及镀膜型，以往的玻璃门窗保温隔热性能不佳，光污染强烈，而绿色环保的门窗冬季保暖、夏季隔热、强度较大且隔声效果好，有些环保材质的玻璃还能有效阻隔紫外线，适于广泛普及和应用。在玻璃幕墙设计时，应该根据实际需求合理选择明框、隐框、呼吸幕墙、Low-E（低辐射）玻璃幕墙等。门窗框型材常常可采用木-金属复合型材、塑料型材、隔热铝合金型材、隔热钢型材、玻璃钢型材等。对于幕墙，可采用隔热型材、隔热连接紧固件、隐框结构等措施，避免形成热桥。另外，门窗要利用先进的密封技术，以达到防水、隔热、隔声、保温、增强气密性的效果。

3. 装饰装修材料

绿色低碳建筑的装饰装修材料是指在建筑装饰工程中使用的具有环保性、资源节约性和可持续性特征的材料。这些材料的生产和使用可以减少对环境的影响，降低能源消耗，并提供健康、舒适的室内环境。具体来说，这些材料应减少或避免使用对环境有害的物质，如VOC（挥发性有机化合物）、甲醛等；应尽可能利用再生材料、回收材料或可持续材料；具有良好的保温、隔热、保湿和调湿等性能；应对人体健康无害，不含有害物质，并具有室内空气质量和环境控制能力。

在实际应用中，常见的绿色建筑装饰装修材料：竹子，作为一种可再生资源，具有高强度和多功能性，可用于地板、家具和结构部件；再生木材，从旧建筑中回收，为新木材提供环保替代品，减少森林砍伐和浪费；再生玻璃，在建筑中重复使用废旧玻璃，减少废物和能源密集型生产过程，适用于台面、瓷砖和装饰元素。

4. 环境功能性材料

环境功能性材料主要是指具有独特的物理、化学、生物性能，并有优良的环境净化效果的新型材料。环境功能性材料的主体是健康功能建材，主要是指致力于改善环境中的物理、化学、微生物三大污染的建材。其中，微生物方面有抗菌防霉的建材；化学方面有空气净化自洁的建材；物理方面有调湿、调温功能的建材，有对吸入颗粒物降解功能的建材，有废弃利用和可再生利用的建材，还有吸声降噪、防电磁辐射功能等的建材。这里调温、隔热保温建材间接起到了节能作用，也属于环保节能建材。

环境功能性材料，如低VOC油漆和面漆，通过减少毒素排放和减少室内空气污染，营造更健康的生活环境并为可持续设计做出贡献。此外，具有改善居室生态环境和保健功能的建筑材料，如抗菌、除臭、调温、调湿、屏蔽有害射线的多功能玻璃、陶瓷、涂料，也在绿色建筑中发挥着重要作用。

1.2.6 可再生能源技术

可再生能源是指那些来源于自然界中不断补充的资源，并且可以在人类的时间尺度上持续利用的能源。这些能源的特点是可持续性、环境友好性和低温室气体排放。它包含太阳能、地热能、风能、生物质能等。

1. 太阳能技术

太阳能技术是指利用太阳光转换为其他形式能量的技术。在绿色低碳建筑中的应用是多方面的，不仅有助于减少建筑对传统能源的依赖，降低温室气体排放，还能提高能源利用效率和经济性。太阳能技术主要包含以下几个方面：

1）主动式太阳能系统：通过功能性太阳能系统吸收太阳辐射以供暖和供电，减少对电力或天然气的需求。

2）被动式太阳能设计：通过有策略地放置窗户和使用吸热表面，利用太阳光线为建筑供暖，减少寒冷时期对电力供暖的需求。

3）太阳能光伏系统：在建筑上安装太阳能光伏板，将太阳能转化为电能，包括屋顶附加系统和墙面附加系统，以及光伏建筑一体化技术，如光伏采光顶和光伏幕墙。如雄安自贸试验区交流展示中心（图1-4），采用建筑光伏一体化技术和地源热泵系统，实现零碳排放，年减少约190t二氧化碳排放。

图1-4　雄安自贸试验区交流展示中心

4）光储直柔技术：通过光伏发电、储能、直流配电和柔性用能构建新型建筑配电系统，适应碳中和目标。

5）太阳能制冷系统：利用太阳能转化为电能或热能，结合吸收式制冷技术，减少电能消耗并提供良好的制冷效果。

6）热水供暖集热系统：使用太阳能集热设备收集和储存太阳能，满足建筑的供暖需求。

7）光伏瓦片：将光伏电池与传统屋面材料结合，既具有发电功能，又具有防水、防火和耐久性等特性。

2. 地热能技术

地热能是利用地球内部的热能来提供供暖、制冷和热水供应，从而减少对化石能源的依赖，降低能源消耗和温室气体排放。地热能作为一种清洁、可持续的能源，在绿色低碳建筑中的应用有助于实现建筑的节能减排目标，提高能源使用的可持续性。主要应用方式包括以下几种：

1）地源热泵系统：通过地源热泵收集地下的恒定温度，利用热泵技术将地热能转化为建筑所需的热能或冷能，用于供暖和空调系统。

2）地热供暖系统：在寒冷地区，地热能可以直接用于供暖，通过地下管道循环热介质，将地热能传递到建筑内部。

3）地热制冷系统：地热能也可以用来驱动吸收式制冷机，利用地热驱动的制冷系统可以提供夏季的空调需求。

4）地热热水供应：地热能可以用于生产生活热水，通过地热交换器将地下水或地下岩石的热量传递给建筑物的热水系统。

5) 地热区域供热：在一些地热资源丰富的地区，可以建立地热区域供热系统，为整个社区或城市提供集中供暖。

同时，地热能常常与其他可再生能源（如太阳能、风能）结合使用，形成多能互补的能源系统，提高能源利用效率。然而，地热能的开发和应用还需要考虑地质条件、环境影响和经济性等因素，以确保其长期稳定和高效地服务于绿色低碳建筑。

3. 风能技术

风能技术是指利用风力转换为其他形式的能量，特别是电能的技术。我国是全球最大的风能市场，风能装机容量占据全球总装机容量的一半以上。风能技术在绿色低碳建筑中发挥着重要作用，不仅有助于减少建筑的能源消耗和碳排放，也促进了建筑与自然环境的和谐共生。

风能技术在绿色低碳建筑中的应用主要体现在以下几个方面：

1) 小型风力涡轮机：在风力充足且不受障碍物约束的区域，可以安装小型风力涡轮机来产生电力，帮助减少建筑物的能源消耗。如果当地法规允许，甚至可以在城市地区的开放式屋顶上安装风力涡轮机。

2) 可再生能源系统的集成：在绿色低碳建筑中，风能技术可以与其他可再生能源系统如太阳能光伏发电系统相结合，形成多能互补的能源供应体系，提高能源使用的可持续性。

4. 生物质能技术

生物质能技术是指利用生物质（有机物质，如植物、动物和微生物）作为能源来源，通过不同的方法转换为可用的能源形式，主要包括热能、电能和燃料。我国的生物质能利用领域包括发电、供热等。生物质发电是将生物质能作为一种清洁可再生能源，通过直接燃烧、共燃和气化等技术用于电力生产，如厌氧发酵、沼气工业化利用、秸秆类资源高效生物降解等。生物质供热是生物质能在供热方面的应用，为建筑提供清洁热力，减少对化石能源的依赖。我国已经建成一些生物质能发电站，同时生物质能供热也在一些地方得到应用。

1.2.7 建筑智能化发展

建筑智能化是以建筑物为平台，基于对各类智能化信息的综合应用，将计算机技术、通信技术、控制技术等多学科技术与现代建筑艺术有机结合，为人们提供安全、高效、便利及可持续发展功能环境的建筑。其目的是实现建筑物的安全、高效、便捷、节能、环保、健康等属性。

智能建筑是集现代科学技术之大成的产物，是将建筑物的结构、设备、服务和管理，根据用户的需求进行最优化组合，为用户提供一个高效、舒适、便利的人性化建筑环境。其技术基础主要由现代建筑技术、现代计算机技术、现代通信技术和现代控制技术所组成。智能建筑是绿色低碳建筑重要的实施手段和方法，以智能化推进绿色低碳建筑，节约能源、降低资源消耗和浪费、减少污染，是智能建筑发展的方向和目的，也是全面实现绿色低碳建筑的必由之路。绿色低碳建筑强调的是结果，智能建筑强调的是手段。在信息与网络时代，迅速发展的智能化技术为绿色建筑的发展奠定了坚实的基础。

智能化在绿色低碳建筑中的应用是多方面的，涵盖了建筑的设计、施工、运营以及维护等各个阶段，主要包括：

（1）智能建造技术

智能建造技术是推动建筑业转型升级的关键，其包括建筑信息模型（BIM）、建筑机器人、智能施工设备等技术的应用，旨在提高施工效率、保障施工安全、降低成本，并提升建筑质量。

建筑智能化发展——
智慧空间设计
决策系统

（2）智能建筑设计

智能建筑设计注重建筑的可持续发展，通过集成先进的信息技术，实现建筑的自动化控制、能源管理、环境监测等功能，以提高建筑的使用效率和居住舒适度。

（3）智能建筑施工

智能建筑施工是在施工过程中，采用预制构件、模块化施工等新型建造方式，结合数字化管理手段，实现施工过程的智能化控制和优化。

（4）智能建筑运维管理

智能建筑运维管理是指在建筑运维阶段，利用物联网、大数据等技术，对建筑内的设备运行状态、能耗情况等进行实时监控和管理，实现建筑的高效、节能运行。

1.3 绿色低碳建筑的发展

1.3.1 国外绿色低碳建筑的发展

古代西方的建筑思想集中体现在古罗马维特鲁威的《建筑十书》中，他提出的"坚固、实用、美观"三原则包含了有利于绿色低碳建筑发展的思想。例如，"自然的适合"主张适应地域自然环境；"建造适于健康的住宅"强调健康居住环境；建筑风格应"按照土地和方位的特性来确定"，体现了风格多样化；就地取材避免高耗费的运输；"建造实用房舍"优于装饰华丽的房间；反对浪费，保障合理造价等。这些思想都具有绿色低碳建筑的成分，具有重要的借鉴意义。

绿色建筑概念的真正提出和思潮的涌现始于第二次世界大战之后。随着欧洲、美国、日本经济的快速发展，建筑能耗问题开始受到关注，促使节能建筑理念的发展。1969年，美籍意大利建筑师保罗首次将生态与建筑结合称为"生态建筑"或"绿色建筑"，标志着真正的绿色建筑概念的提出。1990年，英国建筑研究所（BRE）制定了世界上第一个绿色建筑评估体系BREEAM。1992年，在巴西里约热内卢召开的"联合国环境与发展大会"上，"可持续发展"的概念得到了全球共识，明确提出了"绿色建筑"的概念，绿色建筑体系开始形成。1993年，美国出版了《可持续设计指导原则》，提出了尊重生态系统和文化脉络，结合功能需要，采用简单适用技术，使用可再生地方建筑材料等九项可持续设计原则。1993年6月，国际建筑师协会第十九次代表大会通过了《芝加哥宣言》，提出了保持和恢复生多样性，资源消耗最小化，降低污染，提高建筑物卫生、安全和舒适性等原则。1995年，美国绿色建筑委员会提出了能源及环境设计先导计划。1999年，世界绿色建筑协会（World Green Building Council）在美国成立。

20世纪90年代开始，国际上许多国家相继开发了适合本国国情的绿色建筑评价体系，其中影响较大的有英国的BREEAM、美国的LEED、日本的CASBEE、加拿大的SB Tool、德国的DGNB、澳大利亚的NABERS等，见表1-2。总体看来，由于上述评价体系是在气候变化问题尚未达到目前的重视程度之时所提出的，碳减排并未成为各评价体系最重要的关注点。因此，建筑碳排放核算及其标准的制定在上述评价体系中并不居于核心地位。为适应时代发展的需要，一部分绿色建筑评价体系，如BREEAM、CASBEE和DGNB等，在评价体系中加入了建筑碳排放性能指标项，旨在评价建筑全生命周期或某一阶段的碳足迹表现。

表1-2 部分国家绿色建筑评价体系

国家和地区	体系拥有者	体系名称
英国	BRE（英国建筑研究院）	BREEAM（Building Research Establishment Environmental Assessment Method）
美国	USGBC（美国绿色建筑委员会）	LEED（Leadership in Energy and Environmental Design）
日本	JSBC（日本可持续建筑协会）	CASBEE（Comprehensive Assessment System for Building Environmental Efficiency）
加拿大	CaGBC（加拿大绿色建筑委员会）	SB Tool（Sustainable Building Tool）
德国	DGNB（德国可持续建筑委员会）	DGNB（The German Sustainable Building Council）
澳大利亚	GBCA（澳大利亚绿色建筑委员会）	NABERS（National Australian Built Environment Rating System）
丹麦	SBI（国家建筑研究所）	BEAT（Building Energy and Ambient Technology）
法国	CSTB（法国建筑科学技术中心）	HQE（High Quality Environmental）
芬兰	DGBC（荷兰绿色建筑委员会）	BREEAM-NL（Building Research Establishment Environmental Assessment Methods-Netherlands）

2002年，欧盟颁布了《建筑能源绩效指令》（Energy Performance in Buildings Directive，EPBD），并在2010年对该指令进行了修订，提出通过提高能源利用效率、发展可再生能源、生物经济、天然碳汇、碳捕捉等技术实现2050年碳中和目标。

2006年，世界可持续发展工商理事会宣布研究"如何实现建筑工程碳中和"。英国政府推行《可持续住宅规范》，强制规定2016年起所有新建住宅必须满足6星级零碳标准。2009年哥本哈根会议上，"低碳"成为关注焦点，之后"低碳""低碳经济"成为研究热点。

2017年，欧洲多国加强了建筑能效法规，推动被动房和净零能耗建筑的建设。2018年，绿色建筑的发展从节能减排转向全面的"可持续性"和"零碳排放"目标。许多国家设立了零碳建筑或净零能耗建筑的目标，技术创新加速，包括建筑自动化、智能建筑技术及高效能源管理系统的应用。

欧盟在实施建筑领域低碳发展的过程中，与马德里、都柏林等八个城市展开合作，试点推行低碳建筑，并设立2050年建筑领域达到零碳排放的长期目标。此外，巴黎、伦敦等城市签署了《净零碳建筑宣言》，承诺在2030年前新建建筑达到净零碳标准，2050年前实现所有建筑净零碳标准。美国首个关于零碳建筑性能评价的标准ANSI/ASHRAE Standard 228—2023，由美国国家标准协会于2023年3月正式批准。该标准不仅定义了"净零能耗"和"净零碳"建筑的概念，还提出了量化计算方法，并制定了场外可再生能源购买和碳补偿的规则和限制条件。

全球范围内，绿色低碳建筑的发展趋势仍是政府和国际组织关注的重点，旨在应对气候变化、提高能源利用效率、实现可持续发展目标。具体的政策和措施将根据各国的发展需求、经济条件和环境目标有所不同。随着时间推移，更多国家和地区将出台相应的政策，促进绿色低碳建筑的发展。

1.3.2　国内绿色低碳建筑的发展

我国的绿色思想源远流长。北魏农学家贾思勰提出的"顺天时、量地利"，是农畜产业循环生产的思想；北宋张载主张的"民胞物与"思想等，是我国古代留下的一些朴素的、自发的绿色意识。

我国古代绿色意识萌芽虽早，但还没有达到也不可能达到"思想的自觉"。由于历史和经济的原因，我国的绿色低碳建筑发展历史前后不到30年时间，与欧美发达国家相比，发展绿色低碳建筑的背景完全不同。我国的绿色低碳建筑发展伴随着稳定快速城市化的高峰期，而欧美国家的绿色低碳建筑是在其完成了城市化后。

20世纪80年代初，全国范围掀起建筑热潮。我国学者于此时开始建筑节能研究，即建筑热工学专业的开展。各地尝试研究改善建筑性能的方法，以北方地区生土建筑的研究和实践为典型代表，成为我国建筑技术因地制宜的研究典范和绿色建筑的雏形。1986年，我国颁布了《民用建筑节能设计标准（采暖居住建筑部分）》，其中规定的设计技术指标，基本上达到了20世纪80年代初德国的技术水平。

随着国外绿色建筑技术和研究成果的引入，建筑能耗、占用土地、资源消耗以及建筑室内外环境问题逐渐成为人们关注的焦点，建筑的可持续发展成为政府和行业的共识。1994年《中国21世纪议程》通过，标志着我国绿色建筑的理论逐渐清晰。

2001年，《中国生态住宅技术评估手册》出版发行，评估体系分为五个子项：小区环境规划设计、能源与环境、室内环境质量、小区水环境、材料与资源。2003年，《绿色奥运建筑评估体系》出版发行，从环境、能源、水资源、材料与资源、室内环境质量等方面阐述了如何全面提高奥运建筑的服务质量，并有效减少环境负荷。

2005年3月，首届国际智能与绿色建筑技术研讨会暨首届国际智能与绿色建筑技术与产品展览会在北京举行；2005年5月，建设部发布了《关于发展节能省地型住宅和公共建筑的指导意见》；2005年10月，建设部联合科学技术部发布了《绿色建筑技术导则》。

2006年3月，建设部和国家质检总局联合发布了《绿色建筑评价标准》，这是我国第一部从住宅和公共建筑全生命周期出发，多目标、多层次对绿色建筑进行综合性评价的国家标准。

2007年7月，建设部启动"100项绿色建筑示范工程与100项低能耗建筑示范工程"（简称"双百工程"）；随后建设部颁布了《绿色建筑评价技术细则》《绿色建筑评价标识管理办法》《绿色施工导则》《绿色建筑评价标识实施细则》，尽管其评价指标体系的构成基本上模仿了LEED标准，但从里程碑意义上而言标志着我国建立了官方的绿色建筑技术标准体系。

从2011年后，我国经济较发达地区出现积极建设并申报绿色建筑的局面，绿色建筑已从建筑层面波及城市层面。但在中、西部经济相对落后地区，由于政策解读与识别的滞后，绿色建筑还未形成规模。

2013年，国家发展和改革委员会、住房和城乡建设部制定的《绿色建筑行动方案》，充分说明了开展绿色建筑行动的重要意义。

2014年，GB/T 50378—2014《绿色建筑评价标准》发布。期间，我国也出台了关于医疗建筑、工业建筑、办公建筑、教育建筑等绿色建筑标准。GB/T 50378—2014《绿色建筑评价标准》的评价方法和星级划分与2006版大的方向是一致的。新标准的评分方式沿用的美国LEED标准，与2006版标准有所区别，新版绿色建筑评价标准采用的是"量化评价"方法；除少数必须达到的控制项外，其余评价条文都被赋予了分值；对各类一级指标，分别给出了权重值。

2019年，我国更新了国家标准GB/T 50378—2019《绿色建筑评价标准》。标准中规定绿色建筑评价应遵循因地制宜的原则，结合建筑所在地域的气候、环境、资源、经济和文化等特点，对建筑全生命周期内的安全耐久、健康舒适、生活便利、资源节约、环境宜居等性能进行综合评价。同年发布了GB/T 51366—2019《建筑碳排放计算标准》。2020年，为推进低碳减排工作，积极应对全球气候变化治理，我国提出"双碳"目标，倡导绿色、环保、低碳的生活方式。加快降低碳排放步伐，有利于引导绿色技术创新，提高产业和经济的全球竞争力。住房和城乡建设部等7部门发布的《绿色建筑创建行动方案》提出，发展超低能耗建筑和近零能耗建筑。

2021年4月，住房和城乡建设部立项国家标准《零碳建筑技术标准》，确定建筑碳排放的分级控制指标，是推动低碳建筑健康发展的重要技术工作。2021年9月，国务院办公厅在《中共中央国务院关于完整准确全面贯彻新发展理念做好碳达峰碳中和工作的意见》中提出，加快推进超低能耗建筑、近零能耗建筑和低碳建筑规模化推广。

2022年，住房和城乡建设部在《"十四五"建筑节能与绿色建筑发展规划》明确了9项重点任务，即提升绿色建筑发展质量，提高新建建筑节能水平，加强既有建筑节能绿色改造，推动可再生能源应用，实施建筑电气化工程，推广新型绿色建造方式，促进绿色建材推广应用，推进区域建筑能源协同，推动绿色城市建设；并以更高的要求明确了到2025年我国低能耗建筑和绿色建筑的占比面积。

2024年，国家推动更严格的建筑节能标准和绿色建筑认证，更加注重全生命周期的环保和节能性能。国家发布了一系列政策支持老旧城区的绿色改造和更新。更多新型绿色建材和节能技术得到广泛应用，包括高性能绝热材料、智能玻璃、太阳能光伏一体化建筑（BIPV）等，进一步降低建筑能耗，提升既有建筑的能效和环保性能，推动建筑存量市场的绿色转型。

1.3.3 绿色低碳建筑的未来发展

1. 数字化

数字化是建筑业高质量发展的未来趋势。绿色低碳建筑中的数字化涉及利用现代信息技术,尤其是物联网、大数据、人工智能等,来提升建筑的能效,优化建筑的运营管理,以及提升居住者的舒适度和健康。通过利用智能传感器和监控系统实时收集建筑内部的数据,如温度、湿度、光照强度、能源消耗等。对建筑内部数据进行分析,智能控制系统可以自动调节照明、空调、加热和其他系统的运行,以保持最佳的室内环境和最低的能源消耗。

绿色低碳建筑的数字化发展

在设计和建造阶段使用BIM技术,数字化可以实现更高效和精确的建筑设计,减少建造过程中的资源浪费。BIM模型能够整合各种信息,包括材料的性能、能源需求预测以及建筑的生命周期评估。通过分析收集到的大量数据,可以预测建筑系统的故障和维护需求,从而提前进行维护,避免系统故障引发的能源浪费。同时创建建筑的虚拟副本,可以在虚拟环境中模拟、分析和优化建筑的性能。这有助于在实际应用之前测试不同的策略和设计决策,以找到最优解。

数字建筑是新一代信息技术、先进制造理念与建筑业全链条全周期全要素间深度融合的产物,是提升建造水平和建筑品质、助推建筑业转型升级的重要引擎。当前,国家高度重视城乡建设绿色发展和高质量发展,加快数字建筑创新布局,对于推动新型建筑工业化、数字化、绿色化发展至关重要。

当前,数字建筑正处于快速起步阶段,主要呈现以下特征:

1)从总体架构看,数字建筑是以数字平台为关键支撑、标准规范为科学指引、安全防护为重要保障,整体呈现"三横两纵"的结构特征。总体架构中,能力平台层是整体架构的能力中枢,提供数据使能、图形使能、业务使能、新技术赋能等专业支持。

2)从典型模式看,数字建筑通过一系列信息技术的集成化创新和协同化应用,以全链条数字化协同、全生命周期集成化管理、全要素智能化升级为主要模式,最优化配置要素资源,最高效提升生产施工效率,最大化提高建筑质量,全面赋能智能建造和新型建筑工业化。

3)从应用场景看,数字建筑利用BIM、数据管理、智能感知等数字技术,通过在协同设计、智能生产、智慧工地、智慧运维、智能审查、绿色建造等建筑业典型场景中的融合应用,并与智能建造数字城市等发展需求协同,促进各环节运行提质增效。

4)从未来发展看,我国数字建筑发展虽已取得一定成效,但总体仍处于发展初期,存在诸多痛点亟待攻克。建议加快推进数字建筑技术攻关、应用推广、生态完善、人才培养等,营造数字建筑良好发展环境。

数字建筑以BIM等新兴技术集成化创新为核心驱动、数字平台为关键支撑、标准规范为科学指引、安全防护为重要保障,覆盖建筑全生命周期、全产业链、全要素,与智能建造、数字城市等应用场景深度融合,是推动建筑业生产方式、商业模式、产业形态变革的关键动能，也是实现传统建筑行业全面转型升级的重要引擎。

2. 智能化

人工智能（Artificial Intelligence，AI）是一门融合了计算机科学、统计学、脑神经学和社会科学的前沿综合性学科。它的目标是希望计算机拥有像人一样的智力，可以替代人类实现识别、认知、分类、预测、决策等多种能力。

国际上智能建筑的一般定义为：通过将建筑物的结构、系统、服务和管理四项基本要求以及它们的内在关系进行优化，来提供一种投资合理，具有高效、舒适和便利环境的建筑物。GB 50314—2015《智能建筑设计标准》对智能建筑的定义为：以建筑物为平台，基于对各类智能化信息的综合应用，集架构、系统、应用管理及优化组合为一体，具有感知、传输、记忆、推理、判断和决策的综合智慧能力，形成以人、建筑、环境互为协调的整合体，为人们提供安全、高效、便利及可持续发展功能环境的建筑。

智能建筑的理论基础是智能控制理论。智能控制（Intelligent Controls，IC）是在无人干预的情况下能自主地驱动智能机器实现控制目标的自动控制技术。对智能建筑这类复杂控制对象，很难建立整个建筑物自动化系统的控制系统模型，只能分设备分子系统地去建立各个局部系统的模型，再进行系统级连接和统一控制。

建筑智能化有效提升建筑物的功能、效率和舒适度，以实现建筑物的自动化管理和控制，以下是建筑智能化的一些主要方面：

（1）智能家居系统

随着物联网（IoT）技术的发展，智能家居系统正在变得越来越集成化，允许用户通过单一的界面控制照明、暖通、安全和娱乐等多个系统。

（2）能源管理与优化

智能建筑的能源管理系统能够实时监测能源消耗，并通过算法优化能源使用，减少浪费。同时，太阳能和风能等可再生能源的集成，以及储能技术的应用，将进一步提高智能建筑的能源利用效率。

（3）建筑信息模型（BIM）

BIM技术允许建筑师、工程师和承包商在建筑的整个生命周期内共享和协作项目信息。这一技术的普及将提高设计效率，减少施工错误，并优化建筑运营。

（4）智能安全系统

除了传统的监控摄像头和门禁系统，智能建筑还可能包括面部识别、行为分析和环境监测等先进技术，以提高安全性。

（5）智能监测系统

建筑物的运营和维护将变得更加智能化，通过传感器和数据分析技术能够对建筑能耗进行精细化分析，为节能改造提供数据支持。通过智能化控制系统实现对空调、照明、电梯等设备的节能控制，以及监测设备的运行状态和能耗情况，及时发现和解决问题。通过监测空气质量、温度、湿度和光照水平，智能系统可以自动调节环境，创造更健康的居住和工作环境。

（6）语音控制和人工智能

随着人工智能技术的发展，语音控制正在成为智能建筑中越来越常见的交互方式。用户可以通过语音命令控制建筑内的多个系统，提高了便利性和用户体验。

建筑智能化不仅提高了建筑物的管理效率和使用舒适度，还在节能减排、提高安全性和便利性方面发挥了重要作用。随着计算机技术和人工智能的发展，未来的建筑设计将更加数字化和智能化。设计师可以通过使用先进的软件和算法，实现更加精细和高效的设计。

3. 智慧化

建筑智慧化是指通过物联网和数据智能技术，汇聚建筑物的历史与实时信息、静态与动态信息，包括建筑结构、空间、设施、环境、交通、卫生、服务质量、能源消耗及成本等数据，形成人、机、物深度融合的交互系统。这种交互能够及时捕捉在建筑内的人、事、物三类信息，并主动将其融入编织形成的信息网络之中，带动终端设备形成联动。

建筑智慧化在绿色低碳建筑的发展中扮演着至关重要的角色。从时间维度拓展的角度来理解，智慧建筑应该是覆盖和贯穿BIM软件各阶段（规划、概念设计、细节设计、分析、出图、预测、4D/5D施工、监理、运维、翻新）的智慧化建筑。从空间维度拓展的角度来理解，智慧建筑在空间维度拓展方面包括卫星导航定位，地下建筑空间，以及与交通、城市、地理信息系统的高度融合。从计算方式来看，智能建筑更多地依赖于分布式智能控制理论，智慧建筑则更多地依赖于以认知计算为代表的人工智能计算理论。

与智能建筑相比，智慧建筑充分考虑"以人为本"，无论是建筑管理者，还是建筑使用者，都成为智慧建筑的一部分，且扮演着越发重要的角色。达沃斯世界经济论坛人工智能委员会主席Justine Cassel认为，谈到智慧建筑有三个关键词：智慧分析、智慧定制化、智慧的行为改变。智慧建筑1.0即第一代智慧建筑，更多地依赖于物联网、云计算、大数据、智能控制技术；智慧建筑2.0即第二代智慧建筑，则更多地依赖于人工智能技术。智慧建筑将更多的子系统和设备集成到智能建筑管理系统中，实现更高程度的自动化和智能化。通过人工智能和机器学习技术，使建筑物能够自我学习和自我优化，提供更加个性和高效的服务。通过智能语音助手、增强现实（AR）等技术，提升人机互动体验，使用户能够更便捷地与智能建筑进行交互。21世纪被认为是体验经济的时代。体验经济强调个性化、定制化的服务和产品，注重用户在使用过程中获得更多的愉悦和独特体验。智慧建筑恰恰能够响应这需要科技支撑的经济模式。智慧建筑不仅关注建筑的功能和质量，还注重用户在办公、居住、通行、安全、餐饮、健身、低碳、交互等全场景的感受和体验。

智慧绿色建筑是智慧建筑和绿色建筑的有机结合体，通过数字化、智能化、绿色化的手段实现建筑全生命周期的可持续管理和使用。智慧化技术的应用不仅提高了建筑的能源利用效率，还增强了建筑的可持续性，促进了绿色建筑的发展。在建筑中部署各种传感器和设备，可以实时监测空气质量、温度、湿度、光照强度等参数。通过互联网连接，这些数据可以用于监控和优化建筑的性能，并为居住者提供个性化的服务。通过集成的管理系统可以监控和控制建筑内的各种设施和系统，包括照明、暖通空调（HVAC）、安全和能源管理系统。这些系统能够根据建筑内的实时数据自动调整参数，优化能源使用和提高居住者的舒适度。智慧化还可应用在集成可再生能源和储能系统中，通过集成太阳能板、风能发电机等可再生能源设备，以及电池储能系统，建筑可以自产自用清洁能源，减少对化石能源的依赖，并有助于平衡电网负荷。智慧建筑代表了现代科技与建筑行业的深度融合，通过技术手段的应用,不仅提高了建筑物的管理水平和用户体验,还在节能减排、提升安全性和可持续发展方面发挥了重要作用。未来,智慧建筑将进一步普及,并在更多领域得到应用,为人们创造更加美好的生活和工作环境。

思 考 题

1. 简述绿色低碳建筑的特点。
2. 简述绿色低碳建筑场地选址规划的影响因素。
3. 简述建筑空间形态是如何影响绿色低碳建筑设计的。
4. 简述影响绿色低碳建筑的构造设计。
5. 简述绿色低碳建筑材料有哪些。
6. 简述可再生能源在绿色低碳建筑上的应用。
7. 简述绿色低碳建筑的智能化表现。
8. 试述绿色低碳建筑的未来发展。

第2章 场地规划设计

场地规划是建筑设计的重要组成部分，是建筑本体与周边环境联系的桥梁。绿色低碳建筑的场地规划设计，应当从建筑选址与布局、场地物理环境设计、建筑场地景观设计等方面进行综合考量。在选址与布局方面，应当充分考虑场地的自然要素、气候条件、地形地貌，形成总体布局设计策略；在物理环境设计方面，应当对风、光、热、声环境进行综合分析，营造舒适的微气候环境；在景观设计方面，综合考虑绿地、水体、铺地等进行设计。通过对选址与布局设计、物理环境设计与景观设计进行统筹规划，才能提出节约资源、降低碳排放、提升人居环境水平的场地规划方案。

2.1 建筑选址与布局

绿色低碳建筑选址与布局通过分析建筑室外环境，保护环境、利用环境，合理调节与处理建筑室外物理环境（风、光、热、声）、化学环境（污染物）、生物环境（动物、植物、微生物），使建筑室内外环境有利于人体舒适健康，同时降低建筑的整体能耗和对环境的影响。

2.1.1 建筑选址布局原则

（1）尊重自然环境，减少对生态环境的干扰

从人地系统的构成可知，由地貌等要素构成的自然环境为地域性绿色低碳建筑的选址布局提供了环境支持及资源供给，具有突出的重要性。由地貌的成因来看，无论何种地貌类型，由于内、外应力的持续作用，地貌均具有一定的不稳定性，易受到外界条件的干扰，从而导致生态平衡的失稳。因此，"尊重自然环境，减少对生态环境的干扰"是基于地貌特征的绿色低碳建筑选址布局中所要把握的首要问题，有利于维持人地系统的稳定和谐。

（2）合理建筑布局，节约土地资源的利用

应注重建筑布局的合理性，以节约土地资源的利用。在用地紧张的城市，建筑建造通常极其注重土地资源的集约利用，通过垂直尺度上分层化的空间组织，提高土地的利用效率。对土地资源的节约与优化利用，能够减轻对原生地貌的破坏，有利于达成对自然风貌的保护与存续。

（3）优选地形气候，形成良好的室外微气候环境

在设计过程中应把握不同地貌与局部地形所形成的地形气候，选择优质的小气候环境，通过一定的场地布局手段，形成良好的室外微气候，为建筑室内外舒适的控制提供初始条件。

2.1.2 气候的组成及分类

建筑气候分析为绿色低碳建筑场地规划设计提供了重要的理论基础。认知不同气候区的影响，有助于解答如何解析地域气候、如何将一般性的气象参数转化为建筑气候、气候与绿色低碳建筑设计的关联性等问题。

1. 气候的组成要素

气候要素是表示某一特定地点和特定时段内的气候特征或状态的参量。狭义的气候要素即气象要素，如空气温度、湿度、气压、风、云、雾、日照、降水等，是目前气象台站所观测的基本项目。广义的气候要素还包括具有能量意义的参量，如太阳辐射、地表蒸发、大气稳定度、大气透明度等。其中对建筑影响较大的气候要素有日照、温度、湿度、降水与风等。

2. 我国的气候分区

对于不同地区而言，由于各地所处的纬度位置不同，所接受的太阳辐射量不同，受海陆影响的程度和大气环流系统的配置不同，各地的气候就有各自不同的特点。

我国幅员辽阔、气候条件差异很大。为适应各地不同的气候条件，并在建筑上反映地区气候特点和要求，需要科学、合理的气候区划标准。

为了使建筑热工设计与地区气候相适应，GB 50176—2016《民用建筑热工设计规范》采用累年1月和7月的平均温度的平均值作为分区的主要指标，日平均温度≤5℃和≥25℃的天数作为辅助指标，将全国划分成五个区，即严寒地区、寒冷地区、夏热冬冷地区、夏热冬暖地区和温和地区。

（1）严寒地区

严寒地区的气候特征一般是夏天凉爽舒适，最冷月平均温度低于-10℃，一年中近半年多的时间处于低温、寒风、冰雪覆盖之下；地理特征是位于高纬度区域，纬度在40°以上，主要分布于北半球区域。严寒地区冬季漫长，年日平均温度小于或等于5℃的天数为144~294d，1月份的平均温度为-31~-10℃。

绿色低碳建筑应注意结合严寒地区的气候特点、自然资源条件进行设计。在其具体设计中，应根据气候条件合理布置建筑、控制体形系数、平面布局宜紧凑、平面形状宜规整、功能分区兼顾环境分区、合理设计入口、围护结构注意保温节能设计。

（2）寒冷地区

寒冷地区的主要气候特征是冬季漫长而寒冷，经常出现寒冷天气，特别是近些年倒春寒现象比较严重；夏季短暂而温暖，气温年较差特别大；降水主要以夏季为主，因蒸发微弱，相对湿度比较高。冬季时间较长且寒冷干燥，年日平均温度小于或等于5℃的天数为90~270d。

与严寒地区的绿色低碳建筑设计要求和设计手法基本相同，一般情况下寒冷地区可以直接套用严寒地区的绿色低碳建筑。由于我国寒冷地区有一定地域气候差异，各地的经济发达水平也很不平衡，节能设计的标准在各地也有一定差异；此外，公共建筑和住宅建筑在节能特点上也存在差别，因此建筑体形系数、窗墙面积比、外围护结构热工性能、外窗气密性、屋顶透明部分面积比的规定限值应参照各地以及建筑类型的要求。

（3）夏热冬冷地区

我国夏热冬冷地区处于我国南北方交界区域，兼有寒冷地区与炎热地区的气候特点。夏季炎热，太阳辐射强；而冬季则较为阴冷，雨量多，全年相对湿度较大，气候条件相对较差。该地区最热月平均温度为25~30℃，平均相对湿度为80%左右，炎热潮湿是夏季的基本气候特点。夏季最高温度可达40℃以上，最低温度也超过28℃，全天无凉爽时刻，白天日照强、气温高、风速大，热风横行，所到之处如同火炉，空气升温，物体表面发烫。

夏热冬冷地区一直也是绿色低碳建筑与建筑节能实施的难点。夏热冬冷地区人多地广，区域经济发达，对国家国民经济意义重大；由于该区域"冬冷"与"夏热"的两难矛盾气候，使绿色低碳建筑技术的选择具有北方严寒地区与南方炎热地区所没有的难度与复杂性。由于夏热冬冷地区气候特征，冬季和夏季部分时间段内，室内舒适度能够基本满足人们的生活要求。夏热冬冷地区绿色低碳建筑规划设计的内容很多，一般主要包括基地的选址、规划总平面布置、建筑朝向的确定、建筑物日照问题、地下空间的利用、绿化环境的设计、水环境的设计、风环境的设计、建筑节能与绿色能源、绿色能源利用与优化等。

（4）夏热冬暖地区

夏热冬暖地区的气候特点是冬季暖和，夏季漫长，海洋暖湿气流使得空气湿度大，太阳辐射强烈，平均气温高。

该地区的绿色低碳建筑节能设计以改善夏季室内热环境，强调自然通风，减少空调用电为主。为适应当地高温高湿的气候，形成了独具特色的地方建筑风格与技术体系。夏热冬暖地区的传统建筑非常重视自然通风，借此形成各种独特的建筑语言和空间组合方式，廊道、天井、冷巷、中庭、镂空墙、通风窗和隔栅等被有效合理运用，可以达到良好的通风效果。

（5）温和地区

温和地区的气候条件舒适，通风条件优越，气温冬季温暖夏季凉快，年平均湿度不大，全年空气质量好，但是昼夜温差大。

自然通风应该作为温和地区建筑夏季降温的主要手段。而且温和地区太阳辐射全年总量大、夏季强、冬季足。丰富的太阳能资源为温和地区发展太阳能与建筑相结合的绿色低碳建筑提供了优越的条件。基于温和地区气候舒适、太阳辐射资源丰富的条件，自然通风和阳光调节是最适合于该地区的绿色低碳建筑设计策略，低能耗、生态性强且与太阳能结合是温和地区绿色低碳建筑设计的最大特点。

2.1.3　不同地形地貌的场地选址

顺应地形地貌的典型建筑代表是我国各地区的风土建筑。我国幅员辽阔，地形地貌复杂，山川河流众多，各个地区的建筑通过顺应地形地貌的设计手法形成各具地域特色的建筑空间。从村落布局到单体建筑形态，或依山就势，或傍水而居，都充分表现出对自然环境的尊重和合理利用。

1. 地貌的特征

（1）黄土高原

古老的窑洞民居是因地制宜、顺应地形的典范。窑洞是在黄土层内挖出的居住空间，从窑洞建造方法的分类中就能看出窑洞建筑对地形地貌的利用：沿山坡向黄土层中开挖的靠崖式窑洞（图 2-1a）；就地下挖方形地坑，再向四壁挖的下沉式窑洞（图 2-1b）；修理平整坡地，利用砖石建造拱券模胎，拱顶再填土夯实的独立式窑洞。窑洞建筑没有明显的外观体量，村落更是顺着沟坡层层展开，星罗棋布地潜隐在黄土高原下，最大限度地与大地融为一体，保持着原有自然环境的地形风貌，是完美的不破坏自然的绿色低碳建筑。

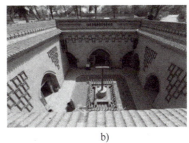

a) b)

图 2-1 靠崖式窑洞和下沉式窑洞

（2）江南水乡

我国江南水乡城镇和村落的形态构成与其水系环境密切相关。为适应多水的自然环境，城镇村落多以水为骨、依水而筑、因水成路，创造了独特的民居形态和水陆两栖的交通系统（图 2-2）。江南水乡城镇和村落的总体布局根据水道的结构特征，呈现出多种类型：

图 2-2 江南水乡水网体系

1）带状形：一条水系贯穿整个村镇，城镇沿河或半边或双边铺开。小镇和村落多采用这种布局，如江西安源、李坑等村镇。

2）十字形和井字形：城镇依托二至四、五条河流，呈十字、丁字或井字形布局，如周庄、马陆、甪直等镇。

3）密网形：城镇和村落四周河流环绕，乡镇被密集的网状骨架分成数块，用地紧凑，城镇的伸展轴较短，如苏州地区的同里、震泽等古镇。

无论哪种形式，建筑和村镇的布局都是顺应水势的，通过以上几种布局类型的组合和演变，水乡城镇取得丰富的空间效果。从中可以发现，水系在传统村镇形态的形成中起到了引导及制约作用。水网体系不仅是人们交通出行、贸易流通、灌溉生产的生命脉络，也是人们会友交流、闲谈休息、游览观光的生活场所。从生态的角度来看，水网体系所具有的吸热、吸尘、蓄热等功能，在提高聚落的环境质量、改善聚落的微气候等方面起到重要的作用。

（3）西南山地

与水乡的地形地貌产生强烈对比的是西南山地。西南山地的传统民居能在不规则的地段上最大限度地利用地形，开拓场地，争取使用空间，在尽量少改变自然环境的情况下，跨越岩、坎、沟、坑以及水面，使整个建筑造型自然而不造作，生动而活泼。其巧借地形的具体方法归纳为拖、台、坡、挑、吊、梭。

"拖"是指屋脊垂直于等高线，顺坡拖建，房顶分层向下，室内有不同高度的地坪，从而形成错落有致、富有节奏感和韵律感的景观效果（图2-3）。

"台"是指根据地形的等高线处理成不同标高的台面，在台面上建造房屋。不同台面之间的交通借助院落的台阶或室内楼梯解决（图2-4）。

图2-3 "拖"的处理手法

图2-4 "台"的处理手法

"坡"即坡厢，在三合院或四合院布置于缓坡地段时，其垂直等高线的厢房做成"天平地不平"的坡厢。"天平"是指坡厢处于同一屋顶下；"地不平"是指地坪标高处理不同，一种是数间厢房室内地坪按间分台，以台阶联系；另一种是室内地坪同一标高，而外部院坝地坪顺坡斜下，厢房台基不等高。这种方式与小坡筑台方法结合使用（图2-5a）。

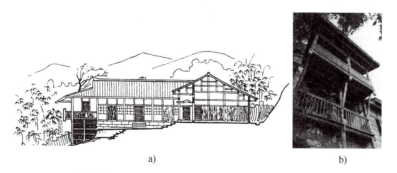

a)   b)

图2-5 "坡"的处理手法与"挑"的处理手法

"挑"是指在地形较为复杂的情况下，如陡坡悬崖和山溪边修建房屋时，通过出挑楼层或檐廊来争取更多的使用空间（图2-5b）。

"吊"是指前后加承柱做吊脚楼，由于下部有了支承结构，多出的使用空间往往比出挑时大（图2-6）。

图2-6 "吊"的处理手法

"梭"是指拖长后坡顶，前檐高而后檐低，扩大使用面积，多作储藏杂用，以气洞或亮瓦通气采光。

（4）平原地区

在我国的平原地区，耕地少，人口多，通常考虑向天、水、山争取居住空间。增加层数或向外悬挑，依山傍水或于低洼地建造，沿河或跨河而建，既方便了交通，又利用了河岸。许多土地资源稀缺的地区还形成了节地效果甚佳的低多层高密度民居形态。广东竹筒楼（图2-7a）的形式在广东城镇中较为多见。由于粤中地区人多地少，临街地价昂贵，而腹地较便宜，为适应紧张的用地状况，往往都是在有限的面宽里追求尽可能大的进深，使沿街用地可以分配给尽量多的用户。上海里弄（图2-7b）住宅的密度一般达60%~70%，极大地节约了用地。同时可以在拥挤情况下改善居住环境，充分利用空间，更好地满足了日常使用功能的需求。

a) b)

图2-7 广东竹筒楼与上海里弄

2. 影响绿色低碳建筑布局的要素

从建筑学的角度出发，通常将地貌分为两个方面，即地貌由地形和地肌两方面组成：其中，地形是指地表的三维几何形状，它偏重于形态学的范畴；地肌是指地表的肌理组成，它是各种不同质感的地表组成物质的总称。对于基于地貌特征的适应性营建而言，首先需要对影响建筑营建的地貌要素进行认知，解析其对地域性绿色低碳建筑营建的影响。

（1）地形

具体而言，与地域性建筑密切相关的、表示地形特征的要素有等高线、坡度等。

等高线与聚落形态：等高线是表现地表形态的基本方式之一，通过等高线的疏密程度，可以判断地形的坡度大小；从等高线的围合形状，可以确定地形的不同位置特征。

坡度与适建范围：地形坡度通常有高长比、百分比和倾斜角三种表示方式。在建筑设计中，采用百分比的居多。坡度的大小直接表征了地形的陡缓程度，与用地的适建性相关联（表2-1）。

表 2-1 不同坡度下建筑场地布置及设计基本特征

类别	坡度	建筑场地布置及设计基本特征
平坡度	3%以下	基本上是平地，道路及房屋可自由布置，但须注意排水
缓坡度	3%~10%	建筑区内车道可以纵横自由布置，不需要梯级，建筑物布置不受地形的约束
中坡度	10%~25%	建筑区内需设梯级，车道不宜垂直等高线布置，建筑群布置受一定的限制
陡坡度	25%~50%	建筑区内车道需与等高线成较小锐角布置，建筑群布置与设计受到较大的限制
急坡度	50%~100%	车道需曲折盘旋而上，车道需与等高线成斜角布置，建筑设计需做特殊处理
悬崖坡度	100%以上	坡道及梯级布置极其困难，修建房屋工程费用大

（2）地肌

地肌是借用"肌理"一词，与地形所突出表现的"形状""态势"相对应。组成地肌的主要要素有土壤、植被等。

1）土壤构筑方式：土壤是由分割得很细小的矿物质组成的，这种矿物质可由坚硬的岩石经过风化过程而形成。例如，在黄土高原地区，黄土层构造具有质地均匀、抗压与抗剪强度较高的特征。因此，在土体内挖掘窑洞，仍能保持土体自身结构的稳定性，这使得黄土高原地区自然形成了窑居的构筑方式。

2）植被接地形态：植被是地表最活跃的组成要素之一，对视觉景观的塑造和生态环境的形成具有重要的意义，与建筑的接地形态往往具有直接关联。例如，芦苇是湿地中的原生物，具有很强的净水功能，起到了景观、人文的双重作用。湿地建筑常采用架空的接地方式，这是建筑根据植物的种类、形状及分布特征，在形态设计方面做出的生态性回应。

2.1.4　场地选址及总体布局设计

在建筑总体布局中，应站在全局的高度，兼顾日照、风速、风向、降雨等多种气候要素，使建筑取得有利的气候条件；同时充分利用场地地形、河流湖泊、植被绿化等因素所形成的局地小气候，在具体的建筑布局中，因地制宜地改善建筑外部气候条件。

1. 研究场地生态环境

（1）场地现状及周边实体现状调研

了解场地的物理基础条件，包括自然与人工元素。记录并测量场地内及周边的建筑物、构筑物、道路、桥梁、绿化植被等的位置、类型、规模及状态；可采用无人机航拍、地理信息系统（GIS）结合现场踏勘的方式，通过地形测量（如 RTK 测量、无人机测绘）获取场地的高程数据，绘制地形图，分析坡度、坡向、地貌类型等。

（2）场地现状及周边气候环境调研

评估气候条件对场地及未来建设的影响。收集并分析当地的气象数据，包括温度、湿度、降水量、风向、风速、日照时长等，了解季节变化特点；设置监测点，利用空气质量监测设备收集数据，分析 $PM_{2.5}$、PM_{10}、二氧化硫、氮氧化物等污染物浓度；调查周边工厂、交通干线、垃圾处理场等可能的污染源，评估其对场地空气质量、水质及土壤的影响。

（3）场地生态现状及生物多样性调研

保护生态系统和生物多样性。通过生态调查记录植物种类、动物群落（包括鸟类、昆虫等）、微生物多样性，分析生态系统结构和功能；识别并绘制生态斑块（如林地、湿地）和生态廊道（如河流、绿带）的分布图，评估其对生物迁徙、物种交流的重要性。

（4）历史遗产保护专项调研和传承历史文化价值

对场地内外的古建筑进行详尽的测绘与记录，包括建筑风格、年代、建筑材料、历史沿革等，评估其保护价值；调查场地内及周边古树的数量、种类、树龄、生长状况，制定保护措施。

2. 充分利用本地资源

面对我国资源丰富但人均占有量少、分布不均衡的现状，进行绿色低碳建筑场地布局时，需要深入考察并充分利用本地资源，以实现资源的最大化利用和建筑的绿色可持续发展。可以采取以下策略：

（1）对场地内既有建筑设施进行评估，最大化利用，减少拆改重建

对场地内的既有建筑进行全面的评估，包括结构安全性、能效水平、功能适应性等。根据评估结果，对满足安全和使用要求的建筑进行功能优化调整，以适应新的使用需求，减少不必要的拆除和重建。拆除部分建筑时，应注重材料的分类回收与再利用，减少建筑垃圾的产生。

（2）根据场地环境特点提出可再生能源总体循环方案

分析场地周边的能源供应情况，包括太阳能、风能、地热能等可再生能源的潜力。结合场地特点，设计一套综合性的可再生能源利用系统，如太阳能光伏板、太阳能热水系统、风力发电装置、地源热泵等。建立智能能源管理系统，实现能源的高效分配与利用，提高能源利用效率。

（3）对该地区太阳能收集与利用情况进行评估

利用气象数据和地理信息系统进行日照时数、太阳辐射强度等分析。根据评估结果，选

择合适的太阳能利用技术，如光伏发电、太阳能热水等。优化太阳能收集设备的布局，确保最大化接收太阳辐射，提高发电或集热效率。

（4）对该地区雨水收集循环利用进行评估

分析场地及周边区域的年降雨量、雨水径流等数据。设计雨水收集、储存、净化及回用系统，包括雨水花园、渗水井、蓄水池等。评估雨水收集利用系统的经济效益、环境效益和社会效益，确保系统的可持续运行。

（5）研究本地传统建筑，挖掘属地材料与工艺建造方式

深入研究本地传统建筑的历史背景、建筑风格、建筑材料及建造工艺。挖掘并推广使用本地特有的绿色建筑材料，如竹材、石材、土坯等，减少长途运输带来的碳排放量。学习并传承本地传统建筑的建造工艺，结合现代科技进行创新，提高建筑的能效和耐久性。在绿色低碳建筑设计中融入本地文化元素，使建筑成为展现地域文化的重要载体。

3. 顺应地形地势进行布局设计

（1）依山就势，融入地形

在设计初期，通过详细的地形勘测和 GIS 分析，了解场地的自然高程、坡度、坡向等特征。根据地形特点，设计建筑形态，使其自然地嵌入山体或顺应地势起伏，减少对自然地形的破坏。利用地形的高低变化，设计不同标高的建筑平台或庭院，形成错落有致的层次感，同时增强建筑与环境的互动（图2-8）。

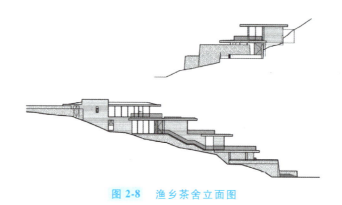

图2-8 渔乡茶舍立面图

（2）底层架空与覆土嵌入

在适宜的地段，采用底层架空的设计手法，不仅能减轻建筑对地面的压迫感，还能增加通风采光，降低能耗。同时，架空层下可设置停车场、休闲空间或绿化带，提高土地利用效率。对于需要隐藏或融入环境的建筑部分，可采用覆土设计，即将建筑部分或全部覆盖在土壤之下，只露出必要的开口或屋顶。这种设计方式能有效减少热岛效应，提高建筑的保温隔热性能，同时增强与周围环境的融合感。

（3）精细计算土方量，减少填挖方

通过精细的土方计算，合理规划填挖区域，尽量实现土方平衡，减少不必要的运输和堆放。对于需要开挖或回填的边坡，采用生态护坡技术，如植草砖、生态袋等，既保护边坡稳定，又促进植被恢复，减少水土流失。

(4)保护古树名木、河流水体

对场地内的古树名木进行详细调查，制定保护措施，如设置保护围栏、改善土壤环境、定期养护等，确保其在建设过程中不受损害。充分利用场地内的河流水体，设计亲水空间、生态湿地等景观元素，同时考虑水体的防洪、排涝、净化等功能，实现水资源的可持续利用。

(5)利用不同标高与场地建立有机联系

根据场地高差，设计坡道、台阶、电梯等立体交通系统，使不同标高的建筑空间能够便捷地相互联系。通过合理布局，创造良好的景观视线通廊，使建筑内部和外部的景观相互渗透，增强空间的通透性和趣味性。

4. 适应基地气候条件

建筑布局应当紧密结合气候特征，以确保建筑的舒适性和能效性。在确定最佳建筑朝向及比例时，需要综合考虑多个因素，主要包括采光、集热、通风以及节能效果。这就需要对场地的物理环境进行设计，具体内容见 2.2 节。

2.2 场地物理环境设计

场地物理环境设计是包括风环境、光环境、声环境、热环境在内的综合设计，通过对场地要素的合理布局，影响场地微气候，形成建筑本体与外界环境之间的有效"缓冲带"。

场地物理环境设计

2.2.1 场地布局设计的风环境设计

1. 风环境规划的基本理论及规划目标

场地的自然通风是一种高效且环保的建筑设计策略，它能够在不消耗任何能源的情况下，有效地带走建筑内部空间的热量、湿气和污浊空气，进而降低室内温度，为居住者提供新鲜的自然空气，如图 2-9 所示。这种自然循环的通风方式不仅有助于提升室内环境的舒适度，还有助于减少人们对空调的依赖，进而降低因使用空调而产生的能耗和碳排放量。自然通风一般分为风压式自然通风、热压式自然通风、风压与热压相结合式自然通风三种方式，表 2-2 介绍了三种通风方式的区别。

图 2-9 建筑布局与场地风环境

图 2-9 彩图

表 2-2 三种不同类型的自然通风方式

通风方式	通风原理	适用范围
风压式自然通风	建筑物的迎风面上产生正压区，在建筑物的侧面及背面产生负压区。利用迎风面与背风面的压力差来实现自然通风，如"穿堂风"	适合于室外环境风速比较大，室外温度低于室内温度，建筑物进深不太大的情况
热压式自然通风	建筑物内部的热空气上升，从建筑上部的风口排出，室内产生负压，新鲜的冷空气从建筑底部吸入。室内外温差越大、进出风口的高度差越大，热压作用越明显，如"烟囱效应"	适合于室外环境风速不大，或建筑物进深较大、私密性要求较高的情况
风压与热压相结合式自然通风	将风压式自然通风和热压式自然通风结合起来。常常在进深较小的部位采用风压式自然通风，在进深较大的部位采用热压式自然通风	适用范围较广

虽然可以借助计算机模拟和风洞试验等技术手段，定量、精确化地分析建筑物的通风效果，但这些并不能完全替代建筑师的专业判断和经验。对于建筑师而言，掌握定性判断原则仍然是至关重要的。定性判断原则能够帮助建筑师在设计初期阶段就对建筑物的通风效果有一个大致的预估和判断。这涉及对建筑物形态、朝向、门窗位置、开口大小以及周边环境等因素的综合考虑。通过合理的布局和设计，建筑师可以初步确定建筑物的通风路径和效果，为后续的精确计算和分析提供基础。

2. 场地风环境的绿色低碳设计

在进行建筑总体布局时，需要依据当地的风玫瑰图，深入考虑常年主导风向的影响，特别是夏季的主导风向。我国大部分地区夏季主导风向为南向或东南向，而冬季主导风向为西北向或北向。同时，由于自然通风主要解决的是春季、秋季和夏季的通风问题，大部分建筑的最佳朝向选择南向或东南向。这样的布局不仅有利于夏季的通风散热，还能在冬季利用日照来提升室内温度。对于冬季的寒风，则需要通过合理的建筑设计来进行遮挡。例如，可以利用周边的景观（如山体、高大的植物等）作为天然屏障，阻挡寒风的侵袭。同时，也可以对建筑物的布局和形态进行优化，以减少寒风对建筑内部的影响。

表 2-3 总结了在场地风环境角度进行总体布局的一些原则。图 2-10 比较了错列式布局与行列式布局的风影区影响情况，发现错列式布局更有利于自然通风；图 2-11 所示为高低错落布局示意图，说明高低错落的布局有利于自然通风。

表 2-3 总体布局上考虑自然通风效果的主要原则

项目	主要原则
群体布局	错列式、斜列式比规整的行列式、内院式更加有利于自然通风
朝向布局	建筑物的主立面一般以一定的夹角迎向春季、秋季、夏季的主导风向
景观布置	应该考虑植物、草坪、水面对自然通风的影响。如果在进风口附近有草坪、水面、绿化则有利于湿润空气和降低气流的温度，有利于自然通风
高度布局	一般采用"前低后高""高低错落"的原则，以避免较高建筑物对较低建筑物的挡风

（续）

项目	主要原则
高度与长度	建筑高度≤24m时，其最大连续展开面宽的投影不应大于80m 24m<建筑高度≤60m时，其最大连续展开面宽的投影不应大于70m 建筑高度>60m时，其最大连续展开面宽的投影不应大于60m 不同建筑高度组成的连续建筑，其最大连续展开面宽的投影上限值按较高建筑高度执行

注：其中高度与长度的关系引自上海现代建筑设计（集团）有限公司技术中心编写的《被动式建筑设计技术与应用》。

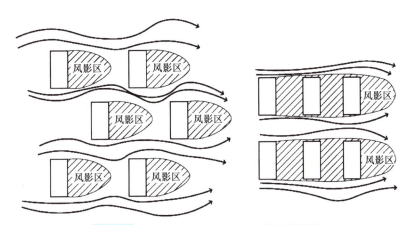

图 2-10　错列式布局与行列式布局的风影区

此外，有资料显示，不同的建筑布置形式对风速有明显的影响：在平行于主导风向的行列式布置的建筑小区内，因狭管效应，风速比无建筑地区增大 15%～30%；在周边式布置的建筑小区内，风速则减小 40%～60%。因此在冬季风较强的地区，可考虑使建筑围合，选择周边式的建筑布局（图 2-12），同时应合理地选择建筑布局的开口方向和位置，避免形成局地疾风。这种布置形式形成近乎封闭的空间，具有一定的空地面积，便于组织公共绿化休息用地，组成的院落比较完整。对于多风沙地区，可阻挡风沙及减少院内积雪，是一种有利于减少冷风对建筑作用的组合形式。周边式布置还有利于节约用地，不足之处在于这种布置形式有相当一部分房间的朝向较差。

2.2.2　场地布局设计的光环境设计

阳光在人类活动中扮演着关键角色，因此在设计绿色低碳建筑的场地布局时，必须特别重视光环境。光环境设计主要涉及日照和采光两个方面，需要进行全面的分析和设计。

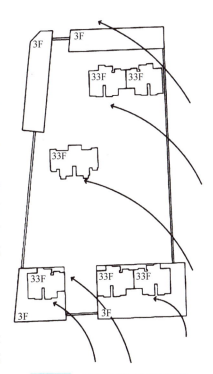

图 2-11　高低错落布局示意图

图 2-12　单周边和双周边式建筑布置

1. 我国不同气候区的日照条件

我国大部分地区位于北回归线以北,因此日照呈现出一定的规律。通常,太阳每天从东方升起,中午时分位于南方天空,傍晚则从西方落下。在观察太阳的高度角时,可以发现,冬季时太阳的高度角相对较低,使得阳光斜射地面;而到了夏季,太阳的高度角则相对较高,阳光近乎直射地面。这种日照规律对建筑设计、农业种植等方面都有一定的影响。

我国幅员辽阔,不同地区日照条件有很大差别。根据 GB 50178—1993《建筑气候区划标准》,将我国分为 7 个一级区划,20 个二级区划,一级区划日照条件见表 2-4。在进行绿色低碳建筑设计时,应当立足于基地所处气候区,精准应对不同的日照条件,在充分利用太阳能的同时,减轻过度日照对建筑造成的不利影响。

表 2-4　我国一级区划日照条件

一级区划	日照条件
第Ⅰ建筑气候区	太阳辐射量大,日照丰富。年太阳总辐射照度为 140~200W/m²,年日照时数为 2100~3100h,年日照百分率为 50%~70%,12 月至翌年 2 月偏高,可达 60%~70%
第Ⅱ建筑气候区	日照较丰富。年太阳总辐射照度为 150~190W/m²,年日照时数为 2000~2800h,年日照百分率为 40%~60%
第Ⅲ建筑气候区	日照偏少。年太阳总辐射照度为 110~160W/m²,四川盆地东部为低值中心,尚不足 110W/m²;年日照时数为 1000~2400h,川南黔北日照极少,只有 1000~1200h;年日照百分率一般为 30%~50%,川南黔北地区不足 30%,是全国最低的
第Ⅳ建筑气候区	太阳高度角大,日照较小,太阳辐射强烈。年太阳总辐射照度为 130~170W/m²,在我国属较少地区之一,年日照时数大多在 1500~2600h,年日照百分率为 35%~50%,12 月至翌年 5 月偏低
第Ⅴ建筑气候区	日照较少,太阳辐射强烈。年太阳总辐射照度为 140~200W/m²,年日照时数为 1200~2600h,年日照百分率为 30%~60%
第Ⅵ建筑气候区	日照丰富,太阳辐射强烈。年太阳总辐射照度为 180~260W/m²,年日照时数为 1600~3600h,年日照百分率为 40%~80%,柴达木盆地为全国最高,可超过 80%
第Ⅶ建筑气候区	日照丰富,太阳辐射强烈。年太阳总辐射照度为 170~230W/m²,年日照时数为 2600~3400h,年日照百分率为 60%~70%

2. 日照与采光的关系

在建筑设计中,日照和采光都是利用光线的重要方面。日照是指建筑能够获取到的太阳能,它不仅可以改善室内的热环境,使空间更为舒适,还具有杀灭细菌、促进健康的卫生作用。采光则是指建筑内部能够获取到足够的光线,确保人们在其中工作、生活时拥有适宜的光环境,满足视觉需求,提升生活质量。因此,合理考虑、利用日照和采光,对于创造舒适、健康的室内环境至关重要。

获取日照和采光的措施往往是同时考虑的。GB 50352—2019《民用建筑设计统一标准》中规定,建筑间距应符合本标准建筑用房天然采光的规定,有日照要求的建筑和场地应符合国家相关日照标准的规定。

表 2-5 是 GB 50180—2018《城市居住区规划设计标准》中的住宅建筑日照标准,该规范进一步要求:老年人居住建筑日照标准不应低于冬至日日照时数 2h;在原设计建筑外增加任何设施不应使相邻住宅原有日照标准降低,既有住宅建筑进行无障碍改造加装电梯除外;旧区改建的项目内新建住宅日照标准不应低于大寒日日照时数 1h。

表 2-5 住宅建筑日照标准

建筑气候区划	Ⅰ、Ⅱ、Ⅲ、Ⅶ气候区		Ⅳ气候区		Ⅴ、Ⅵ气候区
城区常住人口（万人）	≥50	<50	≥50	<50	无限定
日照标准日	大寒日				冬至日
日照时数/h	≥2		≥3		≥1
有效日照时间带（当地真太阳时）	8~16 时				9~15 时
计算起点	底层窗台面				

注:底层窗台面是指距室内地坪 0.9m 高的外墙位置。

在住宅设计中,满足日照时数的要求是至关重要的。为了达到这一目标,首要措施是合理控制建筑物之间的间距。适当的间距能够确保每栋住宅都能获得足够的阳光照射,从而满足居民对日照的基本需求。然而,仅仅依靠间距控制并不足以确保日照时数的精确满足。因此,在大多数情况下,还需要进行日照计算来核对日照效果。通过计算,可以更加准确地评估建筑物的日照情况,确保设计方案符合日照时数的标准要求（图 2-13）。计算公式为

$$L = H/\tan\alpha \tag{2-1}$$

式中 L——住宅间距（日照间距）;

H——前排住宅北侧顶部与后排住宅南侧底层窗台面的高差;

α——大寒日（或冬至日）的太阳高度角。

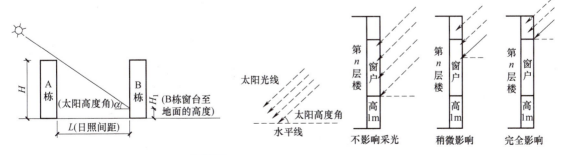

图 2-13 日照间距及采光影响示意图

在具体计算日照时数时，需要查阅各地的规定和数据，因为不同地区的日照标准可能存在差异。只有依据准确的地方性规定和数据，才能确保计算结果的正确性。

3. 场地光环境的绿色低碳设计

根据日照条件，我国大部分地区的建筑以南向为最佳朝向，这是因为南向可以最大限度地接受太阳光的照射，保证室内光照充足。在住宅、幼儿园、养老建筑、医院和办公等建筑设计中，朝向的选择往往起着决定性的作用，它直接影响建筑内部的采光、通风和舒适度。为了确保居民和使用者的基本生活需求，各地规划建设部门对住宅、幼儿园等建筑的最低日照时间提出了明确要求。这些要求不仅是为了满足人们的视觉和生理需求，也是为了提高生活质量，确保建筑设计的合理性。

在现代建筑设计中，为了确保每栋住宅、每户住户都能满足日照标准的要求，往往采用计算机软件进行精确的模拟计算。这种方法能够综合考虑建筑物的朝向、高度、间距以及周围环境等多种因素，从而得出更为准确和可靠的日照分析结果。

在我国城市，尤其是大中城市，由于人口众多而土地有限，住宅布局往往需要进行更为精细的规划和设计。为了节约用地并确保日照间距，常采用住宅错落布置、点式住宅和条式住宅相结合以及住宅方位适当偏东或偏西等方式，如图2-14～图2-16所示。这些布局方式能够在保证日照需求的同时，有效地提高土地利用率，实现土地资源的优化配置。

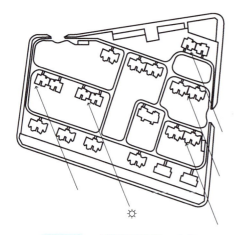

图2-14 建筑错落布置示意图

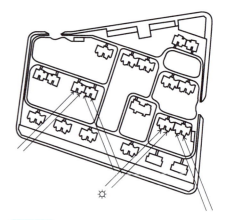

图2-15 利用点式住宅可增强日照效果

幼儿园活动场地应当满足一定的日照要求，这样的设计不仅能让孩子们在户外活动时享受到阳光，还有助于提高场地的使用效率；养老院室外活动场地也需要考虑日照的因素，以确保老年人能够进行户外活动和晒太阳，这些场地应该设计得宽敞、舒适，方便老年人进行各种户外活动；医院的康复区域和户外活动场地也需要考虑日照的因素，康复区域是患者进行康复训练和恢复的重要

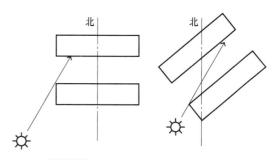

图2-16 建筑方位适当偏东或偏西

场所，充足的阳光可以促进患者的身体恢复，而户外活动场地则可以让患者在室外进行活动和锻炼，享受阳光和新鲜空气。

综合运用这些方法和技术手段，可以在城市建设中实现既满足居民生活需求又节约土地资源的目标，为城市的低碳可持续发展做出贡献。

4. 防止光污染的方法

光污染（Light Pollution），也叫光害，是继废气、废水、废渣和噪声等污染之后的一种新的环境污染源。在日常生活中，人们常见的光污染的状况多为由镜面建筑反光所导致的行人和驾驶人的眩晕感，以及夜晚不合理灯光给人体造成的不适感。

国际上一般将主要光污染分成三类，即白亮污染、人工白昼和彩光污染，如图 2-17 所示。

a) 白亮污染　　　　b) 人工白昼　　　　c) 彩光污染

图 2-17　光污染示意图

1）白亮污染：当太阳光照射强烈时，城市里建筑物的玻璃幕墙、釉面砖墙、磨光大理石和各种涂料等装饰反射光线，明晃白亮、眩眼夺目。夏天，玻璃幕墙强烈的反射光进入附近居民楼房内，增加了室内温度，影响正常的生活。

2）人工白昼：夜幕降临后，商场、酒店上的广告灯、霓虹灯闪烁夺目，令人眼花缭乱。有些强光束甚至直冲云霄，使得夜晚如同白天一样，即所谓的人工白昼。人工白昼造成过强的光源影响人类夜间休息，扰乱人体与其他生物正常的生物钟，对天文观测、航空等也会产生不利影响。

3）彩光污染：黑光灯、旋转灯、荧光灯以及闪烁的彩色光源构成了彩光污染。据测定，黑光灯所产生的紫外线强度大大高于太阳光中的紫外线，并且对人体的有害影响持续时间较长。如果人长期接受这种照射，将对身体健康乃至心理健康产生很大的不利影响。

2.2.3　场地布局设计的声环境设计

1. 场地声景观

声景观（Soundscape）由声（Sound）和景（Scape）构成，由景观（Landscape）推衍而来。Schafer 是于 20 世纪 60 年代首次提出声景观的概念，解释其为在自然和城乡环境中，从审美和文化角度值得欣赏和记忆的声音。国际标准化组织（ISO）于 2014 年颁布的《声学　声景观》中将其定义为在语境中，由人或群体感知经历、理解的声学环境。声环境是指环境或场地中的各种声音,强调声音的物理性质;而声景观强调人的感知对声环境的重构,更加注重人与环境的信息交流与反馈。

2. 场地噪声的来源与危害

(1) 场地噪声的来源

场地声环境受交通噪声和生活噪声的影响。交通噪声主要是机动车辆在交通干线或道路上行驶产生的噪声。生活噪声主要包括设备运行时产生的噪声、社会生活交流中产生的噪声和停车场噪声。建筑的设备噪声主要来自发电机、空调机组、冷却塔等设备噪声,通常项目在设计阶段会通过隔声、减振、消声、吸声等降噪治理,使各设备噪声对环境的影响不显著。

设计师需要在设计过程中充分考虑人居环境的舒适度要求,这包括了解当地居民的生活习惯和噪声敏感度,以及不同时间段的噪声变化规律等。通过综合考虑这些因素,设计师可以制定出更为合理和有效的降噪方案,使建筑室内背景噪声达到人居环境舒适度的要求。

(2) 场地噪声的危害

场地噪声的危害不容忽视,会对建筑使用者的身心健康造成许多不利影响。

1) 损害听力:强烈的噪声会引起耳鸣、耳痛、听力损伤、耳聋等耳朵不适。

2) 损害机身的正常功能:噪声会提高人体血压,加快心脏老化进程,并增加提高心肌梗死的发病率,还会引起神经系统和消化系统功能障碍、内分泌障碍。

3) 干扰休息和睡眠,降低工作效率:噪声会打破人们的休息和睡眠周期,导致睡眠不足和睡眠质量下降。

4) 对女性生理功能的损害:长期暴露于噪声环境中,女性可能会出现月经不调、流产、早产等生殖系统问题。

5) 对儿童身心健康的危害:儿童的身体和智力发育尚未完全成熟,因此他们对噪声的敏感度和受害程度更高。高噪声容易破坏儿童的听力,导致听力下降。此外,噪声还会影响儿童的理解能力和智力发育,使他们的学习能力下降,注意力难以集中。

6) 对视力的损害:长期处于噪声环境中的人容易出现视觉疲劳、眼痛、眼花和流泪等眼睛损伤症状。这是因为噪声会干扰人体的神经系统,导致眼睛调节功能失调。

3. 区域声环境设计

为了降低噪声对人们日常生活造成的损害,在场地设计时应当充分考量区域声环境的设计。具体来说,可以采用以下设计策略:

(1) 声屏障

声屏障在国外使用时间较早,在我国早期主要使用在高架桥、快速路、轻轨和铁轨旁,现逐步推广至建筑领域,在靠近主要交通干线侧,设计安装声屏障达到衰减噪声的目的,如图2-18所示。声屏障主要包括板式屏障、隧道式封闭屏障、地形屏障等,在建筑领域使用较多的是板式屏障。板式屏障通常选用一些质量面密度较高的板式材料,经测试使用后噪声衰减可达到10dB(A)以上,效果较明显。同时,结合当地文化和建筑风格,设计具有艺术性和实用性的声屏障,使其在降噪的同时也能成为城市景观的一部分。

图 2-18　声屏障应用案例

（2）绿化种植

复层绿化在建筑设计中的应用具有多重效益，特别是在美化景观环境、优化风环境以及降低噪声污染方面，都发挥着有益的作用。适宜的草叶、针叶、阔叶种植比例，可有效地降低交通和场地噪声带来的低频和高频噪声，如图 2-19 所示。同时，通过科学的种植布局和配置，形成具有层次感和立体感的复层绿化结构，以更有效地吸收和反射噪声。经过我国科研机构的专家测试，场地边的 10m 以上宽度的复层绿化种植可衰减噪声 6~10dB（A）以上。

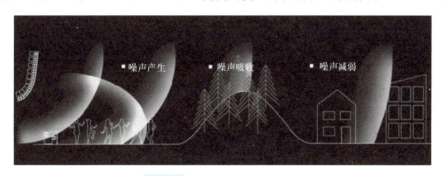

图 2-19　绿植衰减噪声示意图

图 2-19 彩图

（3）绿化景观墙

景观墙（图 2-20）作为建筑设计中的重要元素，不仅具有装饰和分隔空间的功能，还在噪声控制方面发挥着重要作用。传统的景观墙主要使用金属、木艺、混凝土和砖质等材料制成，这些材料通常使得墙体具有较大的面密度，能够有效地阻挡和反射声波，从而达到降噪的效果。新型的景观墙将植物与墙体材料相结合，通过在墙体上种植植物，使墙体不仅具有装饰作用，还能吸收和降低噪声。植物的叶片和枝条能够吸收声波能量，减少声波的传播，同时植物的蒸腾作用也有助于改善微气候，提高环境的舒适度。

随着生活水平的提高，人们对居住环境质量的要求也在不断提高，场地声环境设计的重要性也将越来越受到重视。

4. 区域声环境布局规划

在居住区规划与设计中，采取有效措施减轻交通噪声污染对于提升居住品质至关重要。以下是一些关键策略，旨在从源头上控制噪声产生，创造一个更加宁静的居住环境。

图 2-20　景观墙案例

（1）优化停车设施布局

在居住区入口附近或整体规划中设立集中式机动车停车场，以此来限制车辆深入住宅区域。通过维持较低的车流量和车速，可以显著降低行车噪声、汽车警报声以及摩托车噪声对居民生活的影响。

（2）道路设计与流量控制

采用尽端路（死胡同）设计，或减少居住组团的出入口，以防止外来车辆穿越住宅区，避免由此产生的噪声干扰。同时，禁止在居住区内设立公交总站，以减少大型车辆进出带来的噪声。

（3）加强交通监管与社区管理

在居住组团或整个居住区的出入口设置管理点，如门岗、社区服务中心或专门的交通管理部门，以加强日常交通秩序维护，确保社区内交通规则得到有效执行，进一步减少因违规行为造成的噪声污染。

（4）临街布置对噪声不敏感的建筑

在规划居住区时，考虑到噪声污染的控制，特别是在绿化隔离带宽度受限的情况下，一个有效的策略是在靠近道路的前线布置对噪声具有较高容忍度的建筑，以此作为一道声屏障。此类建筑物通常包括那些自身没有严格防噪需求的商业设施，如商场、超市、餐馆或办公空间，以及那些虽然有防噪标准但其外围结构已具备良好隔声性能的建筑，如配备了空调系统的酒店或公寓楼。

2.2.4　场地布局设计的热环境设计

1. 城市热岛效应及其类型

（1）城市热岛效应的定义

1958年，Manly首先提出"城市热岛"（Urban Heat Island，UHI）这一术语，指城市区域近地面的气温高于周边乡村或非城市区域的一种城市区域常见的微气候现象。城市热岛效应对城市居民的生活产生了深远影响，不仅损害了人们的健康，甚至还导致了死亡率的升高。此外，城市热岛效应不仅降低了室外空间的热舒适水平，而且由于城市中心区域温度高，建筑物需要投入更多的能源来维持室内适宜的温度，从而增加了能源消耗，加剧了城市能源供应的压力和空气污染，进而降低了城市及周边区域的宜居性。

（2）城市热岛效应的类型

城市热岛效应（图2-21）根据观测位置、均匀度以及在建成环境中的时空分布等特征的不同，可分为两种类型：城市表面热岛效应与大气城市热岛效应。虽然城市表面热岛效应与大气城市热岛效应的内在机制以及其强度的评估方法并不相同，但由城市下垫面材料的热工性能、天空视角系数以及主要的人为活动等因素决定的城市结构所造成的能量平衡差值对这两种城市热岛效应的形成都起到相似的影响作用。

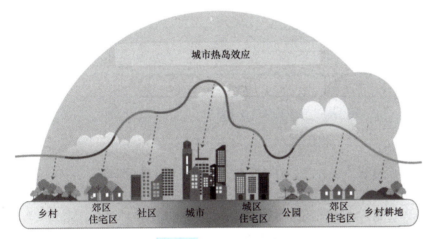

图 2-21　城市热岛效应

图 2-21 彩图

1）城市表面热岛效应：反映了在街道、铺地、绿地以及建筑屋面等城市水平表面的温度分布情况。正午时分，太阳直射带来的强烈热量是导致城市热岛强度显著增大的关键因素。在这一时段，太阳辐射能量达到顶峰，直接加热地面和建筑物，导致城市区域水平表面的温度迅速上升。

2）大气城市热岛效应：城市区域内部及上空的空气温度比周边非城市区域高的微气候现象。由于大气城市热岛效应受城市构件表面及其周边大气之间热量交换的影响较大，通常情况下，城市热岛强度在日落后逐渐增大，直到夜间达到最大值。

2. 城市热岛效应的成因

城市热岛效应一方面受城市所处地理位置的影响，另一方面与建筑物等城市构件外表面与周边环境之间的热量与物质交换过程密切相关。另外，诸如城市中心区植被的减少、较低的风速等环境因素，共同导致城市热岛效应的形成。徐祥德等将城市热岛效应的成因归纳为以下三个方面：①城市下垫面的特性造成的影响，包括下垫面热物理性质、不透水性以及几何形状；②人为热及人为污染的影响；③大尺度区域气候的影响，不同地理位置、不同季节都会对城市热岛效应造成较大影响。

总体来说，这些原因可以归纳为两类：一类是不可控因素，包括太阳辐射、风速、云层等自然气象条件；另一类是可控因素，包括人类建造物以及由人类活动导致的空气污染等人为因素，如图2-22所示。

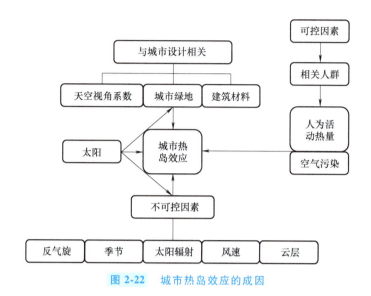

图2-22 城市热岛效应的成因

进一步分析，可控因素主要分为以下三类：

1）影响蓄热能力的建筑材料热工性质，如表面反射率以及长波辐射率等。
2）影响能量平衡的城市几何形态，如街区层峡高宽比、街道朝向以及天空视角系数等。
3）城市建筑、交通、发电厂等人为热源与人类活动所产生的热量与空气污染。

这三类可控因素能够影响其他一些加剧城市热岛强度的因素，例如，由人类活动所产生的温室气体，由不合理的城市几何形态导致的湍流交换减弱，由防水材料增加而导致的地表蒸汽减少。

由于城市热岛效应与城市下垫面的材料、形态特征以及城市中的人类活动有着千丝万缕的联系，因此，在城市中心与中心商业区等人口密集的高密度建成区观测到的气温通常比较高，此外高密度建成区的建筑物往往高大密集，使得天空视角系数较小，影响该区域的通风和散热条件，进一步加剧热岛效应。与此相反，在植被较好的公园绿地附近，由于植被的蒸腾作用可以吸收大量的热量，同时植物叶片还能反射和散射太阳辐射，因此这些区域的气温相对较低。因此，覆盖城市区域的热岛强度轮廓会根据城市下垫面的特征和城区的人类活动而呈现出高低起伏的特征，如图2-23所示。

3. 场地热环境绿色低碳设计

在进行场地热环境设计时，一方面要研判影响城市热岛效应的不可控因素，针对不同的气候条件做出合理的应对策略；另一方面要从可控因素入手，降低城市热岛效应。具体而言有以下策略：

（1）街区层面

通过详细考察场地周边的城市肌理，并与建成物的几何形态相配合，可以有效地形成有利于降低城市热岛效应的街道高宽比、街道朝向以及天空视角系数。合理的街道高宽比能够促进空气流通，减少热量积聚，如图 2-24 所示；而适宜的街道朝向则可以利用自然风向，提高通风效率。此外，天空视角系数的调整也可以通过改变建筑布局和形态来实现，进而影响场地的热环境。

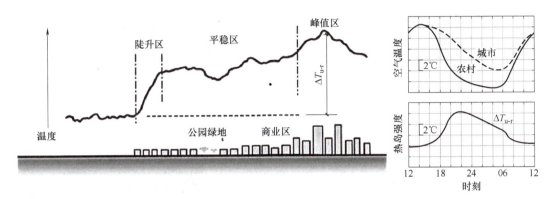

图 2-23　城市不同区域的气温及热岛强度变化

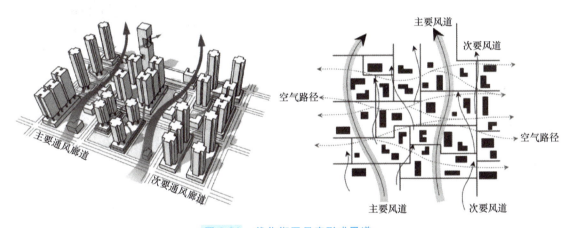

图 2-24　优化街区尺度形成风道

（2）建筑层面

关注建筑材料的热工性质至关重要。使用热反射性能好的材料可以减少太阳辐射的吸收，从而降低建筑表面的温度。同时，采用保温性能良好的材料可以减少热量在建筑内外的传递，维持室内温度的稳定性。此外，绿色建筑材料和技术的运用也是降低城市热岛效应的有效途径，如图 2-25 所示。

（3）绿化层面

通过综合考虑场地绿地率和场地绿化系统的结构，可以有效地改善场地的热环境。提高绿地率不仅可以增加场地的绿色面积，还可以通过植物的蒸腾作用降低地表温度。而合理的绿化系统结构则能够确保植物在空间上的合理配置，提高绿化的整体效果。乔木、灌木和草本植物的配比与构成应根据场地的实际情况和气候条件进行选择，以达到最佳的降温效果，如图 2-26 所示。

图 2-25 建筑热反射案例

（4）运行层面

减少建筑运行期间产生的多余热量并降低碳排放是降低城市热岛效应的关键措施。通过优化建筑设备的运行方式、提高能源利用效率以及采用可再生能源等方式，可以减少建筑在运行过程中产生的热量和碳排放。

2.2.5 微气候综合设计

1. 微气候的定义

广义的微气候主要形成于靠近地球表面、受地面摩擦阻力影响的大气层区域，该区域也叫作大气边界层（Atmospheric Boundary Layer，ABL）。当气流经过地表时，凸出地表的植物、山体、建筑等下垫面会使空气

图 2-26 屋顶绿植案例

流动受阻，所产生的摩擦阻力在大气湍流的作用下会向上传递，并随高度增加逐渐减弱，达到一定高度时阻力消失。这个高度称为大气边界层厚度，具体范围根据风速、地形及地表粗糙度而变化，一般为几百米到 1000m。

1976 年，Oke 首次提出城市冠层（Urban Canopy Layer，UCL）概念，将城市气候所涉及的大气层范围划分为两部分，包括城市边界层（Urban Boundary Layer，UBL）、城市冠层（图 2-27）。城市边界层是指从城市建筑物屋顶高度向上到 10 倍于平均建筑高度的位置；城市冠层位于城市边界层之下，也就是从地面一直到城市建筑物屋顶高度的位置。城市冠层气候属于小尺度的城市气候，气候状况复杂多样。一方面，人类活动对城市冠层微气候的影响极大；另一方面，城市化进程对自然地表带来的巨大改变，包括建筑拔地而起、土壤变成道路和铺地、植被锐减等，都显著影响城市冠层微气候。

场地设计中所涉及的微气候，主要就是场地所在地的城市冠层微气候。

2. 场地微气候综合设计

传统建筑设计中，场地的气候调查往往以场地所在宏观区域的气候为准，对场地及周边的微观区域气候的描绘不够准确。在绿色低碳建筑设计中，对场地微气候的精准认识与设计将有利于节约能源，降低碳排放。具体而言，场地微气候综合设计包含以下几步：

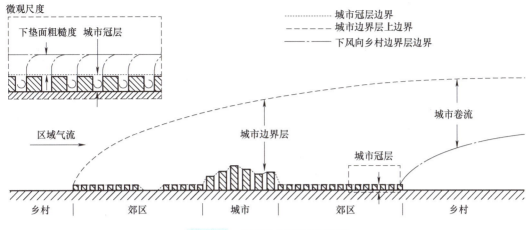

图 2-27　城市大气分层示意图

（1）场地微气候实地调查

场地微气候实地调查旨在气候资料的搜集，主要关注气温、降水、湿度、风向、风速以及日照等信息，其与常见的区域气候实地调查有着本质的区别。区域气候为反映大范围且长时间的气候变化规律与特点，观测仪器需避开周围环境的干扰，如风向、风速的测量应在平坦无遮挡的场地中进行，避免受到树木、高楼等的影响。而场地微气候实地调查的主要目的在于反映场地受周围环境影响所形成的气候环境，如高楼大厦会造成气流的阻挡和扰动，导致风在高楼之间的区域上下徘徊，形成城市峡谷效应。

（2）微气候计算机仿真模拟

借助计算机技术和专业软件，可以对场地微气候进行数值仿真模拟，预测和优化建筑或城市环境的性能，如图 2-28 所示。这种方法不仅灵活高效，而且成本相对较低。通过模拟不同场景下的微气候状况，可以更加精准地制定设计策略。常用软件包括 EnergyPlus、瞬时系统模拟程序（Transient System Simulation Program，TRNSYS）和计算流体动力学（Computational Fluid Dynamics，CFD）等。

图 2-28　基于 Grasshopper Ladybug 工具的微气候运算模拟流程

（3）提出场地微气候设计导则

根据实地调查和仿真模拟的结果，提出场地微气候设计导则。这一导则应综合考虑风环境、光环境、声环境、热环境等多个方面的设计要求，旨在从气候适宜性的角度出发，为建筑师提供具体的场地设计指导。这样的设计导则不仅有助于提高建筑的低碳性能，还能提升人居环境的品质，实现人与自然的和谐共生。

2.3 建筑场地景观设计

景观，一般意义上，是指一定区域呈现的景象，即视觉效果。这种视觉效果反映了土地及土地上的空间和物质所构成的综合体，是复杂的自然过程和人类活动在大地上的烙印。在绿色低碳建筑场地设计中，景观被赋予了更多含义，包括海绵城市、韧（弹）性城市、生产性城市等，其所涉及的要素（如绿化、水体等）也应当有更加低碳化的考量。

建筑场地景观设计

2.3.1 景观设计理论

1. 海绵城市的基本概念和理论

在我国《海绵城市建设技术指南》中，对海绵城市这一概念进行了明确的阐述：海绵城市，顾名思义，就如同海绵一般，具备出色的"弹性"特性，使之能够灵活适应环境变化，并有效地应对各类自然灾害。当雨水降临，海绵城市能够迅速吸水、蓄水、渗水，并进行净化处理；而当城市需要用水时，又能将蓄存的水资源适时"释放"出来，加以合理利用。海绵城市（图2-29）作为新一代的城市雨洪管理理念，不仅强调了城市在适应环境变迁方面的能力，更凸显了其在应对雨水引发的自然灾害时所展现出的强大弹性与韧性。这种理念的提出，为城市的可持续发展与生态文明建设提供了有力的支撑与指导。

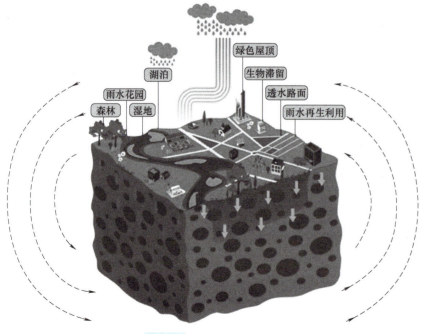

图2-29 海绵城市示意图

图2-29 彩图

我国的海绵城市理论基础基于美国的雨洪管理体系发展而来，主要在最佳管理措施（Best Management Practices，BMPs）、低影响开发（Low Impact Development，LID）、绿色基础设施（Green Infrastructure，GI）三个方面予以借鉴和提升。

海绵城市有以下主要特点：

1) 城市水循环系统的优化：通过高效收集、储存、净化和利用雨水，海绵城市实现了水资源的可持续利用，有助于推动城市环境的可持续发展。

2) 自然生态系统的模拟：通过模拟自然水循环过程，海绵城市使城市的水循环系统更加自然、稳定、健康，从而增强了城市的生态韧性和自我调节能力。

3) 多功能性：海绵城市的设施和系统具有多种功能，不仅能够解决城市的水环境问题，如内涝、水质污染等，还能够提升城市的生态价值和文化价值，为市民创造更加宜居的生活环境。

4) 灵活性：海绵城市的设施和系统具有灵活性，根据城市的不同需求和特点，可以进行相应的调整和改进，以适应不同城市的发展需求，实现城市的可持续发展。

2. 韧（弹）性城市的基本概念和理论

韧（弹）性城市是指城市能够凭自身的能力抵御灾害，减轻灾害损失，并合理地调配资源，以从灾害中快速恢复过来，如图 2-30 所示。

韧（弹）性城市具有以下五个特性：

1) 鲁棒性：韧（弹）性城市的设计旨在增强城市对灾害的抵抗能力，有效减轻灾害带来的各种损失。其通过科学合理的规划与布局，确保城市在面对各种自然灾害时能够保持相对的稳定性。

2) 可恢复性：韧（弹）性城市注重提升灾后的快速恢复能力，确保城市在遭受灾害后能够迅速恢复到一定的功能水平。通过建设灵活的应急设施和制订完善的恢复计划，韧（弹）性城市能够在最短的时间内恢复正常运行。

3) 冗余性：韧（弹）性城市强调关键功能设施的冗余设计，即具备备用模块或替代方案。当灾害发生时，部分设施功能受损时，备用模块或方案能够及时补充，确保整个系统仍能维持一定的功能，避免彻底瘫痪。

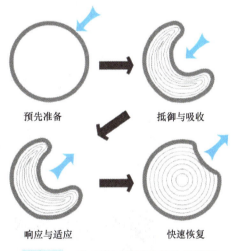

图 2-30 韧（弹）性城市特性示意图

4) 智慧性：韧（弹）性城市具备智慧化的救灾资源储备和调配能力。通过应用现代信息技术和智能决策系统，韧（弹）性城市能够在有限的资源条件下优化决策，最大化资源效益，提高应对灾害的效率和准确性。

5) 适应性：韧（弹）性城市注重从过往的灾害事故中汲取教训，不断提升对灾害的适应能力。通过持续监测、评估和改进，韧（弹）性城市能够不断完善自身的防灾减灾体系，以更好地应对未来可能出现的各种挑战。

3. 生产性城市的基本概念和理论

生产性城市是以可持续发展为核心，旨在整合农业生产、工业生产、能源生产、空间生产以及文化资本保护与废物利用等多种功能的城市发展模式。它不仅是推动城市经济可持续增长和社会进步的关键策略，还是实现资源高效利用、减轻环境负担和提高城市生活质量的重要途径。在这种城市模式下，各种生产活动相互协调，形成良性的生产循环，同时注重生态平衡、资源循环利用和技术创新。通过优化资源配置、促进技术创新和加强城市规划与设计，生产性城市致力于满足城市居民的需求，实现城市的绿色、健康和可持续发展。

2.3.2 绿地景观设计

1. 呼应城市生态廊道

城市生态廊道作为城市绿地网络的关键骨架，其连通性与完整性对于维护城市生态平衡、促进生物多样性及提升居民生活质量具有不可估量的价值。因此，在场地景观规划中，确保生态廊道的畅通无阻成为至关重要的原则。

1）场地景观设计布局应最小化对生态廊道连续性的阻断。在规划阶段，需充分考虑建筑位置、高度与形态，避免在生态敏感区域或关键连接点上建设大型建筑，确保生态廊道能够自由穿梭于城市之中，促进生态要素的自由流动与交换。

2）景观布局应遵循生态优先的原则，尽量减少对自然地形和植被的破坏，采用生态友好的工程技术手段，如设置生态桥梁、涵洞等，以保障野生动物在廊道内的安全通行。

3）对于现状场地景观中已具有良好生态效益和景观效果的生态斑块与廊道，应予以重点保留、保护与修复。通过加强监管、实施生态修复工程等措施，确保其生态功能的持续发挥与景观价值的不断提升。同时，减少人为干预力度，让自然的力量在生态恢复过程中发挥主导作用，促进生态系统的自我修复与平衡。

2. 使用多层级立体绿化

多层级立体绿化（图2-31）作为一种创新的绿化方式，在提升城市环境质量和居民生活舒适度方面发挥着重要作用。它不仅是一种简单的绿化手段，还是一种集生态、景观、功能于一体的综合解决方案。

图2-31 迪拜世博会新加坡馆的多层级立体绿化

1）多层级立体绿化通过在不同高度和层面上布置绿色植物，极大地增加了场地内绿色植物的总量。这种方式打破了传统平面绿化的局限性，使得绿化空间得以向垂直方向延伸，从而丰富了室外环境的空间结构层次，也大大增强了景观环境的观赏效果。

2）多层级立体绿化在改善和提升室外环境舒适度方面表现出色。绿色植物能够吸收太阳辐射热，降低周围环境的温度，有效缓解城市热岛效应。绿色植物还能吸附空气中的尘埃颗粒，减少空气中的有害物质，改善空气质量。

3）植物的枝叶还能起到一定的隔声作用，减少噪声污染，为居民提供更加宁静的生活环境。

3. 绿地景观种植种类和种植方式的筛选

绿地景观的种植种类在植物形态上可以分为针叶树类、阔叶乔木类、阔叶灌木类、藤木类和竹类，其中又可以按常绿和落叶进行分类。

按树木的观赏特性进行分类可以分为观花类（花色、花香、花形等），观叶类（叶形、叶色），观姿类（雪松、棕榈等），观果类（果色、果形），观干类（红瑞木、白桦等），观根类（池杉、榕树等）。

按景观的用途进行分类可以分为：

1）园景树（独赏树）：银杏、金钱松、雪松。

2）庭荫树：冠大荫浓，其花、果、姿态都有一定的观赏价值。

3）行道树：以乔木树种为主，行道树可以统一、组合城市景观，创造宜人的空间。

4）花果树：点缀美化环境，如山楂、金银木。

5）垂直绿化：以藤本为主，如紫藤、凌霄、常春藤和金银花等。

6）绿篱：主要包括花篱、果篱、彩篱、刺篱、高篱、中篱、矮篱等。

植物种植的主要原则为：

1）根据城市和绿地的特性，全面发挥植物的综合功能。

2）遵循自然规律，满足生态需求，妥善处理各种植物间的关系。

3）符合景观设计的审美标准，实现科学性与艺术性的和谐统一。

在种植方式上，主要分为规则式与自然式两种。规则式种植强调对称性和整齐性，可依据中轴线或固定行距进行布局；而自然式种植则以自然为准则，不设轴线，展现更为灵活多变的景观效果。在具体的景观设计实践中，应因地制宜，根据不同的地块特性选择合适的种植类型，如孤植、对植、行植、丛植、群植等，以实现最佳的种植效果（图2-32）。

a) 孤植　　b) 对植　　c) 行植　　d) 丛植　　e) 群植

图 2-32　种植类型示意图

4. 湿地景观的类型、设计原则和设计要点

湿地是指地表过湿或常年积水的区域，这些地区孕育着丰富的湿地生物。从类型上看，湿地可分为自然湿地和人工湿地两大类（图2-33），自然湿地包括沼泽地、泥炭地、湖泊、河流等，而人工湿地则涵盖水稻田、水库、池塘、运河等人为创造的水体。湿地不仅资源丰富，其景观也独具特色，包括自然景观和人文景观两大类。自然景观展现了水体的清澈、生物的多样以及沼泽、岩溶等独特地貌；而人文景观则体现了湿地与人类文明的交融，如建筑文化景观和农田景观。湿地以其独特的生态环境和丰富的景观资源，为人们提供了一个欣赏自然与人文交织之美的宝贵场所。

a) 自然湿地　　　　　　　　　　　b) 人工湿地

图 2-33　湿地类型示意图

湿地具有强大的物质生产功能，同时也蕴藏着丰富的动植物资源。保护湿地，实现湿地资源可持续发展利用是维护生态安全的重要举措。因此湿地景观设计对可持续发展来说尤为重要。

湿地景观的设计原则主要包括：

（1）生态恢复原则

在湿地景观设计中，首要考虑的是生态恢复，即尽可能还原自然湿地的生态系统，保持其原有的自然状态，并强调自然的生态功能。通过模拟自然湿地的生态过程和结构，促进湿地生态系统的自我修复和持续发展。

（2）多样性原则

湿地景观设计应体现多样性，包括不同种类的湿地、植被、动物和微生物等生态要素。同时，针对不同湿地类型的特性，进行合理的景观适应性设计，以确保湿地生态系统的丰富性和稳定性。

（3）可持续性原则

湿地景观设计必须遵循可持续性原则，综合考虑城市经济、社会环境的协调发展。通过采用环保材料、节能技术和科学合理的规划布局，确保湿地景观能够长期发展和可持续利用，为城市的可持续发展做出贡献。

（4）人文性原则

在湿地景观设计中，应注重人文因素的融入。通过融合本地文化和历史元素，提升湿地景观的文化内涵和吸引力。同时，关注人的需求和体验，创造宜人的湿地空间，使人们在欣赏美景的同时，也能感受到湿地的生态价值和文化魅力。

（5）安全性原则

湿地景观设计必须考虑安全性原则，特别是在城市洪涝灾害防范和应对方面。通过科学合理的规划布局和采取有效的工程措施，提高湿地景观的抗洪能力，确保城市居民的生命财产安全。同时，加强湿地生态系统的监测和预警，及时发现和处理潜在的安全隐患。

湿地景观的设计要点主要包括：

（1）生态修复

湿地生态系统的恢复和改善是设计的核心环节。这一过程涉及湿地植被的恢复、水体的净化和调控等多个方面。根据湿地生态系统的具体特点和存在的问题，选择合适的生态修复技术，如植物修复、微生物修复和物理修复等，以重塑湿地生态系统的功能和结构，促进其健康、稳定地发展。

（2）植物配置

植物的选择和配置是湿地景观设计中的重要环节。通过精心挑选和合理配置植物，不仅能营造出令人愉悦的景观效果，还能实现改善水质、维持土壤稳定性等多重功能。采用分区种植、自然交错等方式，让不同种类的植物在湿地中相互交错、相互促进，以适应不同区域和生境条件的需求。

（3）水体处理

水体是湿地生态系统的重要组成部分，其质量直接关系到湿地的健康状况。因此，要采用合理的技术对湿地水体进行净化和调控，如生物滤池、湿地过滤和人工湿地等。这些技术能有效去除水体中的污染物，提升水质，从而确保湿地生态系统的稳定性和健康运行。

（4）设施设计

在湿地景观设计中，设施设计同样不可忽视。这些设施不仅能提升湿地景观的观赏性，还能增强其可持续性。可以综合考虑景观的连贯性和环境保护要求，设计游步道、观景台、生态展馆等设施。在选址和布局时，要注重与周围环境的和谐融合，采用环保材料和可持续的设计理念，以实现湿地景观的可持续发展。

5. 生产性景观的类型和设计要点

景观最早的功能是生产。生产性景观主要从日常物质产出和生活消费中得来，它是人们勤恳劳动成果的结晶，也是一种有着物质收入的景观类型。生产性景观包含人对自然的生产改造（如农业生产）和对自然资源的再加工（如工业生产），是一种有生命、有文化、能长期继承、有明显物质产出的景观。这种景观对于城市的可持续发展有着重要的意义。

生产性景观类型可以按照空间尺度类型和植物类型进行划分。按空间尺度类型进行划分，生产性景观主要包括距离城市远近的近郊农业空间和远郊农业空间。近郊农业空间有显著的区位优势，更加适合发展都市休闲农业，如观光型农业空间（图2-34）、科普性农业空间以及传统农业空间；相对于近郊农业空间，远郊农业空间具有连续成片的景观和有利的环境条件，主要可以发展为大地景观、乡野度假山庄、文旅小镇等形式。按照植物类型进行划分，生产性景观主要分为五种类型：观赏性作物类景观植物（小麦、水稻等），观赏蔬菜类景观植物（瓜果类、根茎类、花菜类等），观赏果木花卉类景观植物（桃、葡萄、茉莉、百合花等），观赏性草药类景观植物（薄荷、蒲公英、金银花等），观赏菌菇类景观植物（香菇、草菇、蘑菇等）。

图 2-34　观光型农业空间示意图

在生产性景观设计中，如何合理地利用丰富的植物材料是关键性问题和设计要点：

（1）基于生态环境调研的种植规划

在进行生产性景观的种植规划设计时，首要任务是对所在地的生态环境进行全面调研；调研内容应涵盖气候、地形地貌、水文、土壤以及原始植被等多方面因素；基于调研结果，选择适宜的乡土物种进行种植，以确保植物成活率，并凸显地域性特征。以江浙地区为例，根据地形和水文条件，合理种植油菜、茶树、莲藕等植物，形成多样化的景观风貌。

（2）植物配置需考虑生态习性

在生产性景观（图 2-35）的植物配置过程中，应充分考虑不同植物的生态习性；注重植物种类的更替，确保植物群落在不同季节都能呈现良好的生长状态；灵活配合其他景观要素，如园路、小品等，以充分利用时间和空间，避免资源浪费。以果蔬园为例，根据植物生长季节的不同，合理安排十字花科、茄科、葫芦科等植物的种植，确保四季都绿意盎然。

（3）科学的管理计划保障景观效果

生产性景观的营建需要配合科学的管理计划，以确保植物健康生长和景观的可持续发展；设计过程中应充分考虑植物的生长速度和水肥需求，制定合理的养护措施；定期对植物进行修剪、施肥、浇水等运营和维护工作，确保其保持良好的景观效果；通过科学的管理，确保生产性景观能够持续为城市环境带来美观和生态效益。

a) 多种农田作物

b) 村落前的玉米地

c) 乡村的油菜田景观

图 2-35　生产性景观示意图

2.3.3　水体景观设计

1. 水体景观的类型

水体景观是指以自然水体为主构成的景观，在城市中有多重作用。水体景观可以为城市增添美感,提供舒适的居住和工作环境,具有一定的调节城市气候的功能,如减少热岛效应、改善空气质量等。同时水体景观还有助于改善城市的生态系统,促进生物多样性的保护。

水体景观根据其水体可以分为江河型、湖泊型、瀑布型、泉水型、海洋型等水体景观。

2. 水体景观的设计原则

在水体景观设计中往往需要遵循以下设计原则:生态性原则、美学原则、功能性原则、人文性原则。

(1)生态性原则

生态性原则是指在进行水体景观的设计中注重生态环境的保护和可持续利用。具体包括:

1)水质保护:注重水体的质量,保护水中的生态环境和生物多样性。

2)生态平衡:考虑水中动物和植物的生态平衡,保护水生生物的栖息地。

3)节水节能:设计中要考虑水资源的合理利用,采用节水设施和技术,减少水资源的浪费。

4)自然化处理:水体景观设计应模拟自然,让水体景观更好地融入自然环境。

(2)美学原则

在水体景观设计中需要考虑以下内容(图2-36):

1)水体景观设计要考虑比例和平衡,确保水池、喷泉、瀑布等水体景观元素与周围环境的协调统一。

2)水体景观设计可以运用对称和对比的手法营造出丰富的视觉效果。

3)水体景观的色彩和材质也是重要考量的因素,水的颜色、植物和鱼类都可以增添丰富的变化,水体景观的材质如石材、木材、玻璃的运用可以创造出不同的质感。

4)水体景观设计也需要动静结合,动态元素和静态元素的结合可以带来丰富的感官体验。

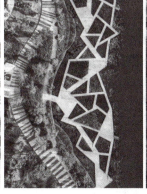

图2-36 水体景观示意图

(3)功能性原则

在水体景观设计中,有以下关键要点:

1）水循环与水质处理功能。设计中需要考虑水的循环系统，确保水体流动，对水进行适当的处理和净化。

2）温度调节和微气候营造。水体景观可以调节温度，调节空气湿度，创造宜人的微气候。

3）水体景观的设计需要结合观赏和休闲的功能性需求，合理布置座椅、行道、观景台，为使用者提供舒适的观赏和休闲空间。

（4）人文性原则

人文性原则是指在水体景观设计中，要注重人的需求、情感和体验。

1）设计应该以人为中心，考虑人们的行为习惯、视觉感受和舒适需求。

2）进行合理的流线设计，流线可以营造出有趣的空间序列。

3）水体景观的设计可以融入当地历史、文化和环境特色，结合当地的建筑风格、艺术元素或传统符号，创造出可持续的水体景观设计。

3. 水体景观的设计要点

1）水体规划：需要根据景观的整体布局，合理选择水体的位置，与周围的绿化、建筑等景观元素相协调。

2）水体的形态和水体的功能：如湖泊、小溪、喷泉等以及水体作为景观的点缀、水源补给又或是休闲娱乐的功能等。

3）水体景观的构造：包括喷泉设计、瀑布设计、水池设计、水道设计以及水雾设计等丰富的水体景观形式和内容，这些内容可以营造出多样化的水体景观，提供丰富多彩的休闲娱乐空间。

4）水生植物配置：需要根据水体类型和水质情况选择适合生长的水生植物类型，在进行配置时也需要考虑植物的高低错落、颜色搭配等因素创造出丰富的视觉效果，同时提高水生植物的生态服务功能和景观的可持续性。

思 考 题

1. 自然要素有哪些层次？与建筑有怎样的关系？
2. 影响绿色低碳建筑布局的要素有哪些？
3. 光污染一般分为哪几类？如何减轻光污染给人居环境带来的不利影响？
4. 如何进行区域声环境设计？
5. 城市热岛效应的成因可分为哪几个方面？
6. 海绵城市的定义是什么？
7. 韧（弹）性城市有哪些特性？
8. 绿地景观有哪些种植方式？

第 3 章 建筑空间设计

建筑从规划设计到施工、运营管理及最终的拆除,形成了一个全生命周期。建筑的绿色低碳发展也是在建筑的全生命周期内实现的,因此,要从建筑设计之初就建立绿色低碳的设计目标和设计原则,运用合理的设计方法进行全面的绿色低碳建筑设计。

3.1 绿色低碳建筑设计原则

3.1.1 根植本土化设计

绿色低碳建筑设计原则

本土化设计主要包括:充分考虑当地的自然环境,包括气候、环境、资源等因素,尽可能地顺应、利用和尊重富有特色的自然因素,创造自然与人工相结合的环境;扎根于当地文化,继承历史文脉并创造新的文化;建造符合当地地域性特点的建筑,让城市重新找回自身特色,让人们重新找到认同感。

继承中国传统文化天人合一思想,强调城市环境发展的一体化与生命力,追求与自然的紧密贴合以及复合化的多样发展,创造因地制宜、有机生长的立体化绿色低碳体系。倡导因地制宜、体量适度、少人工、多天然的地域文化的本土绿色低碳设计。主要方向如下:

(1) 响应气候条件

我国幅员辽阔,各地气候差异大。按照传统建筑热工学分区,我国可分为严寒地区、寒冷地区、夏热冬冷地区、夏热冬暖地区、温和地区五个不同气候区。建筑设计在应对具体的气候条件时应有不同的应对策略,所关注的主要气候因素有太阳辐射、温湿度、风三个方面。

(2) 融入建设环境

相比于气候区和城市尺度,本土化更关注的是具体的建设场地这一尺度。该尺度并不是狭义的建筑红线范围,而是指涵盖其周边环境的范围,更强调人能感受到的空间范围。当建设环境本身具有独特场地特征时,如地处山林、河谷、沙漠、湿地等环境,保护自然环境、顺应地形地貌、整合场地生态等措施尤为重要。

(3) 尊重当地文化

不仅要学习当地传统建筑空间和形式特色,也要关注传统的建造方式和材料工艺。结合新时代新建筑的实际需求，结合新技术新材料进行一定的创新，使天井院落、屋面挑檐、夯土墙体等传统建造智慧有所传承发展。

（4）适合当地经济

目前利用高新技术实现绿色低碳目标，这一路径是走不通的。尤其在经济欠发达地区，购置昂贵的设备本身就使地方经济负担过重，后期的维护更新更是无从谈起。因此，应走因地制宜、适合地方经济条件的路线。

3.1.2 倡导人性化使用

倡导绿色健康的行为模式与空间使用方式，强化以人为本的设计法则，从人的使用特点、行走路径、景观视野、交往空间、风光声热的感官舒适度等各方面进行综合比对和实时模拟，以数据化的形式反映人在空间中的真实感受。主要方向如下：

（1）注重健康行为模式与心理满意度

从绿色健康的行为模式与空间使用的真实感受出发，从功能布局的合理性、优化人员流线和资源配置等方面，创造健康、舒适、自然、和谐的室内外建筑环境，使人有更多的获得感、安全感和舒适感等。

（2）改善空间环境质量与体感舒适度

从风、光、声、热四方面提出指导，提供一个感官舒适的空间，在满足环境舒适度的情况下，尽可能降低资源消耗和减少环境污染，追求以人为本的低能耗舒适的建筑空间环境。

（3）提供便捷高效的路径与人性化的设施

坚持以人为设计的核心，研究人的行为路径、安全可靠性等内容，对人与建筑空间的交互方式进行创新和改造，设置符合人性化使用的各类设施。

3.1.3 提高低碳化循环

低碳化是在可持续发展理念下，通过技术创新、制度创新、产业转型、新能源开发等多种手段，尽可能地减少能源消耗，减少温室气体排放，达到社会经济发展与生态环境保护双赢的一种发展形态。

低碳化是一种绿色理念，是强调舒适体验、建筑美好的前提下的设计，不以指标数据为唯一标准，而是以适宜的设计手法影响建筑，达成低碳的绿色设计目标。注重建筑全生命周期的绿色，重点关注降低建筑建造、运行、改造、拆解各阶段的资源环境负荷；全面关注节能、节地、节水、节材、节矿和环境保护；同时建立能量循环利用的概念，对光、风、水、绿、土、材形成充分循环利用。在具备条件的项目上鼓励装配式建造、适度的模数化设计与工厂化预制。通过全过程的统筹管理，从规划到设计，从建造到运营，再到回收的全生命周期考量实现绿色低碳循环。主要方向如下：

（1）调控低碳化使用标准与用能方式

低碳化倡导建筑的使用者控制使用标准，主动降低建筑用能。可将相关信息传递给建筑使用者，通过创造低能量、低消耗空间条件，控制用能时间与空间，引导使用者更合理、健康地使用建筑，实现低碳化模式与低碳生活方式。

（2）鼓励可再生能源与资源的循环利用

鼓励最大可能地利用天然气、风能、太阳能、生物质能等可再生能源。在考虑经济可行性的情况下，采用适宜的新能源应用技术，优化建筑用能结构，降低建筑供暖、空调、照明以及电梯等设备对常规能源的消耗；同时鼓励建筑材料的再生应用和水资源的循环利用，以及土地的集约利用，实现社会可持续发展的目标。

（3）设计合理的建构方式并减少装饰浪费

设计合理的建构方式和建筑结构一体化建造方式，减少无功能意义的建筑装饰与装修；采用良好热工性能的外围护结构，采用合理的开窗方式及构造等，达到低碳节材目标。

（4）提高设备的高效节能利用降低碳排放

在设备选用过程中，需要选择节能、高效的设备系统，应用创新技术与创新机制，提高能源的利用效率，降低碳排放。此外，设备的运行倡导信息数据和分区控制的手段，减少用能的浪费，达到低碳节能的目标。

3.1.4　满足长寿化利用

建筑长寿化是指以降低资源能源消耗和减轻环境负荷为基本出发点，在建筑规划设计、施工建造、使用维护的各个环节中，提升建筑主体的耐久性、空间与部品的灵活性与适应性。建筑长寿化提倡灵活可变和装配化的建造模式，减少建筑的频繁建造、拆除，节约资源能源，延长资源利用时间，降低环境负荷和影响。同时对既有建筑通过微介入做到有效利用，延长建筑结构的使用年限，保证机电、室内分隔空间与结构体系分离。

长寿化更加注重延长建筑寿命，有效延长资源利用时间，提高资源利用率。长寿化是基于国际视角的开放建筑（Open Building）理论[1]和SI（Skeleton and Infill）体系[2]，并结合我国建设发展现状提出的面向未来建筑发展的要求，是实现可持续建设的根本途径。

---

[1] 开放建筑理论是19世纪60年代末，荷兰学者N. John Habraken教授首次提出"支撑—填充"的概念，即将建筑构件分类分级，相对稳定且为下一层级变化提供条件的建筑构件称为支撑体；能够灵活变化而不影响上一层级稳定的建筑构件的结构称为填充体。通过这种建筑构件的分级处理，为住宅的多样性和使用过程中的改变创造了条件；这使得工业化体系中建筑物在快速建造中有了更多的灵活性，同时有助于公众参与到住宅建筑的设计中。

开放建筑是以一种"开放"的态度看待建筑、设计建筑、改造建筑。它建立在对变化的两种假设之上，并基于变化对建筑进行分层。第一，建筑中不同构件使用寿命不同，主体结构寿命在良好维护的情况下可达到100年，内装及管线使用寿命约20年。因此，建筑的结构体在全生命周期内需做到高耐久性、可长期使用，内装及管线灵活更换。第二，使用者对建筑使用方式的不同将带来内部空间的变化；具体到住宅内，家庭结构的改变和居住者的改变均可能带来住宅内部空间的变化。因此，住宅需要做到公共部分可长期使用，套内空间根据使用者需求灵活改变，这两类变化正是既有住宅改造的诱因。开放住宅将变化和稳定的要素分层分别处理的方法，对改造活动有指导意义。

[2] SI体系建筑最早是由荷兰学者哈布瑞肯（N. John Habraken）基于开放建筑的思想而提出的，将支撑结构体系"S"（Skeleton）和内部功能体系"I"（Infill）有效分离的建筑模式，从而在建筑的全生命周期内，保证建筑结构体系不变的前提下，实现建筑功能的多样性、拓展性与持续更新性。

SI体系建筑将主体结构与功能空间相分离，在功能空间模块化工业化的同时，实现了主体结构的多样化，并使得现浇钢筋混凝土结构成为该类建筑体系的最佳选项。SI体系建筑是目前我国实施建筑工业化的最佳路径选择，可以有效避免由于预制结构体系基础研究薄弱可能出现的问题，避免其成本过高所导致的市场问题，更可以实现基于建筑业原有产业链的产业升级，实现建筑工业化的渐进式无缝过渡，最大限度地避免损失。

(1) 提高建筑的适应性

利用灵活可变的通用空间提高对建筑功能变化的适应性。设计应从建筑全生命周期角度出发，采用大空间结构体系，提高内部空间的灵活性与可变性，主要体现在空间的自由可变和管线设备的可维修更换层面，表现为可进行灵活设计的平面、设备的自由选择、轻质隔墙与家具的使用、设备管线易维护更新等。考虑建筑在不同的使用情况，在同一结构体系内，实现多种单元模块的组合变换，以满足多样化需求。

考虑建筑适应全生命周期的设计，应在主体结构不变的前提下，满足不同使用需求，适应未来空间的改造和功能布局的变化。可采用 SI 体系将建筑的支撑体和填充体、管线完全分离，提高建筑使用寿命的同时，既降低了维护管理费用，也控制了资源的消耗。

(2) 提升建筑的耐久性

延长主体结构使用寿命，延长构件的耐久年限和使用寿命；提高主体结构的耐久性；最大限度地减少结构所占空间。同时，预留单独的配管配线空间，不把各类管线埋入主体结构，以便检查、更换和增加新设备时不会伤及结构主体。注重外围护系统构件的耐久性，并根据不同地区的气候条件选择合适的节能措施。

(3) 提高建筑的集成化

可采用标准化设计、工厂化生产、装配化施工、一体化装修和信息化管理等实现建筑的高集成度，实现空间与构件的单元性，便于在时间维度和不同阶段实现有效的控制与更换，避免大拆大改。

3.1.5 实现智慧化应用

以互联网、物联网、云计算、大数据、人工智能等信息技术作为绿色全周期的有力支撑，建立基于 BIM 的建筑运营维护管理系统平台，提高建筑智能化、精细化管理水平，更好地满足使用者对便利性的需求，为提升居住生活品质提供支撑。

(1) 搭建完整的智慧化体系

完整的智慧化体系包括感、传、存、析、用五个方面，分为底层智慧共享体系和上层智慧应用体系两层。统一的建设标准、兼容的通信协议、完整的网络建设都是完整智慧化体系不可或缺的一部分。搭建完整的体系才能充分发挥智慧化体系的功能，才能保证数据的互联互通；让上层智慧应用体系中的各个应用高效地发挥作用，就是一种高效的节能环保。

(2) 建设智慧化分析系统

智慧化分析系统需要硬件、软件两方面。硬件方面需要建设一个强大的数据处理和应急指挥中心；软件方面则可以结合 BIM、GIS、大数据、云存储等各类新兴技术来实现智慧建筑所需要的强大功能，制定各类管理和运维策略，以协调建筑内各个系统，实现节能环保的目标。

(3) 合理选择智慧化应用

不同建筑有其特定的功能，在众多智慧化应用中，需挑选符合建筑使用和绿色调控的使用。如大型医院可使用排队叫号、智慧呼叫、远程探视、智慧处方等功能；办公建筑可使用云办公、远程视频会议、智能照明等功能；商业建筑可使用生物识别支付、人流量统计及引导等功能。合理准确的信息传递是节能环保的重要手段,是各个建筑以及建筑子系统高效运行的基础。合理使用的智慧化应用,不仅能让建筑更加智慧环保,还能大幅提高用户的幸福感。

(4) 利用智能模拟分析管控

利用智能模拟工具进行建筑模拟分析、实时反馈,如室外风环境、室内热湿、气流组织、通风、建筑空调、照明能耗、室外日照和建筑室内光环境、室内外噪声等模拟分析;保障绿色设计实施过程的科学性与准确性,建设基于 BIM 技术的全生命周期管理平台与设计实施系统。

3.2 建筑空间形态设计

绿色低碳建筑空间形态设计受多种因素影响,包括当地冬季气温和日辐射照度、建筑朝向、各面围护结构的保温状况和局部风环境状态等,需要具体权衡得热和失热的情况,优化组合各影响因素才能确定。建筑空间形态设计的要求:反映建筑物功能要求和建筑个性特征,反映结构、材料和施工等物质技术的特点,适应社会经济条件,适应城市环境和规划的要求,符合建筑美学原则。

3.2.1 顺应当地气候

我国各地气候差异明显。绿色低碳建筑设计应针对不同气候下的日照强度、室内外温差、雨雪季风、干潮渗透等环境特质,在建筑形态生成与推敲阶段,就提出具有针对性的形体适应性方案,并借助建筑形体设计手法,降低建筑物的整体能耗,提升空间环境舒适度,收集利用可再生能源。

顺应当地气候

1. 建筑形体设计

寒冷地区出于防寒保暖、争取日照的需要,往往内部形成紧凑的布局;在外部形态上,建筑形体方正简单,体量厚重,外窗面积比较小,使用较厚的外墙和屋顶,从而减少冬季热损失(图 3-1a);在室内空间上,房间面积小而层高低,与高大的房间相比,低矮的小房间可用较少的热量为室内供暖,同时低矮房间内热空气也不易在顶棚附近聚积,造成供暖能耗的增加。方形平面是在方便使用的前提下,用最少的围护结构获得最大使用面积的平面形式,外墙散热面积最小,对于冬季保温来说是最有利的。

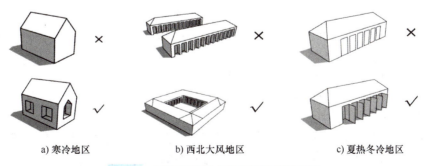

a) 寒冷地区　　b) 西北大风地区　　c) 夏热冬冷地区

图 3-1　不同气候特点的建筑形体示意图

西北大风地区，建筑整体形态应厚重且封闭，以减少风沙侵入。我国西北地区气候是大陆性气候，降水少，风沙多，气候干燥，气温日变化和年变化大。多风沙地区，多采用比较厚重的平屋顶，即使做坡屋顶，为防止屋顶被风掀起，屋面坡度也都比较平缓，并且一般采用封闭厚重的墙体和狭小的门窗，尽量减少迎风面的开窗数量和开窗面积，整体形态易于封闭（图3-1b），减少风沙侵入。如元上都遗址工作站建筑形体特征与内蒙古传统民居"蒙古包"有暗合之处，采取缓坡屋顶、小开窗来应对西北多风沙的气候特征（图3-2）。

我国夏热冬冷地区具有夏天炎热、冬天寒冷、常年湿度高的特征。建筑形体应考虑季节应变性，外墙采用吸热少、热惰性好的重质材料，具有很好的隔热性能。门窗设置应结合使用功能，如设置能收放的隔扇，舒适的季节可大面积开启，炎热的季节可兼有遮阳和采光的作用（图3-1c），寒冷季节在门厅增加一层隔扇形成过渡空间，增强冬季室内的保温效果。如上海中信泰富朱家角锦江酒店（图3-3）面向主导风向采用园林中开启门扇做法，在过渡季节可全部打开，实现室内外环境的全面贯通，促进内部通风。

图 3-2　元上都遗址工作站

图 3-3　上海中信泰富朱家角锦江酒店

2. 屋面坡度设计

不同气候条件下，屋面坡度设计也大有不同。如多降水地区，出于排水的考虑，屋面坡度多较陡，屋檐挑出较远（图3-4）；少雨少雪地区，其屋面坡度普遍较小；炎热地区，为了便于通风散热，屋面坡度设置较大，通风性较好；严寒地区，屋顶多做得厚重，封闭性强，以便于保温；多风沙地区，为防止屋顶被风掀起，多见屋面坡度平缓，体量上较为厚重。地广人稀之地，屋面美观大方，坡度多较舒展；人口稠密地区，屋面较为小巧紧凑，以适应紧张的用地。如南浔城市规划展览馆（图3-5）设计从宅第院落内嵌西洋楼中汲取灵感，采取多方向的双坡屋顶穿插组合，形成丰富空间天际线的同时，最大化屋面排水效率。

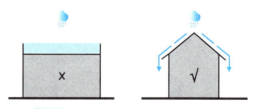

图 3-4　利于排水的屋面坡度示意图

3. 底层架空设计

气候潮湿或通风不好的地区，可采用底层架空来促进气流运动上升。传统建筑相比于现代建筑，更多地采用了关注气候的被动式建筑设计策略，民居上表现尤为明显。我国南方温暖潮湿、植物繁茂，房屋下部常采用架空的干阑式构造，流通空气，减小潮湿，如图3-6所示。建筑材料除了砖、石外，常利用木、竹与芦苇；墙壁薄，窗户多；建筑风格轻盈通透。我国华北、西北的房屋为抵御严寒，使用较厚的外墙和屋顶，高度较矮，建筑外观厚重而庄严，与南方建筑形成鲜明的对比。如在南京5G+工业互联网国际创新中心入口的开放活动空间，最大化地促进底层空气的流通，如图3-7所示。

图3-5 南浔城市规划展览馆

图3-5 彩图

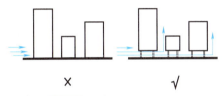

图3-6 底层架空示意图

图3-7 南京5G+工业互联网国际创新中心入口

图3-7 彩图

根据不同建设区域主导风向与日照角度的分析判定，建筑可通过自身的形体变化形成导风（图3-8）、引流、遮阳效果。严寒地区通过形体收缩、曲面形等方式减少主受风面的风压；潮湿地区通过灰空间架空促进底层通风；日照强烈地区通过建筑悬挑对下层形成空间遮阳等。如海口市民游客中心设计通过连续错动起伏的屋顶形成多层次的导风遮阳顶棚，提供舒适的檐下休闲开放空间，如图3-9所示。

4. 遮阳屋面设计

强太阳辐射地区可通过完整屋面覆盖，为下方功能与开放活动空间提供遮阴条件，建筑可以采用大屋顶、深挑檐的形式，避免太阳直射，可利用屋面下方的开放空间设置多种使用功能，使人们具有遮阴的半室外活动空间，如图3-10所示。强太阳辐射与多雨地区可通过裙房连接形成室外檐廊（图3-11），为人群活动提供遮风挡雨的条件。

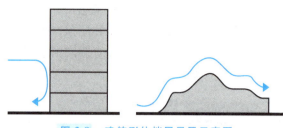

图 3-8　建筑形体挡风导风示意图

图 3-9　海口市民游客中心

图 3-9 彩图

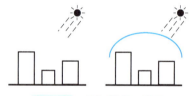

图 3-10　遮阳屋顶示意图

图 3-11　南宁园艺博览会园艺馆

5. 裙房连廊设计

在夏热冬暖、炎热多雨地区，建筑整体布局及建筑空间组织应注重遮阳和隔热。建筑可设置骑楼、檐廊、架空层等宽大连续的半室外空间，不仅在雨天可以提供有遮蔽的活动场所，而且在晴天有利于躲避强烈的太阳辐射。如上海市第十届中国花博会复兴馆底层面向入口广场一侧设置连续多层次的檐廊空间，提供舒适的室外活动空间的同时，也作为室内功能的室外化延续，如图 3-12 所示。

图 3-12　上海市第十届中国花博会复兴馆

3.2.2 适应周边环境

绿色低碳建筑设计不仅要关注其所在宏观气候区的气候特点和其所在城市的文脉特色,更应该关注其具体的建设场地。在历史文脉或自然资源较为丰厚的场地做设计时,绿色低碳建筑应更强调与环境的充分融入与协调,减少环境负荷。

适应周边环境

1. 与城市肌理融合

城市肌理是指城市的特征,与其他城市的差异,包括形态、地质、功能等方面。具体而言,包括城市的形态、质感色彩、路网形态、街区尺度、建筑尺度、组合方式等方面。从宏观尺度,城市肌理是建筑的平面形态;从微观尺度,城市肌理是空间环境场所。城市肌理的演化受到自然、经济、政策三方面的共同影响。当建设用地处于有一定历史文脉的城市环境中时,建筑形体设计应当与周边城市肌理相适应。主要包括:各形体体量的大小尽量相同或者相近,如图 3-13 所示;单个建筑形体的生成逻辑也尽量参照传统的建构方式,力求建构逻辑的传承和统一。如玉树州康巴艺术中心设计延续原有城镇内中小体量层层叠摞形成的体量组合,并设置多条内部街巷与周边步行路径相接,如图 3-14 所示。

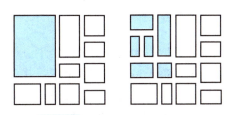

图 3-13 建筑形体与周边城市肌理融合示意图

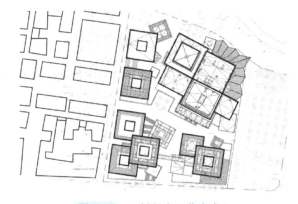

图 3-14 玉树州康巴艺术中心

2. 与城市空间呼应

建筑形体设计应考虑使其开放空间与周围的城市空间相呼应(图 3-15)。主要包括:建筑的开放空间与周围的城市道路相连通;建筑的开放空间与周边的城市公共空间相呼应;建筑的开放空间尽量不打断周围空间的原有联系,并对其有意识地保护、保留。如北京德胜尚城设计在园区内部切割出一条斜向贯通型街道空间及若干支巷,缝合周边城市步行体系的同时,使场地原有德胜门方向视线通廊得以保留(图 3-16)。

3. 与自然环境融合

当建设用地处于山地、湿地或沙漠中时,建筑形体应当与周边自然环境相适应,并力图通过分析及设计对原有场地进行整合和提升。若场地位于沙漠等自然景观的地区,形体上宜适应当地气候、呼应场地整体气质,如图 3-17 所示。如敦煌莫高窟数字展示中心位于沙漠环境中,景观特征明显,建筑形态上顺应沙丘意象,丝带状条形体量叠错,如图 3-18 所示。

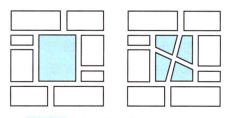

图 3-15　建筑的开放空间与周围的城市空间呼应示意图

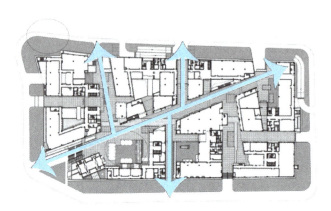

图 3-16　北京德胜尚城

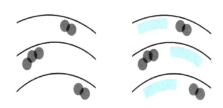

图 3-17　建筑形体融入自然环境示意图

图 3-18　敦煌莫高窟数字展示中心(一)

若场地位于坡度较大的山地,应依山势而建,挖土的部分与填土的部分大致保持土方量均衡。例如,在我国西南山地的传统民居,在不规则的地段上,最大限度地利用地形,开拓场地,争取使用空间;在尽量少改变自然环境的情况下,跨越岩、坎、沟、坑以及水面,使整个建筑造型自然而不造作,生动而活泼。如台地建筑(图 3-19)就是根据地形的等高线处理成不同标高的台面,在台面上建造房屋。不同台面之间的交通借助院落的台阶或室内楼梯解决。

图 3-19　台地建筑

4. 与场地环境整合

当建设用地处于水系环境，或以水为骨，或依水而筑，或因水成路，可建设形成独特的建筑形态和水陆两栖的交通体系。如我国江南水乡城镇和村落的形态构成与其水系环境密切相关。为适应多水的自然环境，城镇村落依水而建，创造了独特的水乡民居形态。原水乡城镇和村落的总体布局根据水道的结构特征，呈现出多种类型，如图 3-20 所示。

图 3-20　江南水乡水网体系

当建设用地处于临近水体的湿地环境中，由于淤泥较多、临近水体基地不够稳等原因，建设条件不利于建设大体量房屋，并且会对原有自然环境造成较大的不可逆侵损，应采取体量拆分、小尺度、轻介入的设计（图 3-21）。如杭帮菜博物馆建设场地周边环境地基多为淤泥，设计采用小尺度体量，依据等高线态势打散布置，以实现对场地环境的轻介入姿态，如图 3-22 所示。

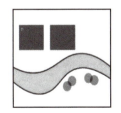

图 3-21　建筑形体拆分介入场地环境示意图　　**图 3-22　杭帮菜博物馆**

3.2.3　控制空间形体

空间形体对能耗影响很大。严寒地区及部分寒冷地区应尽量减少与外界的接触面积；各地区的建筑均应采用合理的进深，既要保证采光通风，又要提高建筑使用率；在强太阳辐射地区应设置外檐对外墙遮阴；一些超大尺度的公共建筑，能耗很大，应控制空间高度，避免大而无用的空间，

控制空间形体

从而有效减少能耗。

1. 减小体形系数与外界接触面

严寒及寒冷地区可以通过减小体形系数，减少与外界接触面来减少能耗。建筑耗能量指标随着体形系数的减小而减少。建筑体形宜简单规整，减少凹凸面和凹凸深度，缩小面宽，加大进深，增加层数，减小体形系数。建筑体形凹凸面示意图如图3-23所示。由于外窗的传热系数高于外墙的平均传热系数，所以在满足室内采光的前提下，应尽量减少外窗、天窗和透明玻璃幕墙的面积，降低窗墙面积比。

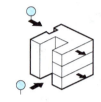

图 3-23 建筑体形凹凸面示意图

2. 控制单元进深

基本房间单元进深的确定应综合考虑多方面因素。进深太小，则建筑的使用率较低，不经济；进深太大，则建筑的采光通风条件差。在房间长宽比例比较得当的情况下，房间单元进深在 8~12m 比较合理，不会出现明显的暗区，能够保证采光通风的效果。各地区的建筑均应采用合理的进深，既要保证采光通风，又要提高建筑使用率。如江苏建筑职业技术学院图书馆，90%的阅读区域位于建筑外边界退 5m 的范围，保证了良好的采光、通风，如图3-24所示。

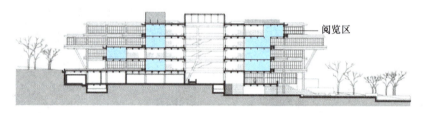

图 3-24 江苏建筑职业技术学院图书馆（一）

3. 控制空间形状比例

对于公共活动空间来说，除了考虑活动人员数量以及功能所需的活动空间外，建筑能耗也是决定空间尺寸的一个重要因素。对于超大尺度的公共建筑，如交通建筑、博览建筑等，其能源消耗量较大，这类建筑的建筑面积大，人员密集，室内空间需要一定高度才能满足使用要求。为了节能，应把室内空间的高度控制在合理范围之内，避免单纯追求建筑形式造成空间的高度过大，导致用能空间体积超出正常需要而造成能源大量浪费。

如雄安高铁站综合外部城市关系与建筑形象的双重考虑，高铁站中心候车厅净高最终确定为 22m，为了避免室内夸张的空间尺度与空调匹配能耗上的浪费，设计在内部置入了局部夹层空间，充分利用空间体积，如图3-25所示。

第 3 章 建筑空间设计

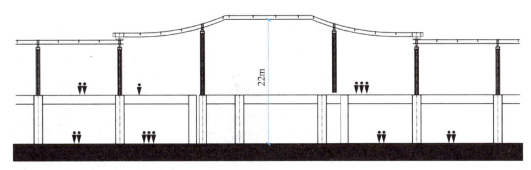

图 3-25　雄安高铁站

4. 设置外檐灰空间

对于强辐射地区，可以通过外檐灰空间减少外墙热辐射。如南方传统建筑常常设有外檐灰空间，使商家贸易、行人过往免受日晒雨淋之苦；同时对于节能也有重要的作用，外檐灰空间遮阴作用不仅使檐下空间明显比无遮阴的空间更凉爽，而且可以降低外墙附近的辐射热交换，因外墙得热减少而降低空调的负荷。厦门东南国际航运中心总部大厦设计从当地的大厝深挑檐汲取智慧，层层外廊设置大挑檐，有效遮挡了太阳辐射，降低了室内外热交换，如图 3-26 所示。

图 3-26　厦门东南国际航运中心总部大厦

3.2.4　形式追随功能

19 世纪末，美国建筑师路易斯·沙利文提出"形式追随功能"的口号，强调建筑的外形要由内部功能需求决定，不需要纯装饰构件。同样，在绿色低碳建筑设计中建筑形式也要顺应功能空间的要求，不需要过多的装饰性构件，但涉及平台、露台、过厅等缓冲空间也很重要，需要"被形式追随"。

形式追随功能

1. 基于内部功能的外部形态设计

建筑的外部空间形态需真实地反映内部功能特点，如大型集会型场馆的外部形态多以完整连续的体量关系为表达特点，集合住宅类项目多在标准化单元的基本语言下寻求适度变化。在既有建筑改造类项目中，也可直接利用新置入的使用需求作为外部形态的突出特征。如长沙市梅溪湖大剧院由不用尺度的剧场演播厅组合形成聚落群组布局，如图3-27所示。

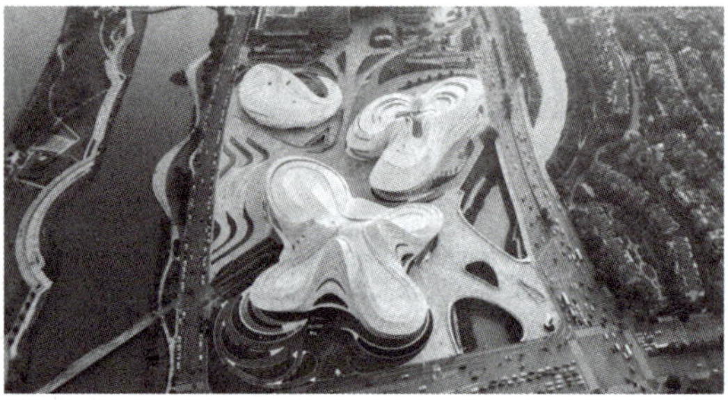

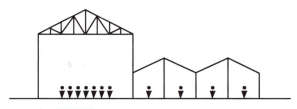

图3-27　长沙市梅溪湖大剧院

2. 基于平面功能的建筑剖面设计

新时代的大型展览建筑中，很大一部分有大屋顶这一元素。通常大屋顶下对应的是大空间（图3-28），或者连续的空间序列，建议大屋顶的形态起伏应与其下方对应的功能相契合：面积大、人流密度高的功能对应的屋顶抬起；面积小、人流密度低的功能对应的屋顶可相对下沉。如天津大学新校区体育馆运动场馆与后勤办公管理用房根据空间使用心理需求设计差异化层高尺度（图3-29）。

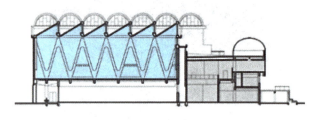

图3-28　建筑剖面与功能相适应示意

图3-29　天津大学新校区体育馆（一）

3. 基于不同功能的半室外空间设计

在绿色低碳建筑设计中，平台、露台占据很重要的位置，通常将其定性为灰空间、半室外空间、半室内空间等（图3-30），不仅从气候上作为室内外环境的缓冲，从功能角度上，也是室内工作人员的休憩空间。应有意识地设计平台，引导人们健康地生活。充分利用平屋顶、檐廊、露台或中庭打造交流空间，特别是不需要暖通空调参与的室外公共空间。檐廊、雨篷等构件既可以防止夏日阳光直接进入室内（炎热地区），又能够提供室外遮阳的活动区。屋顶、露台等空间给人们（尤其是建筑较高层的使用者）提供了难得的室外空间。通过鼓励室外空间减少对布置分散、人均使用率低的固定场所的使用。如上海浦东嘉华E18

创新住宅设计屋顶采用退台层层跌落，形成活跃的半室外空间，如图 3-31 所示。

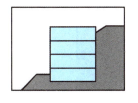
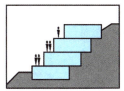

图 3-30　建筑剖面与功能相适应示意图

图 3-31　上海浦东嘉华 E18 创新住宅

3.2.5　弹性空间设计

我国建筑结构主体多采用钢筋混凝土承重墙，空间形式和完整度受限，灵活可变性差。通过开放空间体系+轻质隔断+管线分离使得建筑内部空间更加完整，为创造通用开放、灵活可变的弹性空间提供了基础条件。可根据不同的使用需求对空间进行划分并满足将来建筑功能转换和改造再利用的需求。

弹性空间设计

1. 设置灵活多样的弹性空间

设置弹性空间，旨在展现建筑空间的灵活性与适应性，主要表现在建筑结构主体不变的前提下，内部空间的划分和组合可以满足不同的使用需求。即便建筑属性随着时间和空间的改变发生变化，转为其他功能，具有灵活性与适应性的内部空间通过重新划分和组合，依然可以满足新的使用需求，如图 3-32 所示。

a) 16 个工位　　b) 4×4 开放讨论区　　c) 40 人就餐空间　　d) 2 个乒乓球案空间

e) 50 人报告座席　　f) 18 人封闭会议　　g) 12 人专家评图　　h) 180m² 展示面积

图 3-32　雄安设计中心多功能模块

2. 采用开放空间结构体系

应采取开放空间结构体系，在满足结构承重要求的基础上，优化柱网和平面布局，尽可能取消内部空间承重墙体,为空间划分和功能转换需求创造有利条件。同时,合理控制建筑体形系数,平面宜规整,减少开口凹槽、凹凸墙体,满足节能、节地、节材要求。一体化的建筑空间可提高空间使用率,内部空间舒适度也相应提高,且可保证施工的合理性。如上海绿地威廉公寓适应家庭全生命周期,在住宅主体不变的情况下,满足不同居住需求和生活方式,适应未来空间的改造和功能布局的变化,如图 3-33 所示。

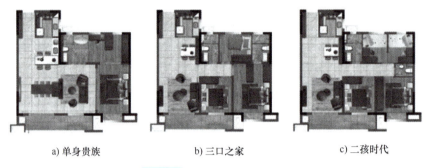

a) 单身贵族　　　　　b) 三口之家　　　　　c) 二孩时代

图 3-33　上海绿地威廉公寓

3. 采用轻质隔断划分空间

弹性空间是对空间的最大化利用,在开放空间结构体系下,将每一个独立的功能区域分隔又重合使用。平面上,可通过设置轻钢龙骨石膏板等轻质隔墙或者隔断进行灵活的内部空间划分。分隔出的空间可封闭也可半通透,以灵活满足不同的使用需要。空间上采用能升降、伸缩活动性的吊顶或地面设计,既可以丰富功能空间使用时的时空变化,又可以满足改变其使用性质时的需求。如雄安设计中心大会议厅内设轻质隔墙,可分隔为两个会议厅,根据需求灵活使用,如图 3-34 所示。

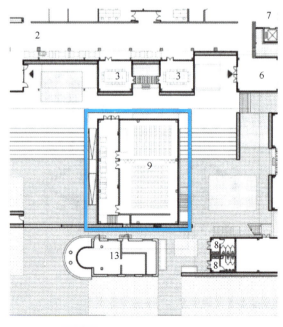

图 3-34　雄安设计中心大会议厅

4. 采用管线分离方式

管线分离是指设备管线与结构主体、内装三者相分离,将管线敷设在吊顶架空层、墙面架空层或轻质隔墙空腔内以及地面架空层中。管线的敷设通常会对建筑的主体结构产生影响,不利于设置弹性空间,而采用管线分离的方式可使管线完全独立于主体结构以外,大大提高了内部空间的完整性和使用率;此外,分离式管线施工程序清晰,敷设位置明确,便于后期维护。

3.2.6 结构空间协同

形式上反映结构逻辑,反映了绿色低碳建筑的基本美学观念,不做刻意装饰,形态上能反映结构和材料。去除冗余装饰,在适当的情形下裸露结构和材料,不仅可使建筑体验者对建筑产生完整的认知,也能引导人们进一步认可绿色低碳建筑的美学。

结构空间协同

1. 建筑结构一体化设计

在方案前期设计阶段,建筑师应有意识地将结构体系与空间使用及围护界面进行整合,倡导通过一次建筑施工获得最终的完成效果,减少二次装饰量。建筑结构一体化的设计一方面可以大幅减少建筑耗材量,同时也将结构自身作为建筑形态表现力的设计重点,在真实反映受力逻辑的前提下,创造出具有强烈结构美感的建筑物。如张家港金港文化中心结构与围护墙体一体化设计,整体混凝土浇筑,在结构上预留管线孔洞及采光洞,如图 3-35 所示。再如国家网球中心建筑周围以 16 组 V 形组合柱支撑看台和建筑外维护系统,V 形结构体系所呈现的三角形语言也成为建筑外部形态最突出的识别特点,如图 3-36 所示。

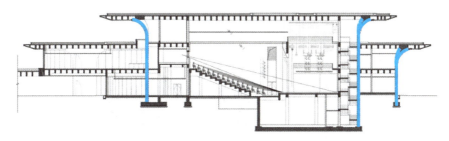

图 3-35 张家港金港文化中心

图 3-36 国家网球中心

2. 结构反映建筑外部形态

在建筑空间形态设计中，可采用独特的结构形式作为建筑外部形态的重要组成部分展示，避免建筑在结构外做不必要的装饰。这样既能增强建筑的形态效果，又能反映建筑的原真性。但这里对建筑的一体化设计、施工工艺要求较高。如天津大学新校区体育馆设计强调在几何逻辑控制下对建筑基本单元形式和结构的探寻，重复运用和组合这些单元结构，生成了一系列特定功能、光线及氛围的建筑空间，如图 3-37 所示。

图 3-37　天津大学新校区体育馆（二）

3. 装配式反映标准化与构件化

装配式建筑在缩短施工周期、减少施工垃圾排放等方面具有不可替代的作用，在非永久性建筑中应用潜力巨大。在造型方面，装配式建筑应反映其标准化与构件化的形式逻辑和语言，这也是对建筑内部空间形态、空间功能之间组合关系最直接的反映。如雄安市民服务中心各组建筑由一个个 12m×4m×3.6m 的模块组成。每块模块高度集成化，结构、设备管线、内外装修都在工厂加工好，现场只需要拼装即可完成，如图 3-38 所示。

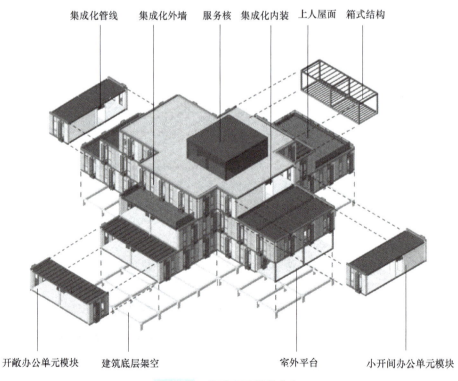

图 3-38　雄安市民服务中心

3.3 建筑空间节能设计

绿色低碳建筑设计应在满足使用功能的前提下，尽量避免过高的层高、过大的房间面积、不必要的高大空间和功能设置；应合理控制空间体量，减少辅助空间，对休息空间、交往空间等进行合理的共享与综合利用，提高建筑空间利用率，节约用地和建设成本，减少各种资源消耗。

3.3.1 区分和减少用能空间

1. 区分用能标准

不同地域与季节，人对温度的要求不同，不同使用功能空间的用能标准不同，使用者停留时间长的空间对舒适性要求高，使用者停留时间短的空间对舒适性要求可以降低。在设计时，应仔细研究，针对建筑不同的使用空间制定不同的用能标准，才能在保证一定舒适性的前提下，达到节约能源的目的。

区分和减少
用能空间

（1）根据空间功能要求

在建筑中，不同的使用功能对温湿度的要求是不同的，如汽车库、储藏室等用能标准为低。住宅、教室、办公室是人们长期停留的场所，但一般层高、进深都不大，且可以通过开启外窗利用自然通风达到室内温湿度舒适的要求，用能标准为中等。大型公共建筑能耗比较大，如酒店、商场、交通枢纽、文化建筑、医院等，应根据空间的功能和使用模式，确定不同的运行方式和用能标准，既要达到节约能源的目的，又可以保持一定的服务水平。

（2）根据使用者停留时间

针对固定人员场所，应根据使用人员类型及规模确定空间位置、空间尺度、舒适度指标，在符合功能行为需求和使用者心理满意度的前提下，提高空间使用便利性，提升舒适度指标。

针对流动人员场所，强调空间连续、导向清晰、流线快捷，避免人员在不熟悉的环境中往返行走而产生焦虑情绪，减少对空间环境（声环境、空气环境）和能耗产生不利影响。短期逗留区域是指人员暂时逗留的区域，主要有商场、车站、机场、营业厅、展厅、门厅、书店等观览场所和商业设施。

人员非长期停留的空间，可适度降低使用能耗保障舒适度的标准。例如，温和地区尽量采用室外及半室外空间以减少能耗需求。如谷城医院地处广东梅州，气候相对炎热潮湿。设计采用集中式布局，治疗区定义为空调区，保证舒适度和清洁度；快速通过的交通空间全部为半室外开敞空间，无须使用空调，夏季使用风扇降温，如图 3-39 所示。

（3）根据空间使用类型

建筑的使用空间可分为：主要使用空间（起居室、教室、办公室等），辅助空间（卫生间、储藏室等），交通联系空间（门厅、过厅、走廊、楼梯、电梯等）。被服务空间即建筑

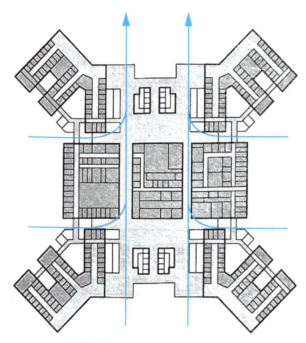

图 3-39　谷城医院集中式布局平面

的主要使用空间,要满足舒适性要求,而服务空间包括辅助空间和交通联系空间,可适当降低舒适度的要求,达到节约能源的目的。

(4) 根据人体热舒适范围

将人员长期使用的功能和舒适度要求相近的空间集中组合布置,有利于此类空间的使用便利性,集中高效地利用有限的自然资源(自然通风采光和景观视野);对于后勤、设备用房等,舒适度的要求较主要使用空间(如办公用房、居住用房)要低,可将其布置在朝向和位置次一级的空间,形成"环境(噪声、温度等)阻尼区";高舒适度需求空间与低舒适度需求空间穿插布置,会给使用者带来较差的舒适度体验。

严寒和寒冷地区主要房间室内设计应采用 18~24℃ 标准。经大量测试统计,建筑室内自然环境下,在一定的温度范围内,人体可以通过服装调节来达到热舒适;另外,长期生活在自然环境下的人们对供暖设备这一措施并没有表现出明显的偏好和期望,说明人在心理上对所在热环境及对环境的调控能力、改善措施能够产生适应性。因此,可根据不同地域、季节中温湿度水平与人体的热舒适范围来定义用能标准。如雄安设计中心设计将交通公共走廊定位为"空腔暖廊",相关暖通标准与空调负荷均按最低标准值设计,经测算室内空间整体能耗降低约 42%,如图 3-40 所示。

2. 减少用能空间

室内空间需要保证舒适度,能耗较大;室外空间则没有能耗。因此要充分利用室外空间和半室外空间,提高室内空间的舒适度,设置适宜的使用功能,从而适当减少室内空间的面积,继而达到节能目的。对于室内外的过渡空间,可将温度设置在室外温度和室内舒适温度之间,不仅可以节能,还可以使人们逐步适应室内到室外的过渡。

第3章 建筑空间设计

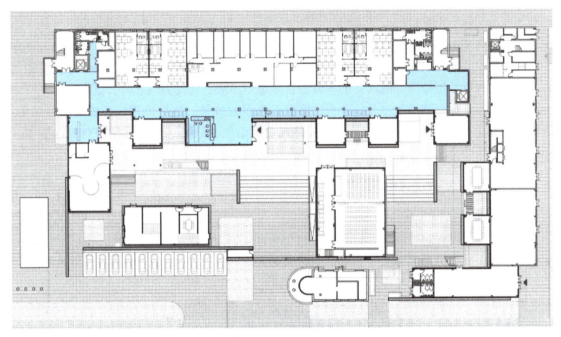

图 3-40 雄安设计中心

（1）设置室外、半室外非耗能空间

在气候条件比较适宜的区域，应将公共的休憩空间设在室外或半室外，或者设置能打开的门窗，在气候宜人的季节可以转换成半室外空间，这种方式一方面减少了耗能空间；另一方面，对于使用者来说，增加了空间的层次，更健康，更接近自然，有更多的户外活动场地和机会。如中国建筑设计研究院创新科研示范中心结合体形的层层退台设置屋顶连续休憩平台，减少能耗，引导健康的生活方式，如图 3-41 所示。

（2）设置适宜的缓冲过渡空间

对于冬季寒冷或夏季炎热区域，建筑物的入口门厅、大厅、中庭等，是人们从室外进入室内的过渡空间，这些缓冲过渡空间的温度设置应该在室外温度和室内舒适温度之间取值。过渡空间一般紧邻室外空间，必要的应设置岗位送风，维持固定人员活动区的温湿度微环境，其余的可视为室内、室外温度环境的过渡区，可以考虑一定的不保障

图 3-41 中国建筑设计研究院创新科研示范中心

率,不仅能节约大量能源,还可以使人们能够逐步适应和过渡,对使用者而言,舒适性更高。

(3) 室外等候空间采用非耗能方式

室外等候空间可以采用耗能较低的方式提高舒适度,如喷淋降温系统,将水净化后通过高压撞击来进行雾化处理。当雾化的水颗粒在环境中由液态转变为气态时,就会带走空气中大量的热量,从而起到净化空气、除尘、降温、保湿的效果。还可以用室外喷雾降温风扇,能够镇压灰尘,调节大气,水滴蒸发时能降低周围温度 4~8℃,周围可使用面积达到 30~50m^2,使环境变得清洁、凉爽、舒适。

3.3.2 加强自然采光和通风

1. 加强自然采光

自然采光不仅有利于节能,也有利于使用者的生理和心理健康。自然采光充足的房间白天不需要人工照明,可以有效节省能源。为营造一个舒适的光环境,可以采用各种技术手段,通过不同途径利用自然光。设计时,应根据建筑的实际情况合理运用建筑自然采光方法,充分利用建筑构造和技术措施,有效改善建筑光环境,同时实现建筑节能。

加强自然采光和通风

(1) 增加室内自然采光的空间范围

为了使更多的房间获得自然采光,应适当增加室内与室外自然光接触的空间范围,如在合适的位置开设侧窗、高窗、天窗等。在设计时应注意:当采用低窗时,近窗处照度很高,距窗较远处的照度会迅速下降;反之,当采用高窗时,近窗处照度下降,距窗较远处的照度会大幅提升。窗间墙越宽,横向采光均匀度越差;东西向窗有直射光,照度不稳定;北向窗采光量小但稳定;南向窗采光效果最好。

(2) 增加外立面开窗或透光面比例

外立面开窗或透光面的面积应兼顾节能和采光。从节能的角度出发,外窗面积不应过大,必须控制窗墙面积比;从采光的角度出发,应适当增加外立面开窗或透光面比例,使得室内获得良好的采光。值得注意的是,窗洞口大的房间并非一定比窗洞口小的房间采光好。如一个室内表面为白色的房间比装修前的采光系数就能高出一倍,这说明建筑采光的好坏是由与采光有关的各个因素决定的。侧面采光时,民用建筑采光口离地面高度 0.75m 以下的部分不应计入有效采光面积。另外,为了改善建筑室内自然采光效果,不仅要保证适宜的采光水平,还需要提高采光的质量,应注意控制主要功能房间的眩光。

(3) 采用导光井或中庭增强自然采光

中庭能够解决大进深空间的自然采光问题。中庭本身可作为自然光的收集器和分配器,提供自然光线射入平面最大进深处的可能,形成充满活力的核心,减少大面积的人工环境带来的不适,如图 3-42 所示。中庭设计时应权衡利弊,除了利用中庭改善采光条件外,还要做到冬季把阳光引入室内,夏季利用烟囱效应促进自然通风,从而避免冬季热量散失或夏季中庭过热。如敦煌莫高窟数字展示中心在游客集中返回的大空间处结合圆锥体形导光井,为室内提供照明,如图 3-43 所示。

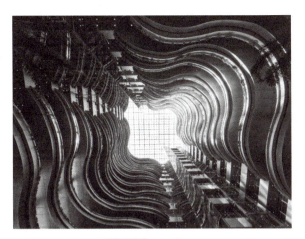

图 3-42　中庭采光

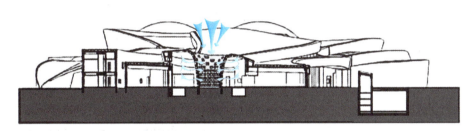

图 3-43　敦煌莫高窟数字展示中心（二）

（4）设置遮阳措施避免眩光干扰

对于阅读区、办公区等对采光要求高的空间，应靠近外窗布置，能够获得充足的自然光，不仅具有较好的采光效果，而且视线比较开阔，能够缓解疲劳。但是自然光直射会产生眩光，必须设置遮阳措施避免眩光干扰，如图 3-44 所示。如江苏建筑职业技术学院图书馆临窗布置阅读桌，窗外设遮阳格栅，使读者在阅读间隙可远眺山景，放松愉悦，如图 3-45 所示。

图 3-44　设置遮阳措施避免眩光干扰示意图

图 3-45 彩图

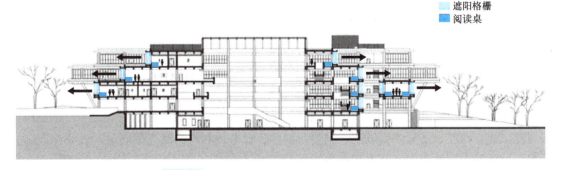

图 3-45　江苏建筑职业技术学院图书馆（二）

（5）提升地下空间的采光水平

采用下沉广场（庭院）、天窗、导光管系统等，改善地下空间的采光，但考虑到经济合理性，地下空间的采光水平不宜过高，建议地下空间平均采光系数≥0.5%的面积不低于首层地下室面积的5%，如图3-46所示。

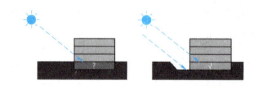

图3-46　下沉广场提升地下空间自然采光示意图

（6）采用天窗采光丰富室内光线

天窗采用不同的形式或设在不同的位置，可以带来不同的光线感受。常用的纵向矩形天窗采光均匀度好，当设开启扇时，自然通风效果显著；锯齿形天窗可以充分利用顶棚的反射光；当窗口朝北布置时，完全接受北向天空漫射光，照度稳定，没有眩光，适用于美术馆等空间，如图3-47所示；平天窗比其他类型的天窗采光效率高得多，而且布置灵活，但设计时应采取防光污染、防直射阳光和防结露的措施。

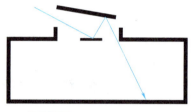

图3-47　天窗采光示意图

除了以上三种天窗外，还可以采取大面积采光顶棚、带形或板式天窗、采光罩等多种天窗形式。如商丘博物馆中心十字形走廊被周边展廊功能房间所遮挡，不具备立面采光条件，因此在走廊顶部设置了连续倒梯形采光顶，为室内交通空间纳入更多自然光线，如图3-48所示。

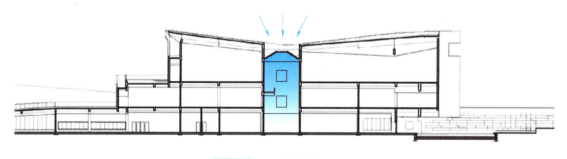

图3-48　商丘博物馆（一）

（7）采用高侧窗或天窗等方式避免视线干扰

展览类建筑应精细化进光角度，采用高侧窗或天窗等方式避免眩光（图3-49），应综合采用遮阳板、百叶、防紫外线玻璃、隔热系统等，在有效利用自然光的同时，过滤掉大部分太阳辐射以及电磁波谱中对艺术品有害的部分。

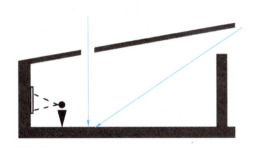

图 3-49　高侧窗或天窗等方式避免眩光示意图

2. 利用自然通风

通风是一种通过引入室外空气来维持良好室内空气品质及热湿环境的重要手段。通风换气对营造室内环境有着重要作用，同时对室内热湿环境与供暖空调能耗也有很大影响。自然通风的建筑主要通过用户调整通风窗口的开闭来控制通风量的大小，其缺点是在室外过热或过冷时，自然通风可能会造成能耗增加，但因其简单经济，使用者可以自主调节，而深受人们欢迎。

（1）利用主导风向布置主要房间通风

采取建筑空间布局的优化措施，改善原通风不良区域的自然通风效果，根据不同房间功能及使用情况合理布置室内空间平面，尽量把主要用房开口位置安排在夏季迎风面。为了促进自然通风，房间进深不宜过深，寒冷地区应规避冬季冷风方向。如海口游客接待中心建筑面向主导风向与水面方位采用分体式布局，间隔出的"风廊"最大化地促进风压气流的引入，如图 3-50 所示。

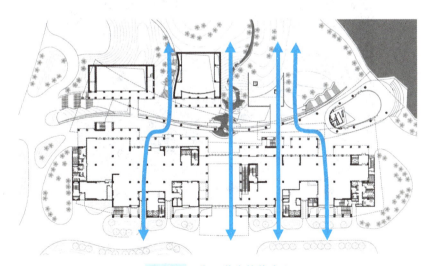

图 3-50　海口游客接待中心

（2）利用中庭空间增强热压通风

通过对建筑内部空间设计，可以促进气流的快速流动，从而提高建筑内部的通风效果。传统建筑中的风塔、天井等传统空间形式以及现代建筑中的中庭均是利于通风的空间形式。

风塔是一种烟囱状的建筑结构,原理是风通过开口进入塔内,下沉的气体带动建筑内空气流通,夏季降低室内温度,达到节能减排的效果,如图 3-51 所示。风塔的建设成本和维护成本均低于空调,对环境十分友好。

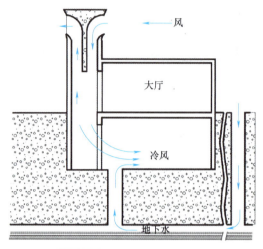

图 3-51　风塔自然通风原理

天井是我国传统建筑的一种构造形式,常见于湿热地区,如图 3-52 所示。当室内温度高于室外空气温度时,天井顶部和底部之间的温差使天井内的热空气上升,将房间里的冷空气吸引到天井底部,从而实现降温的效果。其原理也被称为烟囱效应。

图 3-52　天井空间

随着技术的不断发展,人们利用同样的原理,在建筑中建造出中庭这一建筑空间,其形态类似于天井,起着采光和自然通风的作用,如图 3-53 所示。建筑中庭高大,一般考虑在中庭上部的侧面开一些窗口或其他形式的通风口,形成烟囱效应,增强热压通风,达到降低中庭温度的目的。必要时,应考虑在中庭上部的侧面设置排风机加强通风,改善中庭热环境。尤其在室外空气的焓值小于建筑室内空气的焓值时,自然通风或机械排风能有效地带走中庭内的散热量和散湿量,改善室内热环境,节约建筑能耗。如江苏建筑职业技术学院图书馆拔高天窗使中庭高度增大,夏季保持地表进风口与高侧出风口打开,形成烟囱效应,提高热压通风,如图 3-54 所示。

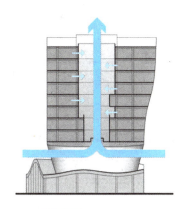

图 3-53　共享中庭

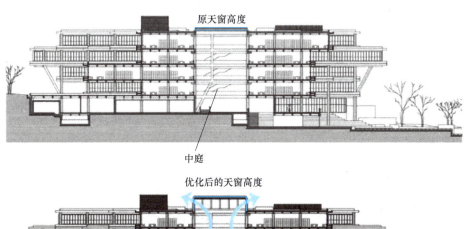

图 3-54　江苏建筑职业技术学院图书馆(三)

图 3-54 彩图

(3) 利用引风通廊加强自然通风

对于公共空间,尤其不容易实现自然通风的大进深内区和不能保证开窗通风面积要求的区域,需要进行自然通风优化设计或创新设计。可以根据建筑的形态和使用功能,在建筑体量内部根据风径切削,形成气流能够贯穿的空腔,作为空气引导通道,加强自然通风,改善室内的空气质量,提高舒适度。如美国 de Young 美术馆于建筑内部设斜向通高中庭空间,上下层之间视线交流的同时获得良好的拔风效果,如图 3-55 所示。

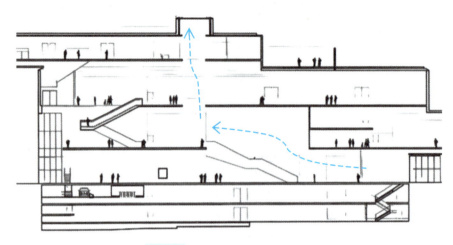

图 3-55　美国 de Young 美术馆

（4）利用首层架空引导自然通风

结露是严重影响结构安全及使用舒适度的问题之一，轻者出现水渍影响美观，长期或经常结露可导致发霉，损坏内部装修和家具，还会传染真菌性疾病，使房间卫生条件恶化，严重时可降低围护结构的使用性能与耐久性。在南方的梅雨季节，空气的湿度接近饱和，可将首层地面架空，既可以引导自然通风，又能够起到防结露的作用。

骑楼是为适应当地湿热气候将首层架空的一种建筑形式。狭长的架空空间一方面增加了建筑的自然通风，与当地湿热气候相适应；另一方面可以作为公共人行空间，达到建筑节地的目的，如图 3-56 所示。

图 3-56　广州骑楼

（5）利用地道风降温技术改善室内环境

地道风降温技术是指利用地道冷却空气，通过机械送风或诱导式通风系统送至地面上的建筑物，达到降温目的的一种措施，如图 3-57 所示。该技术是利用地道（或地下埋管）冷却（加热）空气，然后送至地面上的建筑物，达到使引入的室外空气降温（升温）的目的，相当于一台空气土壤热交换器，利用地层对自然界的冷、热能量的储存作用来降低建筑物的空调负荷，改善室内热环境。该技术适用于干燥地区。如敦煌莫高窟数字展示中心于建筑外地面处设进风口并加动力吹风设备，室外空气流经地下通道进入大堂处，实现地道风降温，如图3-58所示。

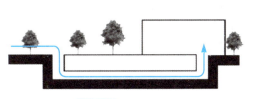

图3-57 地道送风

图3-58 敦煌莫高窟数字展示中心（三）

（6）利用水面或绿荫降低气流温度

在炎热多雨的地区，往往水网密集，在建筑的周围设置水体，不仅可以美化环境，起到调蓄雨水的作用，还可以使空气经过水体降温后渗透到建筑空间内，进行冷热空气的交换。水体成为环境中的蓄热元素，与通风系统相结合，作为改善建筑微气候的手段；同理，在进风口外围设置绿荫，同样可以降低气流进入的温度，达到生态节能的目的。如苏州博物馆建筑沿水景一侧设置通风开启扇，将水面较低温度的空气引入建筑内，可有效降温，如图3-59所示。

图3-59 苏州博物馆

3.3.3 采用标准化和集成化

1. 采用标准化设计

标准化设计是伴随大量建设与建筑发展而出现的一个必然趋势，针对传统设计与建造方式的效率低、工期长、质量差等不适应当前建设需求的问题，采用标准化设计达到提高生产效率、合理控制成本、提升建筑品质的目的。标准化设计是保证建筑最终成品功能与质量的基本条件之一，从局部联系上升为复杂系统的过程，也将实现建筑长久性功能优化。

采用标准化和集成化

(1) 采用标准设计系统化方法

以标准设计系统化方法来统筹考虑建筑全生命周期的规划设计、施工建造、维护使用和再生改建的全过程。标准化设计不仅可以有效节约设计工作量，对于项目开发建设来说，也可以节约社会资源，降低开发成本，以标准化设计实现功能空间多样化。

(2) 遵循模数协调统一的原则

建筑设计标准化和通用化的基础是模数化，模数协调的目的之一是实现部件部品的通用性与互换性，使规格化、定型化的部件部品适用于各类建筑中。建筑部件部品采用标准化接口，可以满足部品之间、部品与设备之间、部品与管线之间连接的通用性和互换性要求。

(3) 满足多元多层次标准化要求

居住功能的标准化，以厨卫模块化部品为基础，形成以标准设计系统化方法统筹考虑建筑标准套型；标准套型之间通过不同的排列组合形成楼栋，从而在有限的建筑面积内满足基本功能，同时达到良好居住品质，实现长久性功能优化。如上海绿地威廉公寓项目采用了标准化设计方式，以最简洁和合理的形式划分了结构模块，统一卫浴和厨房模块的形式和尺寸，形成套型模块进行多样化组合，如图3-60所示。

图3-60 上海绿地威廉公寓项目

(4) 采用标准化、定型化的部件部品

主体部件包括柱、梁、板、承重墙等受力部件，以及阳台、楼梯等其他结构构件，采用标准化装配式设计；内装部品如整体厨房、整体卫浴、整体收纳，以及装配式隔墙、装配式吊顶和楼地面部品等，采用标准化、模块化部品设计，如图3-61所示。

2. 鼓励集成化建造

发展装配式建筑的关键在于集成建造，只有将建筑结构体与装配式建筑内装体一体化集成为完整的建筑体系，才能体现工业化生产建造方式的优势，实现提高质量、提升效率、可持续建设的目的。集成建造应在建筑方案设计阶段进行整体技术策划，科学合理地确定建造目标与技术实施方案。

第 3 章 建筑空间设计

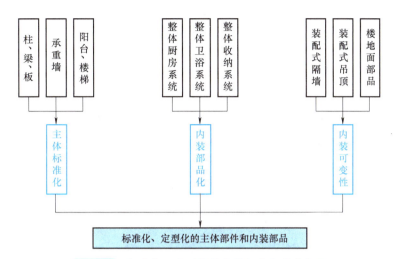

图 3-61 标准化、定型化的主体部件和内装部品

（1）建筑通用体系的使用

装配式建筑采用具有开放性的建筑通用体系是实现集成建造的基础。装配式建筑设计倡导改变传统设计建造方式，注重建筑结构体与建筑内装体、设备管线相分离，以及应用装配式内装技术集成。

（2）少规格多组合的设计

通过建造集成使体系通用化、建筑参数模数化和规格化、建筑单元定型化和系列化、部品部件标准化和通用化的实现，既便于组织生产、施工安装，又可以保证建筑整体质量，为使用者提供多样化的建筑产品。如苏州火车站项目通过菱形符号系统将屋面钢结构、内外装饰吊顶、照明、空调风口等构件整合为一体化的建筑语言表达，如图3-62所示。

图 3-62 苏州火车站项目

（3）满足安全耐久和通用性要求

选择合理的建筑结构体系，以集成建造为目标，优选装配式框架结构、装配式剪力墙结构、装配式框架-剪力墙结构等。主体部件柱、梁、板、承重墙等受力部件和阳台、楼梯等

其他结构构件在装配式建筑中做到通用化、标准化。

（4）满足易维护和互换性要求

建筑内整体装配化施工的集成建造应在满足易维护要求的基础上，具有互换性，包括年限互换、材料互换、式样互换、安装互换等。内装部品包括整体厨房、整体卫浴、整体收纳等模块化部品，以及装配式隔墙、吊顶和楼地面等集成化部品。整体浴室分解图如图3-63所示。实现内装部品互换的主要条件是确定部品的尺寸和边界条件。

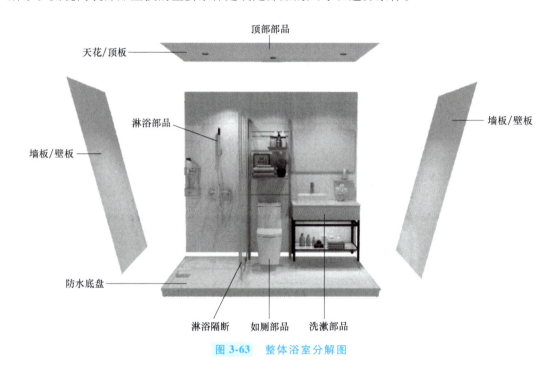

图3-63　整体浴室分解图

3.4　建筑空间环境设计

3.4.1　提升室内环境品质

重视室内环境的健康性、舒适性，通过提升风、光、热、声、空气品质等环境质量，防止眩光、噪声等干扰，达到健康和舒适的目的。

（1）设定窗地面积比下限，保证自然采光

居住类建筑的卧室、起居室应合理设计窗户，窗洞口离地面高度不宜过低，窗地面积比不宜太小，在平衡室内热工环境的前提下，适当增加外立面开窗或透光面比例。

（2）利用主动式采光装置，引入自然光线

主动式采光装置包括高反射内壁导光管、吊顶导光板、聚光装置、光导纤维等。利用主动式采光装置可优化日光使用。室内黑房间可使用高反射内壁导光管，大进深房间（指外墙到外墙超过14m的房间）可采用吊顶导光板将光线导入室内。

（3）通过遮阳和调光控制，防止室内眩光

公共建筑采光窗根据朝向设置遮阳系统，人工照明随自然光照度变化自动调节，不仅可以保证良好的光环境，避免室内产生过高的明暗亮度对比，还能在较大程度上降低照明能耗。国家体育场开创性地使用了双侧膜包裹钢结构覆盖看台区，上层采用PTFE（聚四氟乙烯）玻璃纤维结构用来防止雨水下漏至看台，下层ETFE（乙烯-四氯乙烯共聚物）对直射的太阳光线形成过滤，避免钢结构杆件阴影投射到看台场地，如图3-64所示。

（4）控制通风开口与房间面积比，保证自然通风

居住建筑获得足够的自然通风与通风开口面积大小密切相关，居住类建筑的卧室、起居室的通风开口面积与房间地板面积的比例不宜太小。夏热冬冷和夏热冬暖地区具有良好的自然通风条件，这一比例应适当提高。

图 3-64　国家体育场

（5）采用有效的构造措施，加强自然通风

采用导风墙、捕风窗、拔风井、太阳能拔风道等诱导气流的措施，加强建筑内部的自然通风。设有中庭的建筑宜在适宜季节利用烟囱效应引导热压通风。高层住宅可设置通风器，有组织地引导自然通风。

（6）面对冬季主导风向，合理设计入口

严寒及寒冷地区，建筑入口的朝向应避开当地冬季的主导风向，以减少冷风渗透。在满足功能要求的基础上，根据建筑物周围风速分布布置建筑入口，从而减少建筑的冷风渗透，减少建筑能耗。从节能角度讲，严寒地区建筑入口设计主要注意采取防止冷风渗透及保温措施。

1）设门斗：门斗可以改善入口处的热工环境，如图3-65所示。首先，门斗本身形成室内外的过渡空间，其墙体与其空间具有很好的保温功能。其次，它能避免冷风直接吹入室内，减少风压作用下形成空气流动而损失的热量，由于门斗的设置大大减弱了风力，门斗外门的位置与开启方向对于气流的流动有很大的影响（图3-65b）。

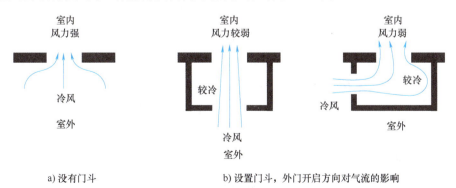

a) 没有门斗　　　　　b) 设置门斗，外门开启方向对气流的影响

图 3-65　外门的位置对入口热工环境的影响与气流的关系

此外，门的开启方向与风的流向角度不同，所起的作用也不相同。例如，当风的流向与门扇的方向平行时，具有导风作用；当风的流向与门扇的方向垂直或成一定角度时，具有挡风作用，并以垂直时的挡风作用为最大，如图3-66所示。因此，设计门斗时应根据当地冬季主导风向，确定外门在门斗中的位置和朝向以及外门的开启方向，以达到使冷风渗透最小的目的。

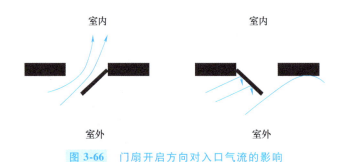

图3-66　门扇开启方向对入口气流的影响

2）设置挡风门廊（图3-67）：挡风门廊适于冬季主导风向与入口成一定角度的建筑，其角度越小效果越好。

3）在风速大的区域以及建筑的迎风面，建筑应做好防止冷风渗透的措施。例如，在迎风面上应尽量少开门窗和严格控制窗墙面积比，以防止冷风通过门窗口或其他孔隙进入室内，形成冷风渗透。

（7）合理进行功能布局，减少噪声干扰

结合使用功能布局进行动静分区，提高门窗和噪声敏感房间的墙体隔声性能，减少噪声干扰。

（8）选用绿色建材，避免有害物质排放

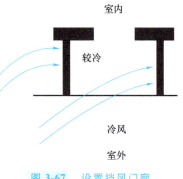

图3-67　设置挡风门廊

选用的装饰装修材料满足国家现行绿色产品评价标准中对有害物质限量的要求。室内土建装饰材料，如内墙涂覆材料、木器漆、地坪涂料、壁纸、陶瓷砖、卫生瓷砖、人造板和木质地板、防水涂料、密封胶、家具等产品，应满足国家绿色产品系列标准。

（9）设置空气净化及质量监控系统，提高空气质量

对于室外环境污染严重地区，宜设置空气净化系统，并对室内空气质量进行监控。安装监控系统的建筑，系统至少对PM_{10}、$PM_{2.5}$、CO_2分别进行定时连续测量、显示、记录和数据传输，监测系统对污染物浓度的读数时间间隔不得长于10min。当监测的空气质量偏离理想阈值时，系统应做出警示，建筑管理方应对可能影响这些指标的系统做出及时调试或调整。

3.4.2　营造自然生态空间

将有限的空间环境融入自然景观，穿插室外生态庭院，或模糊建筑物与自然的边界，或营造室内绿植空间。以人为本，充分尊重使用者的生理、心理及精神需求，主张人与自然的

和谐共生。同时，自然空间也调蓄着空间的自然性，形成天然的采光、通风、视景。

（1）灵活布置室外生态庭院

庭院空间是室外空间的调和与补充，是室内空间的延伸与扩展，是整个建筑空间的一个有机组成部分。根据建筑功能的动静分区和交通节点、公共区域的设置，穿插设计室外生态庭院；围绕建筑流线间断或连续布置室外生态庭院，缓解单一视觉环境，缩短使用者的心理行走距离；优化室内采光效果的同时，将自然景观引入室内，如图3-68所示。

图 3-68　室外庭院

（2）增强室内外空间联系

创造合适的室内外空间联系。特别是在全年气候适宜区，利用空间渗透手法融合建筑布局增强室内外视野的连续性。空间渗透是将建筑形态处理成有层次的凹凸推进，建筑伸入环境的同时，环境也渗透进建筑，使建筑形态不拘泥于机械建筑边界。

（3）利用中庭营造室内庭院

当建设用地处于冬季寒冷或严寒地区，无法提供全年舒适的室外环境时，建筑设计宜利用中庭营造室内庭院（图3-69），形成具有位于建筑内部的"室外空间"，建立一种与外部空间既隔离又融合的特有形式，可令使用者在气候恶劣时足不出户也可感受人与自然的交融；可以利用采光顶、阳光房等设计减少对能源的依赖。建筑内部设置采光中庭，可引入自然光线，并保证活动休憩空间的舒适度。

（4）利用绿植营造生态空间

利用开放空间的大面积、大体量优势，结合绿色植物改善建筑物内部微环境，建造室内生态系统。可利用平面及立面，从整体到细节，选择适宜栽培的绿色植物种类，配合采光天窗等设施或半室外环境促进植物光合作用，提供有机富氧空间，优化视觉效果，对降噪、隔声、改善局部温湿度都有作用。如中信金陵酒店客房外的阳台上方设连续的格栅，为爬藤植物提供攀爬条件，如图3-70所示。

（5）利用屋面和平台营造空中花园

在建筑中可以利用屋顶和各层平台营造空中花园，为人们提供自然空间环境。如浦东新区青少年活动中心和群众艺术馆（图3-71）设计了一个多层交互的屋顶和平台聚落系统，每块平台有24~30m长，用8m×8m的钢结构柱网支撑。平台上自由分布着各种规模的盒体，包括剧场、展厅、文体活动室、咖啡厅、餐厅及庭院等。

图 3-69　利用中庭营造室内庭院

图 3-70　中信金陵酒店利用阳台种植爬藤植物

图 3-71　浦东新区青少年活动中心和群众艺术馆

高层建筑的空中花园之间的竖向楼层间隔宜控制在 6 层以内，便于相邻楼层人员使用；空中花园的设计并不局限于景观庭院，还可以扩展为屋顶菜园、运动场地等多种形式。如阿姆斯特丹大型 CBD 综合体 Valley 建筑中含有 196 间公寓，7 层办公，一个有 375 个车位的三层地下停车场以及各种各样的零售和文化设施。从地面层开始，一条人行道穿过商区、露台和屋顶花园，一直延伸到位于四五层楼高度、被中央塔楼环绕的中央谷区，一年四季都绿意盎然，如图 3-72 所示。

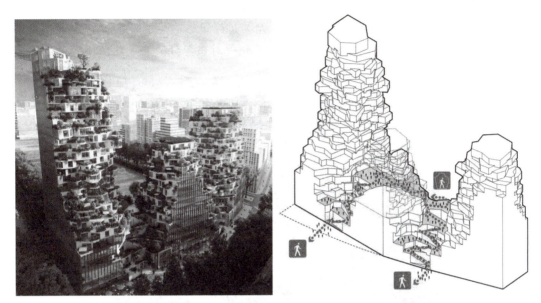

图 3-72　阿姆斯特丹大型 CBD 综合体 Valley

3.4.3　增加健康行为空间

增加室外、半室外的交通空间，设置适宜的室外活动空间，鼓励室外活动，不仅可以减少人们对能源的依赖程度，还可以促进人的身心健康。

（1）提供半室外交通空间

自然环境能够给人们带来身心愉悦，能更加高效地缓解人们的压力，快速地恢复精力。因此，在气候适宜地区应尽可能增加檐廊、连续雨篷、架空层等可遮风避雨的半室外空间供人行走，增加与自然全天候接触的机会，如图 3-73 所示。

图 3-73　德阳奥林匹克后备人才学校半室外空间

（2）提供室外公共交流空间

充分利用平屋顶、檐廊、露台或中庭打造交流空间，特别是不需要暖通空调参与的室外公共空间。檐廊、雨篷等构件既能防止（炎热地区）夏日阳光直接进入室内，又能提供室外遮阳的活动区。屋顶、露台等空间给人们（尤其是建筑较高层的使用者）提供了难得的室外空间，如图3-74所示。通过鼓励室外空间，减少对布置分散、人均使用率低的固定场所的使用。

图3-74　屋顶、露台等提供室外空间

如新加坡滨海盛景是一个国际化的居住和办公综合体，这座高密度的多功能综合体由四座高层建筑组成，其内部包含一个扩展至多层的公共空间，即"绿色之心"。"绿色之心"种植着超过350种不同的树木和植物。另外还有多种类型的动物在此栖居。参照热带雨林中自然气候的垂直分层，景观设计师模拟出了一个绿色的山谷，使其气候根据层级发生变化。以亚洲常见的水稻梯田为灵感，由四栋建筑围合起来的中央地带呈现出多层次的立体效果，展现出热带风情的多样性，营造出一个全新的生态（图3-75）。

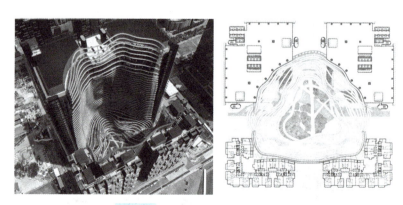

图3-75　新加坡滨海盛景屋顶空间

（3）提高楼梯坡道的辨识度

缩短楼梯至建筑出入口的距离，楼梯尽可能靠电梯设置，设计带有趣味性、参与性的楼梯和坡道，吸引并鼓励人们（尤其是低楼层的使用者）尽可能使用楼梯和坡道，通过增加楼梯坡道的使用率，减少电梯的使用，来引导健康交通方式。

（4）提升交通空间的舒适度

增加垂直交通空间（如楼梯、坡道等）自然通风、自然采光和景观视野的可能性，提升人员使用交通的舒适度体验，同时可以减少机械通风和人工照明所带来的能源消耗。水平交通空间是使用率较高的场所，通过透明边界将室外景观引入室内，营造半室外的空间氛围。将传统意义的室内交通走廊设计为半室外檐廊（图3-76），灰空间依靠热压获得良好的通风效果，并通过沿途设置多层次绿植获得连续的景观体验。

图 3-76　半室外檐廊

（5）设置休闲健身空间

办公空间或人员长期停留的公共场所应设置专门的健身空间，且应具备一定的面积，空间要求宜满足长期使用人员人均 $0.1m^2$、总面积不小于 $20m^2$。该场所宜直通室外或可获得自然通风、直接采光、景观视野等物理性能和心理需求；配备相应面积的室外活动场地，并结合景观等设置；配备健身器材存放场地。

（6）设置非机动车停放点

提高非机动车的使用率，降低机动车的使用率，通过鼓励运动的方式提高公众的身体健康。建议非机动车停车位至少满足5%的使用者数量，并配比设计淋浴间、更衣间、储物柜（建议每100个车位设置1个淋浴头）。鼓励非机动车（尤其是共享单车）的使用。此类空间宜设置在建筑主入口处或距离主入口200m范围内。

3.4.4　创造良好视觉空间

建立视觉通廊的前提是存在或拟建立良好的"视点"与"景点"关系，两点之间不存在超过视线要求高度的障碍以实现良好的视觉沟通，保持视觉通畅，带来美学体验，避免形成墙壁效应。另外，在保证使用者隐私的前提下，尽可能地为使用者提供方便，从卫生、便捷、生理、心理等多角度进行设计。

（1）借助景观创造视线通廊

当建筑处于景观连线上时，在建筑体块上开口，以连通两侧景观要素或视线节点，或者因建筑可能形成阻挡而切削建筑体量，即可形成视线通廊。充分利用景观资源，照顾每一个使用者的视觉感受。在医院病房楼，一床一窗的设计可以为每位住院患者带来相同的景观资源，改善心理感受。如新加坡黄廷芳医院护理单元（图3-77）根据病床摆放角度确定外立面节点朝向，确保每个床位均拥有室外景观视野。

（2）确定舒适的窗口栏杆位置，避免视线遮挡

建筑应考虑使用者站姿和坐姿眼高视线可达范围内，避免窗框、护窗栏杆的遮挡；幼教类建筑应针对幼儿目高位置适当降低窗台及观察洞口高度；中庭及观演看台等大型空间内的视野、视线可达范围内，应配合美学设计，无论是坐姿还是站姿，均不可被栏杆或扶手等遮挡视线。

（3）借助色彩设计，关爱视觉及心理体验

通过色彩设计对建筑空间形体块面的层次和轮廓做弱化及强调处理，会给使用者带来不同的视觉及心理感受，消除视觉干扰，减少视觉疲劳。

（4）借助视线干扰设计，保证私密性

私密性设计作为室内设计的重要组成部分之一，在室内空间美化、突出空间个性、保护使用者心理安全感等方面发挥着重要作用。有私密性

图3-77　新加坡黄廷芳医院护理单元

要求的功能房间应注意防止视线通达，保证隐私。例如，机场、火车站等公共交通站场，医院等公共建筑，在不设置门的公共卫生间入口运用迷路设计手法。

3.4.5　设置人性化设施

从人的行为路径、活动的高效便捷和安全可靠性等方面考虑，从全年龄段人群的需求和感受出发，应注重精细化设计，布置人性化设施，使人有更多的获得感。

（1）设置缘石坡道、轮椅坡道、盲道等辅助设施

室外公共活动场地及道路应满足人性化设计要求。对场地道路及路线进行合理规划，考虑使用者的通行需求，对场地辅助设施（缘石坡道、轮椅坡道、盲道、人行横道等）位置、尺寸进行设计；场地高差通过坡地地形或设置轮椅坡道解决。商丘博物馆设计将游客进入博物馆的主要路径通过地形连桥自然抬起，确保残障人群无障碍进入场馆的同时，让坡道与建筑形式语言浑然一体，如图3-78所示。

（2）设置母婴室、医疗救护站、无性别卫生间等人性化设施

公共建筑内应考虑特殊人群的使用需求，提供私密空间和设施配备。设立母婴室，为哺乳期或孕产妇提供休息空间，注重建筑色彩对环境的影响，营造室内温馨环境；设置一定数量的无性别卫生间，考虑不同性别的家庭成员外出时，为行动无法自理、如厕不便的人提供服务。

图 3-78　商丘博物馆（二）

（3）公共区域设置休息座椅，方便人群休憩

考虑到使用者行走疲劳，公共活动区域应根据使用人数设置一定数量的休息座椅，建议间隔 50~100m，休息座椅旁设置轮椅存放区域。王府井商业街改造工程，根据王府井街区的人员停留密度设置公共休憩座椅，座椅形状以六边形作为单元母题，并衍生出绿化种植槽、遮阳伞等元素，提升城市街区友好度，如图 3-79 所示。

图 3-79　王府井商业街改造工程

（4）设置无障碍电梯、无障碍卫生间等辅助设施

合理规划室内流线，连接各主要功能空间；为行动不便和提重物的人群设置无障碍电梯，满足使用者的移动和操作需求；无障碍卫生间提供方便使用者起身、移动和施力的空间布局及设施。

（5）采用凸出器具嵌入墙体布置，减少通道行进的磕绊风险

为保证使用者的通行安全，消除行进磕绊风险，通道路面上的标志物、报纸架、自动饮水机及垃圾桶等设施，采用嵌入墙体式或放置在通道外。

（6）公共区域采取"适老益童"的设计措施

公共建筑室内外公众可达的公共区域，尤其是老年人、幼儿可达的区域，避免粗糙墙面，墙柱阳角采用圆角设计或增加护角，防止尖角对使用者造成伤害；在使用者触手可及的位置设置安全抓杆或扶手，扶手的形式、材质、色彩及安装应符合相关设计规范。

（7）将标识系统与建筑空间一体化考虑

标识系统需紧密结合建筑空间特点，从环境色彩、尺度等方面考虑标识类型、材质及配色。在公共区域的出入口和行进路线转向处，结合建筑空间造型设置引导标识，为使用者提供安全、便捷的导向信息；考虑标识系统的可辨识度、标识决策点的位置合理性、线路的连贯性等，体现人性化的关怀；对建筑室内外的危险区域，设置必要的警示标识。

思 考 题

1. 简述绿色低碳建筑的设计原则。
2. 请举例说明采用哪些形体设计手法可以更好地顺应地域气候条件。
3. 请举例说明采用哪些设计手法可以加强自然采光。
4. 请举例说明采用哪些设计手法可以促进自然通风。
5. 请阐述如何营建生态空间。
6. 列举绿色低碳建筑空间形态设计方法。
7. 列举绿色低碳建筑空间节能设计方法。
8. 列举绿色低碳建筑空间环境设计方法。

第4章 物理环境设计

本章聚焦绿色建筑的物理环境设计，系统阐述了风、光、声、热四大环境要素在绿色低碳建筑设计中的核心作用与设计策略，旨在培养学生对可持续环境营造的深入理解与实践能力。本章通过解析风环境设计以实现自然通风与节能，光环境设计强调高效利用自然光减少能耗，声环境设计确保室内舒适度与私密性，以及热环境设计利用被动式设计策略调节室内温湿度，共同构建了一个全面而细致的知识框架。设计要点部分则紧贴实际应用，提供了一系列科学指导原则与实用技巧，助力学生掌握如何在设计中平衡生态、经济与美学需求，推动绿色建筑领域的创新发展。

4.1 风环境设计

4.1.1 风环境设计基本概念

1. 风的类型

（1）风、季风、台风、龙卷风

风是由高气压的空气向低气压的空气流动而产生的结果。空气温度的不同导致了空气气压的高低变化。气温高，则空气膨胀，密度变低，此时的空气稀薄，空气的气压也较低；反之，气温低，则空气密度较高，气压也较高。由于空气受太阳辐射的多少不同以及空气对热量的吸收率的变化，导致气温的高低变化，从而形成了风。

季风是海陆温度不同引起气压差异而形成的风，随季节而变化。

台风属于一种热带气旋。海洋上，产生局部性的低压中心，周围的高气压空气以一种相近的速度向低气压中心辐射，从而形成力偶状态的气旋，其中心为一漏斗状垂直气柱的暴风眼。

龙卷风是热带气旋的一种，其范围很小，直径不超过1km。

（2）地形风、海陆风、山谷风

由于地形的起伏、各种地表材料对太阳辐射吸收率的差异、材料热容量的不同，产生各小区域之间的温差和各小区域之间的气压差，因而形成局部性的地形风。这种局部性的地形风虽然没有季风稳定，但是当季风不明显时（季风转换期），它却是影响建筑通风设计的主要因素。

海陆风是沿海洋和陆地交界的海岸，在白天风从海面吹向陆地，在夜晚风则由陆地吹至海面。

山谷风是由于山坡比山谷升降温快，夜间冷空气自山坡流向山谷，故也称为下坡风、下谷风、山风、日周期风等。由于这种局部风受温度的控制，而夜间温度也与云量有关，所以风速也按照云量的减少而增加。白天气流从山谷向山坡上吹，称为上谷风，此风随着太阳辐射的强度、山坡的坡度以及山坡的赤裸程度而变化。

（3）街巷风、中庭风

街巷风是在城市的住宅区内，由于局部的温差存在，也会产生局部的凉风。比如，十字街路、丁字路口比街内的升降温快，白天吹出口风，夜间吹入口风。如果建筑物错开排列，也可以得到街巷风。

中庭风是由于房屋周围比中庭升降温快，白天吹出庭风，夜晚吹入庭风。

2. 风的量化指标

（1）风向与风玫瑰图

风在给定方向上出现的频率通常用风向频率玫瑰图表示，即用 16 个或者 32 个方位表示风向，正北方向表示为 0，静风位于正中。在各方向线上，按频率大小截取相应的长度，再将截点连接成封闭折线图形，就得到风向频率玫瑰图（简称玫瑰图）。

（2）风速

空气在单位时间内所流过的距离称为风速。风速大小可用国际通用的蒲福（Beaufort）风力等级表来表示，把风速分为 17 个强度等级。

（3）风压

风压是指风垂直作用于物体上，所受到的最大风速时的压强，单位为 kN/m^2。风压常是建筑工程设计上计算风荷载的依据。

4.1.2 风环境研究方法

1. 风环境评估指标

通风的主要手段在于利用可感气流促使室内使用者感觉凉快，因此，可感气流的风量、风速和通风路径是设计上的主要评估指标。一般通风的评估方法有三种：气流路径、通风量、通风率。

（1）气流路径

气流路径，顾名思义，是指气流通过的路线。通过对通风路径的评估，有助于了解室内整体的通风状况。一般利用观察法判断，缺乏对流速分布的了解，因此目前多采用数字模拟方式来评价气流路径。由于各种建筑物的形态不同，会导致无法一一试验，只凭经验判断而无试验，其可靠度较低，同时，忽略气流速度来讨论路径会失去现实应用意义。

（2）通风量

一般情况下，通风量大，通风效果也较佳。但是在相同通风量的情况下，入口处的开口面积越大，所导致的风速越小，甚至室内感受不到风的存在。通风量的计算方法通常都以开口部位的合成来求换气量,这种计算方法并不适合用来评估通风效果,因为室内的隔墙、房间的位置、迎风房间和背风房间的开口位置、空间形态等均会影响到风速,无法客观反映气流的真实情况。

(3) 通风率

因为室内各点的风速分布不均,通风的评估无法一概而论。平均通风率虽然可以表示室内的通风性能,但是也有其缺点,因为我们所强调的只是室内测定点处的通风率。通风率以室内实际风速与室外风速的比值来反映室内环境风速情况是一种比较客观、实用的评价方法,并且其数值直观、直接,有较强的可操作性。

2. 风环境研究技术

(1) 实验室法——风洞模型试验法

风洞就是用来产生人造气流(人造风)的管道。在该管道中能造成一段气流均匀流动的区域,利用这一经过标定的流场,可以进行各种有关学科的科研活动。风洞种类繁多,按行业可分为航空风洞和工业风洞;按试验段气流速度大小,可分为低速、高速和高超声速风洞(表4-1);按回路形式可分为直流式、回流式;按运行时间可分为连续式、暂冲式。风洞是进行空气动力学试验的主要设备,可以将模型的试验结果根据相似理论运用于实物中。风洞的中心部件是试验段,试验段流场应模拟真实空气场,其气流品质(如均匀度、稳定度、湍流度)应达到一定指标。

表 4-1 风洞试验段气流速度分类

风洞类别	马赫数 Ma
低速风洞	0~0.3
亚声速风洞	0.3~0.8
跨声速风洞	0.8~1.4(或 1.2)
超声速风洞	1.5~5.0
高超声速风洞	5.0~10(或 12)
高焓高超声速风洞	>10(或 12)

风洞试验的主要优点:试验条件易于控制;各试验参数独立设定,不用附加耦合作用;静止模型,便于测定试验参数,精度较高;外界环境影响较小,试验进程较快;经济安全,效率可靠。其缺点是相似准则不满足的影响,支架干扰及边界效应问题,此类问题仍需加以解决。在建筑工程及大气污染研究中常用的是大气边界层风洞。在这种风洞中,试验段的气流并不是均匀的,从风洞底板向上,速度逐渐增加,模拟地表风的运动情况(称为大气边界层)。大气边界层风洞是工业风洞的一种,为低速风洞,回路形式有直流式和回流式。

直流式低速风洞(图4-1)一般由进气口、过渡段、稳定段、收缩段、试验段、扩散段、动力段、风动支撑、电动机支座等组成。在这种风洞中,动力段的风扇向右端鼓风而使空气从左端外界进入风洞的稳定段，这种形式为鼓风式，动力段也可置于试验段的右侧，这是吸风式。过渡段是为了保证试验段稳定的气动性能所设计的辅助结构。稳定段的蜂窝器和阻尼网使气流得到梳理然后由收缩段使气流得到加速而在试验段中形成流动方向一致、速度均匀的稳定气流。试验段是整个风洞的核心，长度应该是直径的1.5~2.5倍，在试验段中可进行大气边界层的模拟和模型的吹风试验，以取得作用在模型上的空气动力试验数据。扩散段的目的是减少气流速度，降低风洞耗能。这种风洞的气流速度是靠风扇的转速来控制的。直流式低速风洞造价低，但试验段气流品质受外界环境影响大，噪声大。

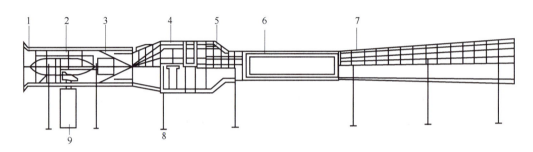

图 4-1 典型的直流式低速风洞主要组成

1—进气口 2—动力段 3—过渡段 4—稳定段 5—收缩段
6—试验段 7—扩散段 8—风动支撑 9—电动机支座

回流式低速风洞（图4-2）是在直流式低速风洞的基础上增加回流段，并使风洞首尾相接，形成封闭回路，使气流在风洞中循环流动，既节省能量，又不受外界的干扰。除了直流式低速风洞的主要组成外，回流式低速风洞还设有调压缝，通过补充空气达到调节风洞内压力的效果，此外，设置了导流片和整流装置，用于提高调节空气流的均匀度，使气流的剖面和紊流度达到实际要求。

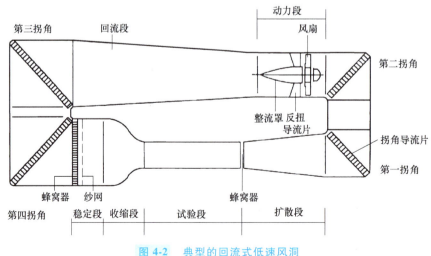

图 4-2 典型的回流式低速风洞

(2) 实验室法——示踪气体测量法

这类方法的基本原理都是通过向室内注入一定量的示踪气体，然后利用示踪气体的质量守恒方程来推求通风量。对于通风量逐时变化，以及通风路径不确定的场合，这种测量方法尤为重要。用于测定通风量的示踪气体需要满足下列条件：

1) 从安全角度讲，不能是易燃易爆气体。
2) 从测定者与居住者的健康角度讲，不能具有毒性。
3) 气体的密度要尽量接近空气密度（即相对分子质量大约为29），以便易与空气混合。
4) 气体要不被室内的家具或其他设备吸收，不会与空气中的成分发生化学反应。
5) 要易于测量，特别是在低浓度的情况下。
6) 室外气体浓度要较低且波动很小。
7) 价格要相对便宜。

(3) 实验室法——热浮力试验模型

通过加热产生介质流动或者预设浓度差导致介质流动来模拟空气流动，一般采用的介质有空气、水、盐水或气泡等。这种方法的缺点是不能模拟建筑热特性对自然通风的影响。

(4) 数值模拟法——计算流体力学（CFD）

一般的研究方法中都是假定室内空气为匀质分布，每一点的温度与气流速度都被假定成是一样的，这与现实情况并不相符。这种简单假设的计算结果使室内人员活动区的实际空气质量与计算或者预测结果存在较大差距。CFD方法是将房间用空间网格划分成无数很小的立体单元，然后对每个单元进行计算，只要单元体划分得足够小，就可以认为计算值代表整个房间内的空气分布情况。从理论上讲，CFD模拟能确定流场中任意时刻任意点的气压、风速、温度以及气密度等指标，并跟踪其变化。前人的研究证明，CFD方法的误差较小，是目前较为精准的一种通风研究方法。基于其相对准确的模拟，可以在设计阶段预测建筑内部的通风以及温度分布情况，从而知晓自然通风系统能否适用以及在什么情况下适用。另外，还可以有效地进行多方案比较，优化设计方案的通风效率或节能性。基于CFD的气流分析软件有FLUENT、Star-CD、PHOENICS、CFX等。

(5) 数值模拟法——多区域模型法

假定各个房间内空气的特征参数是均匀分布的，就可以将房间看成一个节点，将窗户门、洞口等看成连接。这样的模型比较简单，它可以宏观地预测整个建筑的通风量，但是不能提供房间内的详细温度与气流分布信息。该方法是利用伯努利方程求解开口两侧的压差，根据压差与流量的关系求出流量。由于误差较大，它适用于预测每个房间参数分布较均匀的多区建筑的通风量，不适合预测建筑内部详细的气流信息。

(6) 数值模拟法——区域模型法

区域模型法与多区域模型法有类似的地方，但是比多区域模型法更复杂一些。多区域模型法由于过分简化系统而产生很大误差，尤其是当房间内部空气分布呈明显分层时。区域模型法就针对这一情况，在定性分析的基础上把房间划分成一些子区域，每个子区域内的空气分布特征是匀质的，子区域之间存在热质交换，建立质量和能量守恒方程。该方法比多区域模型法更精确，但比CFD方法简单。有一些专门气流分析软件都是以这种模型为基础，如CONTAMW。

4.1.3 室内自然通风设计方法

1. 通风的概念

通风与换气在物理学范畴内含义相同，但是在建筑风环境研究中，它们却是两个不同的概念。通风本身无法降低温度，通风的目的在于利用气流直接吹到人体上，以便在湿热的气候下，通过蒸发作用，加大人体的散热量；换气的目的在于确保室内空气的卫生状况，将新鲜空气导入室内，将不良的空气排到室外，控制室内 CO_2 和其他有害气体的含量。一般情况下，通风含有换气的意思，室外空气质量正常的话，通风良好的室内，其空气必定满足人体的健康要求。但是通风必须是在有感风速的情况下进行，而换气则无此要求。

通风是湿热气候地区夏季为达到舒适室内环境所经常采用的主要手法。在我国的华南、华东等地区，夏季不但长，而且湿热，在建筑设计时，要充分考虑到建筑的开洞，以便利用通风，将夏季的微风导入室内的生活工作区域，促进人体的散热把多余的热和湿气带出室外。然而在冬天寒冷的气候下，室内的换气则应该尽量避免寒风对人体的侵袭，否则寒风会造成人体的不适。

有些通风虽然与人体没有直接关系，比如为了防湿目的，在地板下面进行通风，对壁橱内外进行通风；为了隔热的目的，建筑阁楼的通风，屋顶架空层的通风，其作用对象主要是建筑物和物品，但是如果没有考虑到通过通风来除湿或者隔热的话，其造成的后果也会严重妨碍使用和影响到人体的舒适，所以建筑师对此也不应该忽视。

2. 自然通风基本方式

空气的流动必须有动力。利用机械能驱动空气流动，称为机械通风；利用自然因素形成的空气流动，称作自然通风。建筑物中的自然通风，关键在于室内外存在压差。形成空气压差的原因：一是热压作用；二是风压作用。

（1）热压作用

空气受热后温度升高，密度减小。相反，若空气温度降低，则密度增大。这样当室内气温高于室外气温时，室外空气因为较重而通过建筑物下部的门窗流入室内，并将室内较轻的空气从上部的窗户排除出去。进入室内的空气被加热后，又变轻上升，被新流入的室外空气所替代而排出。因此，室内空气形成自下而上的流动。这种现象因温差而形成，通常称为热压作用。热压的大小取决于室内外空气温差所导致的空气密度差和进出气口的高度差（图 4-3）。热压的计算公式为

$$\Delta P = H(\rho_e - \rho_i) \tag{4-1}$$

式中　ΔP——热压（kg/m^2）；

　　　H——进排风口中心线的垂直距离（m）；

　　　ρ_e——室外空气密度（kg/m^3）；

　　　ρ_i——室内空气密度（kg/m^3）。

由式（4-1）可见，要形成热压，建筑物的进排风口一定要有高差，热压的大小和高差成正比；此外，室内外空气存在温差，从而因温度的不同形成密度差，热压和密度差成正比。这两个条件缺一不可。

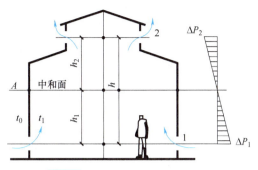

图 4-3　热压作用下的自然通风

（2）风压作用

风压作用是风作用在建筑物上产生的压差。当自然界的风吹到建筑物上时，在迎风面上，由于空气流动受阻，速度减小，使风的部分动能转变为静压，也即建筑物的迎风面上的压力大于大气压，形成正压区。在建筑物的背面、屋顶和两侧，由于气流的旋绕，这些面上的压力小于大气压，形成负压区。如果在建筑的正、负压区都设有门窗口，气流就先从正压区流向室内，再从室内流向负压区，形成室内空气的流动。风压的计算公式为

$$P = kv^2 \rho_e / 2g \tag{4-2}$$

式中　P——风压（kg/m²）；

　　　v——风速（m/s）；

　　　ρ_e——室外空气密度（kg/m³）；

　　　g——重力加速度（m/s²）；

　　　k——空气动力系数。

显然，形成风压的关键因素是室外风速，确切地说，是作用到建筑物的风速。而且，风压值与其风速的二次方成正比。

上述两种自然通风的动力因素对各建筑物的影响是不同的，甚至随着地区和地形的不同、建筑物的布局和周边环境状况的差异、室内使用情况等产生很大的差异。比如，工厂的热车间，常常有稳定的热压可以利用；沿海地区的建筑物，往往风压值较大，因此房间通风良好。在一般的民用建筑物中，室内外的温差不大，进排气的高度相近，难以形成有效的热压，主要依靠风压组织自然通风；如果室外的风速较小，或者没有风时，建筑物内部的通风将难以通畅。因此，建筑师要善于利用自然通风原理，合理进行建筑物的总体布局和建筑物开口的设计，并采取必要的技术措施，形成诱导通风，使通风成为改善室内热环境的有利因素。

诱导通风是指通过建筑设计的方法，采用一定的技术手段，来改变现实环境中各气候要素对建筑的影响，如改变热压差和风压差，以改善自然通风。

3. 洞口与室内通风

（1）洞口位置与室内通风

夏季通风的主要手法是将室外的自然风引入室内，到达人体的作业空间，并且能够保证

适当的风速,以此提高室内的舒适度。开窗的位置无论在平面上还是在立面上均会影响室内气流的路径。现在以 Robent H. Reed 的试验结果对此加以说明。

图 4-4 为风吹到一面密闭墙面的状况,图中的深色区域为迎风墙面的正压区,气流先在两侧墙角处与墙体剥离,再流到建筑物的后面,经过反压点后,气流恢复到原来的气流状态,并且在房屋后面、反压点之内的范围内形成负压区。图 4-5 为风吹到一面中央设窗的墙体时的状况,这时原有的正压区一分为二,但是房间无出气口,所以室内的空气很快达到饱和,随后恢复到原有的正压状态。因没有出气口,房间内并没有明显的通风行为,只有在外部风压发生变换时,为平衡气压,室内的空气才会发生换气行为。

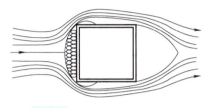

图 4-4　风吹到一面密闭墙面

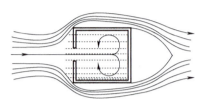

图 4-5　风吹到一面中央设窗的墙

如果在下侧墙开窗,则通风行为随即产生,如图 4-6 所示。这时,若将进气窗上移,那么迎风墙的两部分气压不等,下半部墙的部分气流正压较上部大,会把气流挤向室内的右上角,最终的结果是气流的路径比图 4-7 所示的要长。由此可以看出,后者的通风效率高于前者。在此基础上,倘若在进气窗的下侧加设挡风板(或者垂直遮阳板),则下侧的正压气流不会对引入气流造成挤压,只剩下迎风墙上部的正压气流,其结果是入侵气流从进气窗处直接流向出气窗,如图 4-8 所示,这种情况的通风路径最短,通风效果当然也是最差的。

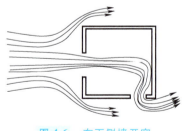

图 4-6　在下侧墙开窗

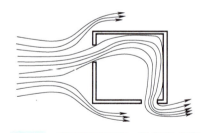

图 4-7　在下侧墙开窗,进气窗上移

通过上面的通风结果可以发现,正压区气流挤压状况由迎风面墙体进气窗两侧实墙的大小决定,而与出气窗无关。这种状况在立面上也一样。当在剖面上开窗偏低时,气流受上面实墙气流正压力的挤压,迫使进入室内的气流偏下吹入,一直流至室内后墙,再沿着后墙上升,通过出气窗流到室外,如图 4-9 所示;而图 4-10 中的状况恰恰与之相反,入气窗的位置相对外墙而言偏高,致使下侧墙面

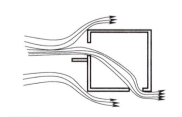

图 4-8　进气窗的下侧加设挡风板

的正压气流将进入室内的气流向上方挤压,迫使气流向上流至顶棚,并沿着顶棚流到出气窗而后流到室外。图 4-11 的情况则如图 4-9 所示,这也再次说明气流路径的偏向与出气口无关,而是由迎风面墙体进气口的位置决定。如果如图 4-12~图 4-14 所示在窗前加设水平遮阳板,窗上侧的气流压力因为遮阳板隔断而不会作用于入室的气流上,气流仅发生窗下侧的挤压作用,这样入室气流也是向上吹至顶棚,并沿顶棚到达后墙,再通过窗流到室外,这种通风情况因为气流没有流经作业区域,对人体没有帮助,应该予以避免。

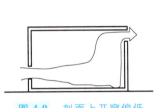

图 4-9　剖面上开窗偏低

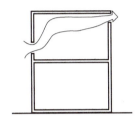

图 4-10　入气窗的位置相对外墙偏高

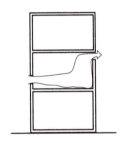

图 4-11　气流路径的偏向与出气口无关

图 4-12　窗前设水平遮阳板+对向高窗

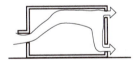

图 4-13　窗前设水平遮阳板+对向高窗、低窗

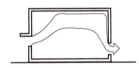

图 4-14　窗前设水平遮阳板+对向低窗

(2) 洞口形式与室内通风

窗户的形式也会影响气流的流向。当采用图 4-15 所示的悬窗形式时,会迫使气流上吹至顶棚,不利于夏季的通风要求,因此,除非是作为换气之用的高窗外,不宜在夏季采用这种类型的窗户。窗扇的开启形式不仅有导风的作用,还有挡风的作用,设

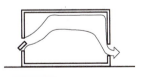

图 4-15　悬窗与通风

计时要选用合理的窗户形式。比如,一般的平开窗通常向外开启 90°,这种开启方式的窗,当风向的入射角较大时,会将风阻挡在外,如果增大开启的角度,则可有效地引导气流。此外,落地长窗、漏窗、漏空窗台等通风构件有利于降低气流的高度,增大人体的受风面,在炎热地区是常见的构造措施。还有百叶窗、百叶遮阳板,对风均有积极的引导作用,在使用时,要特别注意其导向作用和室内的需求是否一致。

(3) 洞口面积与室内通风

夏季通风，室内所需气流的速度为 0.5~1.5m/s，下限为人体在夏季可感气流的最低值，上限为室内作业的最高值（非纸面作业的室内环境不受此限制）。一般夏季户外平均风速为3m/s，室内所需风速是室外风速的17%~50%。但是在建筑密度较高的区域，室外平均风速往往为1m/s左右，是室内要求风速的1~2倍。所以开窗除了换气的作用之外，更要确保室内的气流达到一定的风速。房间开口尺寸的大小直接影响风速和进气量。开口大，则气流场较大。缩小开口面积，流速虽然相对增加，但是气流场缩小。因此开口大小与通风效率之间并不存在正比关系。根据测定，当开口宽度为开间宽度的1/3~2/3、开口面积为地板面积的15%~20%时，通风效率最佳。

4.2 光环境设计

4.2.1 光环境设计基本概念

1. 光的度量单位

（1）光通量

光源向周围辐射电磁波，其表面上微小面积 d 在单位时间内向所有方向辐射的能量，称为该微小面积的辐射通量，单位为 W。光的辐射通量只表示光源微小面积的辐射功率大小，但不反映这些能量所引起的主观视觉。

人眼对不同波长的电磁波具有不同的灵敏度。因此，不能直接用光源的辐射功率或辐射通量来衡量光能，必须采用以人眼对光的感觉量为基准的基本量——光通量来衡量。光通量常用符号 Φ 来表示，单位 lm。单色光光通量关系式为

$$\Phi_\lambda = K_m \Phi_{e,\lambda} V(\lambda) \tag{4-3}$$

光源所发出的光由多种波长光组成，其光通量为各单色光的总和，即

$$\Phi = \int \Phi_\lambda d\lambda = K_m \int \Phi_{e,\lambda} V(\lambda) d\lambda \tag{4-4}$$

式中　Φ——光通量（lm）；

$\Phi_{e,\lambda}$——波长为 λ 的单色辐射通量（W）；

$V(\lambda)$——CIE 光谱光视效率，查光谱光视效能曲线图；

K_m——最大光谱光视效能，在明视觉时为683lm/W。

（2）发光强度

不同光源发出的光通量在空间的分布是不同的。例如，吊在桌上方的一个100W白炽灯，发出1250lm光通量，但是否用灯罩，投射到桌面的光线就不一样。加了灯罩后，将往上的光向下反射，使得向下的光通量增加，因此会感到桌面上亮一些。这说明只知道光源发出的光通量还不够，还需要了解光通量在空间中的分布状况，用发光强度表示。发光强度是指光通量的空间密度，用符号 I 表示。

一空心球体，球面上 $abcd$ 所形成的面 A 对球心形成的角称为立体角，用 Ω 表示。它以 A 的面积和球的半径 r 的二次方之比来度量，即

$$\Omega = \frac{A}{r^2} \tag{4-5}$$

假设点光源在某方向上无限小的立体角 dΩ 内发出的光通量为 dΦ，则该方向上的发光强度为

$$I_\alpha = \frac{\mathrm{d}\Phi}{\mathrm{d}\Omega} \tag{4-6}$$

在这一方向上的发光强度平均值为

$$I = \frac{\Phi}{\Omega} \tag{4-7}$$

发光强度的单位为坎德拉（cd），它表示光源在 1 球面度立体角内均匀发出 1lm 的光通量。1cd = 1lm/1sr。

（3）照度

对于被照面而言，常用落在其单位面积上的光通量多少来衡量它被照射的程度，这就是常用的照度，用符号 E 表示。它表示被照面上的光通量密度。设无限小的被照面积 dA 接受的光通量为 dΦ，则该点处的照度 E 为

$$E = \frac{\mathrm{d}\Phi}{\mathrm{d}A} \tag{4-8}$$

当光通量中均匀分布在被照表面 A 上时，则此被照面的照度为

$$E = \frac{\Phi}{A} \tag{4-9}$$

照度的常用单位为勒克斯（lx），它等于 1lm 的光通量均匀分布在 1m² 的被照面上。

（4）亮度

亮度（L_α）是发光体在视线方向上单位投影面积发出的发光强度。其物理意义为光源或者反射表面所在区域所能表现的明亮程度。视网膜上物像的照度和发光体在视线方向的投影面 $A\cos\alpha$ 成反比，与发光体在视线方向的发光强度 I_α 成正比，可表示为

$$L_\alpha = \frac{I_\alpha}{A\cos\alpha} \tag{4-10}$$

由于物体表面亮度在各个方向不一定相同，因此常在亮度符号的右下角注明角度 α，它表示与发光表面法线成 α 角方向上的亮度。亮度的常用单位为坎德拉每平方米（cd/m²），它等于 1m² 表面上，沿法线方向（$\alpha = 0$）发出 1cd 的发光强度。

亮度反映物体表面明亮程度，而人们主观所感受到的物体明亮程度，除了与物体表面亮度有关外，还与所处环境的明暗程度有关。为了区别这两种不同的亮度概念，常常将前者称为物理亮度（或称为亮度），将后者称为表观亮度（或称为明亮度）。

2. 光气候

光气候是指当地的室外照度状况以及影响其变化的气象因素的总和。我国幅员辽阔，各地光气候差异较大，了解和掌握必要的光气候知识是完成自然采光设计所必需的。

（1）自然光的组成

1）太阳直射光。由于地球与太阳相距很远，故可认为太阳光是平行地射到地球上。太

阳光穿过大气层时，一部分透射到地面，称为太阳直射光。它在地面上形成的照度大，并具有一定方向，在被照射物体的背后形成明显的阴影。

2）天空扩散光。除了直接射到地面的太阳光，其余光线经大气层中的空气分子、灰尘、水蒸气等微粒的多次反射，使天空具有一定亮度，形成天空扩散光。它在地面上形成的照度较低，没有一定方向，不能形成阴影。

3）地面反射光。太阳直射光和天空扩散光射到地面后，经地面反射，并在地面与天空之间发生多次反射，使地面的照度和天空的亮度都有所增加，这部分称为地面反射光。在采光计算时，除地面被白雪或白砂覆盖的情况外，可不考虑地面反射光对室内采光的影响。由此可认为，全云天时，室外自然光只有天空扩散光；晴天时，室外自然光由太阳直射光和天空扩散光两部分组成。这两部分光在总照度中的比例随着天空中的云量和云是否将太阳遮住而改变。太阳直射光在总照度中的比例由无云天时的90%到全云天时的零；天空扩散光则相反，在总照度中的比例由无云天的10%到全云天的100%。随着两种光线所占比例的不同，地面上阴影的明显程度随之改变，总照度也在变化。

（2）光气候的特点

太阳辐射透过大气层入射到地面，一部分为定向透射光，称为太阳直射光，它具有一定的方向性，会在被照射物体背后形成明显的阴影；另一部分遇到大气层中的空气分子、灰尘、水蒸气等微粒，产生多次反射，形成天空扩散光使天空成为具有一定亮度的扩散光源，扩散光没有一定的方向，不能形成阴影。太阳直射光和天空扩散光的比例取决于大气透明度和天空中的云量。若两种光线所占比例发生变化，则地面上的照度和物体阴影浓度也将发生变化。晴天时，自然光由直射光和扩散光两部分组成。全云天则只有天空扩散光，没有太阳直射光。

1）晴天。云量占整个天空面积30%以下的天气称为晴天。晴天时地面照度由太阳直射光和天空扩散光组成。天空扩散光除太阳高度角较小时（日出、日落前后）变化快，其余时间几乎没有变化，而太阳直射光随着太阳高度角的增加而迅速增加。因此，太阳直射光在地面形成的照度占总照度的比例随太阳高度角的增加而增大，阴影也随之明显。

2）全云天。天空全部被云层所遮盖的天气称为全云天或全阴天。这时看不见太阳，室外自然光全部为天空扩散光，物体背后没有阴影，天空亮度分布比较均匀且相对稳定。

晴天和全云天是两种极端天气，在此之间，还有多种天气状况。在采光设计中，多采用最不利于采光的全云天作为制定设计标准的依据，对于晴天较多的地区，按其所处纬度进行修正。

（3）光气候分区

影响室外地面照度的气象因素主要有太阳高度角、云、日照率等。我国地域辽阔，同一时刻，南北方的太阳高度角相差很大。从日照率来看，由北、西北往东南方向逐渐减少，而以四川盆地一带为最低；从云量来看，自北向南逐渐增多，四川盆地最多；从云状来看，南方以低云为主，向北逐渐以高、中云为主。这些均说明，南方以天空扩散光为主，北方以太阳直射光为主，并且南北方室外平均照度差异较大。显然，在采光设计中若采用同一标准值是不合理的，为此，在采光设计标准中，将全国划分为五个光气候区，分别取相应的采光设计标准。

4.2.2 自然光的利用方法

1. 采光口

侧窗是最常见的一种采光形式。它的优越性主要体现在构造简单，不受建筑物层数的限制，且操作和维护方便；光线具有明确的方向性，有利于形成阴影，对观看立体物件特别适宜；外墙上适当位置的窗口还可满足视野或景观的需要。

天窗多用于单层建筑或多层建筑顶层大进深房间的顶部采光，如展览建筑或厂房等，有时也应用于居住建筑，以解决单一侧面采光不足的问题，且顶部采光能使室内照度分布更加均匀。此外，天窗的窗口位置高，一般处于视野范围之外，不易形成眩光，且不易受周围物体遮挡。根据不同的采光要求和构造方式，天窗可以有多种形式。

2. 镜面反射采光

镜面反射采光是利用几何光学原理，通过平面或曲面的反光镜，将太阳光经一次或多次反射送到室内需要照明的地方。利用该方法可提高房间深处的亮度和均匀度。镜面反射采光法通常有两种做法：一种是在建筑南向窗户底部外墙安装镜面（成10°向上倾斜），利用镜面的反射将太阳光反射到室内顶棚后漫射来照亮室内空间；另一种是将平面或曲面反光镜安装在跟踪太阳的装置上，作为定日镜，经一次或多次反射将光线送到室内需采光的区域。

3. 导光管采光

导光管采光主要由集光器、导光管和漫射器三部分组成。该方式是利用室外的自然光线通过集光器导入系统内进行重新分配，再经特殊制作的导光管传输和强化后，由系统底部的漫射器把自然光均匀高效地照射到室内。

4. 光纤采光

光纤采光与导光管采光的最大区别是光传输元件的不同，光纤采光是采用光导纤维传输光束。光导纤维传输光束能够减少光在传输过程中的能量损失，大大提高输出端的辐射光的能量，同时更便于安装和维护。

光纤采光的原理是利用菲涅尔透镜或凸透镜等聚光镜将太阳光收集后，利用分光原理将阳光中的不利成分（红外线、紫外线及有害射线等）消除，再用光纤合束器将光导入光纤中，经过一定距离的传输实现室内照明。

5. 棱镜传光采光

棱镜传光采光的主要原理是旋转两个平板棱镜，产生四次光的折射。受光面总是把直射光控制在垂直方向。这种控制机构的原理是当太阳方位角、高度角有变化时，使各平板棱镜在水平面上旋转。当太阳位置处于最低状态时，两块棱镜使用在同一方向上，使折射角的角度增大，光线射入量增多。另外，当太阳高度角变大时，有必要减小折射角度。在这种情况下，在各棱镜方向上给予适当的调节，也就是设定适当的旋转角度，使各棱镜的折射光被抵消一部分。当太阳高度角最大时，把两个棱镜控制在相互相反的方向。根据太阳位置的变化，给予两个平板棱镜以最佳旋转角。范围内的直射阳光在垂直方向加以控制。被采集的光线在配光板上进行漫射照射。为实现跟踪太阳的目的，对时间纬度和经度进行数据的设定，操作是利用无线遥控器来进行的。驱动和控制用电是由太阳能蓄电池来供应的，而不需要市电供电。

4.2.3 绿色照明设计方法

1. 绿色照明概念

绿色照明是指节约能源、保护环境，有益于提高人们生产、工作学习效率和生活质量，保护身心健康的照明。绿色照明就是通过推广高效节能灯，替代白炽灯等低效照明光源，逐步建立起一个优质高效、经济舒适、有益环保和改善人们生活质量的照明环境。绿色照明通过科学的照明设计，采用效率高、寿命长、安全和性能稳定的照明电器产品（电光源、灯用电器附件、灯具、配线器材以及调光控制设备和控光器件），充分利用自然光，提高人们的工作、学习、生活条件和质量，从而创造一个高效、舒适、安全、经济、有益的环境并充分体现现代文明。

照明节能只是绿色照明工程中的一个重要组成部分，一般情况下可以通过选用电光转换效率高的光源产品、高效率的灯具配合恰当的光源、低电能损耗的照明电器、合理的照明供电系统、合理的照明控制系统等多个方面的多种手段来达到照明节能的目的。

2. 照明标准、照明方式选择

以被照建（构）筑物功能和场所及其背景的明暗程度和表面装饰材料等情况所需的照度或亮度的标准值为标准。正确选择被照建（构）筑物和相关夜景元素照明的照度、均匀度。应尽量减少照明中的眩光和光污染。正确选择照明的最大功率密度值。正确选择照明的照度、亮度、均匀度、最大功率密度值及限制光污染的最大光度指标等。

建筑立面的泛光照明不宜均匀照亮，宜有明暗变化，这样不但可以节约电能，而且能达到良好的艺术效果。内透光照明方式可节约投资和电能。

3. 光源与灯具选择

绿色照明对光源的要求是既能满足良好的照明条件，又能满足节能降耗的要求。夜景照明应优先选用光效高的气体放电光源，尽量避免选用普通白炽灯。室外泛光照明应选用高强度气体放电光源，如采用金属卤化物灯和高压钠灯。室外装饰艺术照明可采用管径小、光效高的荧光灯，有条件的尽量采用发光二极管（LED）光源。室外各种标志牌、交通信号灯、广告装饰牌等可采用发光二极管（LED）、光导纤维等光效高、效果好的光源。逐步减少高压汞灯的使用量，特别是不应采用光效低的自镇流高压汞灯。建筑装饰照明采用内透光照明时，宜采用荧光灯照明。建（构）筑物轮廓照明宜选用高亮度的镁耐灯或通体发光的光导纤维等光源。局部重点照明时可采用低功率的高强度气体放电灯、卤钨灯等。在高空部位或维修困难的部位，可采用高效和长寿命的无极荧光灯。

在满足眩光限制和减少光污染的要求下应采用光效高的灯具。高强度气体放电灯的透光灯具（带光栅或透光罩的灯具）效率不应低于 55%。荧光灯灯具效率不应低于 60%，磨砂罩的效率不应低于 50%。间接照明灯具（荧光灯或气体放电灯）的效率不宜低于 80%。应选用光通量维持率高的灯具和灯具反射器表面反射比高、透光罩的透射比高的灯具。道路照明应采用截光型灯具和半截光型灯具；采用控光合理的灯具，使灯具射出光线尽量照到需要的被照场所。采用利用系数高的灯具。

应选择功耗低、性能好和安全可靠的镇流器。气体放电灯应加电容补偿，补偿后的功率因数应不小于0.85。有条件时可采用节能型电感镇流器或电子镇流器，以节约电能。

4. 照明控制方式与维护管理

道路照明、广场和庭院照明应采用自动控制，如采用光控、时控或几种相结合的控制方式。建筑物夜景照明可采用平日、一般节假日和重大节假日的分档照明控制方式。道路照明可采用双光源灯，下半夜关掉一部分灯，也可采用下半夜能自动降低灯泡功率的镇流器，以降低能量消耗。采用低电压供电时，宜用控制线或单电源控制方式。

应定期进行照明维护，换下非燃点光源或光衰较大的光源。应定期清洗灯具，以保证较高光通量的输出。

5. 供配电系统

配电箱位置应尽量靠近中心并靠近电源侧。三相配电干线的各相负荷应分配平衡，最大相负荷不应超过三相负荷平均值的110%，最小相负荷不应小于平均值的90%。照明负荷宜采用三相供电，当负荷很小时，可采用单相供电，线路负荷电流不宜超过30A。照明单相分支回路负荷不宜超过16A，当采用大功率气体放电灯时，不宜超过30A。照明配电干线的功率因数不宜低于0.9，气体放电灯宜装设补偿电容，功率因数不宜低于标准值。功率在1000W以上的高强度气体放电灯宜采用电压为380V的灯池。照明配电线路的截面面积应满足载流容量和允许电压损失的要求，从配电变压器到灯头的电压损失不宜大于额定电压的5%。照明单相回路及两相回路中性线截面应和相线截面相等，主要供电给气体放电灯的三相配电线路，中性线截面不应小于相线截面。

4.3 声环境设计

4.3.1 声环境设计基本概念

1. 声功率

声源在辐射声波时对外做功。声功率是指声源在单位时间内向外辐射的声能，记作W，单位是瓦（W）。声源声功率是指全部可听频率范围所辐射的功率，或指在某个频率范围内所辐射的功率（通常称为频带声功率）。在建筑声学中，声源所辐射的声功率一般可看作不随环境条件而改变，它属于声源本身的一种特性。室内声源的声功率一般很小。人讲话时，声功率是10~50W；40万人同时大声讲话时所产生的功率也只相当于一只40W灯泡的功率；独唱或一件乐器发出的声功率是几百至几千微瓦。在以自然声为主的厅堂中，充分且合理地利用声源有限的声功率，是室内声学设计的主要内容之一。

2. 声强

在声波传播过程中，单位面积波阵面上通过的声功率称为声强，记作I，单位是瓦每平方米（W/m²）。由下式表示：

$$I=\frac{W}{S} \tag{4-11}$$

式中　　W——声源声功率（W）；
　　　　S——声能所通过的面积（m²）。

对平面波而言，在无反射的自由声场中，由于在声波的传播过程中，其声线相互平行，波阵面大小相同，故同一束声波通过与声源距离不同的表面时，声强不变，如图4-16所示。

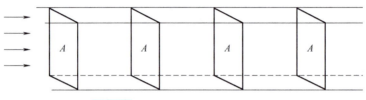

图4-16　平面波声强与距离的关系

对球面波而言，随着传播距离的增加，波阵面也随之扩大，如图4-17所示。在与声源相距r处，球面的面积为$4\pi r^2$，则该处的声强为

$$I=\frac{W}{4\pi r^2} \tag{4-12}$$

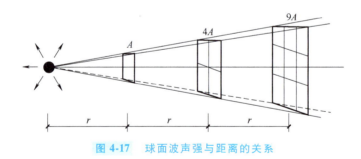

图4-17　球面波声强与距离的关系

3. 声压

空气质点由于声波作用而产生振动时所引起的大气压力起伏称为声压，记作p，单位是帕斯卡，简称帕（Pa）。任何一点，声压都是随时间变化的。每一瞬间的声压称为瞬时声压。某段时间内瞬时声压的均方根值称为有效声压。通常所说的声压，是指有效声压。

声压与声强有着密切的关系。在无反射、吸收的自由声场中，某点的声强与声压的二次方成反比，即

$$I=\frac{p^2}{\rho_0 c} \tag{4-13}$$

式中　　p——有效声压（Pa）；
　　　　ρ_0——空气密度（kg/m³），一般为1.225kg/m³；
　　　　c——空气中的声速（m/s）。

4. 声功率级、声强级与声压级

声功率级是声功率与基准声功率之比的对数的 10 倍，记作 L_W，单位是分贝（dB），表达式为

$$L_W = 10\lg \frac{W}{W_0} \tag{4-14}$$

式中　W——某点的声功率（W）；

　　　W_0——基准声功率，为 10^{-12} W。

声强级是声强与基准声强之比的对数的 10 倍，记作 L_I，单位是分贝（dB），表达式为

$$L_I = 10\lg \frac{I}{I_0} \tag{4-15}$$

式中　I——某点的声强（W）；

　　　I_0——基准声强，为 10^{-12} W/m²。

声压级是声压与基准声压之比的对数的 20 倍，记作 L_p，单位是分贝（dB），表达式为

$$L_p = 20\lg \frac{p}{p_0} \tag{4-16}$$

式中　p——某点的声强（Pa）；

　　　p_0——基准声强，为 10^{-12} Pa。

4.3.2　声环境研究方法

1. 声环境实验室研究法

（1）声学测量

声学测量是使用声学仪器对声传输系统的声学特性进行测量了解。一个声传输系统包括产生声音的声源、声音传输的途径和声音的接收者。在建筑声学测量中，通常需要了解的是声源特性和声传输途径的特性。前者包括声源的频谱、指向性、声功率及其时间分布特性等；后者是指材料、结构和建筑空间的声学特性，如吸声特性、隔声特性、衰减过程和混响时间等。

对于声源特性的测量，声音由被测对象发出，测量时通常只需要配置声接收系统。为了排除各种不同传输途径的影响，以便于不同声源的相互比较，通常要规定标准的传输途径，最常用的是自由场和混响场，即把待测声源置于标准化的消声室和混响室中进行测量。但有时因为声源体积和重量很大或搬移安装困难等原因，不能把声源移置实验室中测量，或者声源的特性需要结合现场环境来了解，如厅堂扩声系统、交通噪声和环境噪声等，就需要在现场进行测量。在现场测量中有时为了得到声源本身的特性，即相应于放置在自由场中的特性，需要从测量结果中去除现场环境的影响，这有时是很困难的。近年来发展起来的一些新的测量技术，如相关测量、声强测量等，有助于解决这方面的问题。

对于声传输途径特性的测量，即材料、结构和建筑空间的声学特性的测量，被测对象本身不产生声音，测试时需要配置声源系统，并对所用的声源和声信号做出标准化的规定。当然，接收系统总是需要的。对于材料和结构的声学特性测量，为了便于不同个体和种类间的

比较，也要规定一定的传输条件。然后把标准化的试件按规定的方式纳入传输系统进行测量。这种测量通常也在实验室中进行。对建筑空间的声学特性的测量通常是在现场测量。

（2）噪声测量

建筑环境的噪声测量是为了了解在某个建筑环境中因为噪声源的存在而对测量点处产生的噪声情况，如声级、频谱和时间特性等。因为噪声源的种类很多，差别很大，所以对不同的噪声源和在不同的环境中测量的方法有所不同。但总是在适当的位置，在适当的时间，测取适当的频带声压级或计权声压级。环境噪声测量的目的是了解噪声对人的影响，所以必须和人的主观感觉相联系。各种噪声测量方法正是根据噪声源的特性、环境的特性和对人的影响来确定测量的地点、时间和频带范围的。从噪声的时间分布特性来看，噪声通常可分为稳态噪声、脉冲噪声和随机分布噪声。稳态噪声是指在相当长的时间内，噪声是稳定的，其强度和频谱没有太大的变化，如风机噪声、电机噪声等。脉冲噪声的持续时间很短，如冲击和撞击噪声，有的脉冲噪声以一定的间隔周期性地连续重复。随机分布噪声是声源的发声是随机的，或者发声体的出现和消失是随机的，这就使得观测点接收到的噪声是随机的，噪声级随时间起伏变化，又称为起伏噪声，如街道交通噪声、建筑空间中的人群活动噪声等。

对于稳态连续噪声，通常用声级计测量 A 计权声级。同时也可测量 B、C 计权和线性档声级，以粗略估计噪声的低、中、高频成分的大致分布。如果要求进行频谱分析，可配合倍频程或 1/3 倍频程滤波器，测量各频带声压级，得到噪声频谱。测点位置通常是在声源附近（以了解声源情况）和接收者的代表性位置（以了解噪声对人的干扰）。

测量前要对声级计进行校准。通常用一个标准声源，如产生 1000Hz、94dB 纯音的声级校准器或 250Hz、124dB 的活塞发声器。声级计接收标准声源的声音，调节灵敏度使指示读数正好是规定的声压级。

2. 声环境模拟研究法

计算机室内声场模拟通常有两种方法：一种是声线跟踪法；另一种是虚声源法。两者都建立在几何声学的基础上。前者应用声线反射定律跟踪已知起点和方向的声线的反射过程；后者应用虚声源原理在已知声源点和接收点之间确定由界面引起的反射。

（1）声线跟踪法

声线跟踪法在确定形状的三维空间内，从声线的起始点出发，沿初始方向，连续跟踪（计算）声线的反射过程。通过对大量声线（数千以至数万根）的跟踪，可以了解声场中反射声的时间和空间分布，了解衰减过程，得到混响时间。声线跟踪法在不增加程序复杂性的情况下，通过简单地重复循环就可计算大量声线，也可以增加每根声线的反射次数，声线数量和反射次数的多少和计算量呈线性关系。这种方法可以给出房间声场分布的全貌，但不能为预先指定的接收点提供恰好过该点的声线，也就不能给出预先指定接收点的响应，这是此法的缺点，弥补的方法是大量增加声线数量，使之在空间中分布有一定的密度从而保证在相当小的接收区域上有声线达到，以求得接收区域的响应。

（2）虚声源法

虚声源法是计算各界面对声源点镜像反射，求得一系列不同阶次的虚声源；连接各阶虚声源到指定接收点的直线对应着从声源点到接收点的反射声线，计算这些声线的历程路程、方向、反射点位置、衰减等，就可得到指定接收点的响应——各次反射声强度的时间分布和方向分布。但因为对三维不规则空间计算虚声源的复杂性，其程序要比声线跟踪法复杂，计算工作量随虚声源阶次的增加呈幂级数增加，大约和 m^n 成正比例，m 为界面数，n 为虚声源阶数。一般对不规则房间只能求得较少几个接收点的前 3~5 次反射。因此，这种方法不能显示房间中声场分布的全貌。

4.3.3 室内音质设计方法

1. 设计指标

（1）音质的主观评价标准

1）音量感或力度。其评价标准主要是响度与丰满度。响度就是人们感受到的声音的大小。足够的响度是室内具有良好音质的基本条件。对于语言，要求有 60~80 方；对于音乐，响度要求有一个较大的变化范围，如 50~100 方，或者更高。与响度相对应的物理量是声压级。

人们在室内感到声音有余音，声音一出，整个房间都在响应，声音比在室外丰满、有力。这就是丰满度的含义。与丰满度相对应的物理量主要是混响时间，所以丰满度又称为混响感。

2）音色。保持声源固有的音色不致由于室内声学条件产生失真，是质的因素的基本评价标准。此外，特别对于音乐，还要求室内的声学条件能对声源音色有适当的美化，其评价常用"温暖""明亮""华丽"等词表现。其对应的物理指标主要是混响时间的频率特性以及早期衰减的频率特性。

3）空间感觉。室内的声学条件给予听者一种空间感觉，包括听者根据声音对声源方向的判断（方向感）、距声源远近的判断（距离感）等。在一个大的厅堂中，如果由于室内声学条件使听者感到演唱、演奏的声音如同在较小的厅内所听到的，即距离感较近，称为有亲切感。这是音乐厅特别是大型音乐厅所需要的。

在音乐用大厅中，还有一个属于空间感觉的评价，即围绕感。它是指人们在厅内被演唱、演奏声所包围的感觉。以上各个属于空间感觉的评价，与反射声的强度、时间分布和空间分布有密切关系。

4）清晰度。清晰度是语言信号厅堂音质的定量评价标准。语言的清晰度常用音节清晰度表示。它是在某种声学条件下，听者能够正确听到的音节数占发音人发出的全部音节数的百分比。由于该指标受发音人和听者的影响较大，因此提出用语言传输指数作为更客观的评价方法。

（2）音质的客观评价指标

1）声压级与混响时间。一般的语言、音乐都有较宽的频带，它的响度大体上与经过 A 特性计权的噪声级相对应。混响时间则与室内的混响感有对应关系；混响时间的频率特性（各个频率的混响时间）还与音色的主观评价有关。为保持声源的音色不致失真，各个频率的混响时间应当尽量接近。感到声音"温暖"是低频混响时间较长的结果，而"华丽""明亮"则要求有足够长的高频混响时间。但是混响时间不能完全反映与室内音质有关的全部物理特性。这是因为导出混响时间这个概念的基本假定——扩散声场与实际的室内声场并不一致。

2）反射声的时间与空间分布。听者接收到的声音有直达声、一次反射声和多次反射声。根据声音到达的时间排序，回声图中的声信号分为直达声、近次反射声和混响声。直达声以后 35~50ms 以内到达的反射声（即近次反射声）可以提高声音的响度和清晰度。混响声会降低声场音质的清晰度，但是会提高声场音质的丰满度。

近次反射声与房间的形状、比例有关系。它会影响音质的空间感。来自前方的近次反射声可加强亲切感，来自侧面的近次反射声可形成围绕感。

2. 厅堂音质设计

报告厅、影剧院等通常是体量较大的空间，对室内声环境的要求相对较高。下面以这些空间的大厅为例，介绍室内声环境的设计方法。首先确定大厅容积，其次设计大厅体形，最后确定大厅的混响时间。

（1）大厅容积

保证厅内有足够的响度。自然声（人声、乐器声等）的声功率是有限的。厅的容积越大，声能密度越低，声压级越低，也就是响度越低。因此，用自然声的大厅，为保证有足够的响度，容积有一定的限度，超过时就应当考虑设置电声扩声系统，保证厅内有恰当的混响时间。混响时间与容积成正比，与室内的吸声量成反比。

（2）大厅体形

直达声能够到达每个听众。小型讲演厅可以设置讲台，以抬高声源。大型观众厅，观众区地面应从前向后逐渐升高。大厅侧墙、顶部是近次反射声的主要反射界面，该界面形状应保证大厅所有区域均能接收到近次反射声。

面宽大于进深的大厅，其侧墙反射不足，需要通过顶棚设计弥补近次反射声未被覆盖的区域。

面宽与进深相近的多边形、近似圆形平面的大厅，其中部缺少近次反射声，可将靠近舞台两侧的墙设计为折线形状，后墙做成有起伏的扩散体。

面宽小于进深的大厅，其近次反射声的反射条件较好。但由于进深大，后墙反射到前部的反射声可能形成回音，需要采取措施避免。

（3）大厅混响

混响设计是室内音质设计的一项重要内容，它的任务是使室内具有适合使用要求的混响时间及其频率特性。这项工作一般是在大厅的形状已经基本确定、容积和表面积能够计算时开始进行。具体内容是确定符合使用要求的混响时间及其频率特征；计算混响时间；确定室内装修材料的类型及位置。

4.3.4 噪声控制方法

1. 噪声评价

噪声评价是对各种环境条件下的噪声做出其对接收者影响的评价，并用可测量计算的评价指标来表示影响的程度。噪声评价涉及的因素很多，它与噪声的强度、频谱、持续时间、随时间的起伏变化和出现时间等特性有关,也与人们的生活和工作的性质内容和环境条件有关,同时与人的听觉特性和人对噪声的生理和心理反应有关,还与测量条件和方法、标准化和通用性的考虑等因素有关。早在 20 世纪 30 年代,人们就开始了噪声评价的研究。自那时以来,先后提出上百种评价方法,被国际上广泛采用的就有二十几种。现在的研究趋势是如何合并和简化。

A 计权声级 L_A(或 L_{pA})是目前全世界使用最广泛的评价方法,几乎所有的环境噪声标准均用 A 计权声级作为基本评价量,它由声级计上的 A 计权网络直接读出,用 L_A(或 L_{pA})表示,单位是 dB(A),A 计权声级反映了人耳对不同频率声音响度的计权。长期实践和广泛调查证明,不论噪声强度是高还是低,A 计权声级皆能较好地反映人的主观感觉,即 A 计权声级越高,觉得越吵。此外 A 计权声级同噪声对人耳听力的损害程度也能对应得很好。

用下式可以将一个噪声的倍频带(或 1/3 倍频带)谱转换成 A 计权声级:

$$L_A = 10\lg \sum_{i=1}^{n} 10^{(L_i + A_i)/10} \tag{4-17}$$

式中 L_i——倍频带(或 1/3 倍频带)声压级(dB);

A_i——各频带声压级的修正值(dB)。其值可由表 4-2 查出。

表 4-2 倍频带中心频率对应的 A 响应特性(修正值)

倍频带中心频率增加/Hz	A 响应(对应于 1000Hz)增加/dB	倍频带中心频率增加/Hz	A 响应(对应于 1000Hz)增加/dB
31.5	-39.4	1000	0
63	-26.2	2000	1.2
125	-16.1	4000	1.0
250	-8.6	8000	-1.1
500	-3.2		

对于稳态噪声,可以直接测量 L_A 来评价。对于声级随时间变化的起伏噪声,其 L_A 是变化的,不能直接用一个 L_A 值来表示。应使用等效声级(L_{Aeq})的评价方法,也就是在一段时间内能量平均的方法。一般噪声在晚上比白天更容易引起人们的烦恼。根据研究结果表明,夜间噪声对人的干扰约比白天大 10dB。因此,计算一天 24h 的等效声级时,夜间的噪声要加上 10dB 的计权,这样得到的等效声级称为昼夜等效声级(L_{dn})。此外针对不同的噪声源还可使用累计分布声级、噪声冲击指数、噪声评价曲线和噪声评价数作为评价标准。

2. 噪声控制原则

(1)控制声源

一是改进结构,提高其中部件的加工质量与精度以及装配的质量,采用合理的操作方法等,以降低声源的噪声发射功率。二是利用声的吸收、反射、干涉等特性,采取吸声、隔声、减振等技术措施,以及安装消声器等,以控制声源的噪声辐射。

采用各种噪声控制方法,可以得到不同的降噪效果。如将机械传动部分的普通齿轮改为有弹性轴套的齿轮,可降低噪声 15~20dB;把铆接改为焊接,把锻打改为摩擦压力加工等,一般可降低噪声 30~40dB。采用吸声处理可降低 6~10dB；采用隔声罩可降低 15~30dB；采用消声器可降低噪声 15~40dB。

（2）控制传声途径

声在传播中的能量是随着距离的增加而衰减的，因此使噪声源远离安静的地方，可以达到一定的降噪效果。声的辐射一般有指向性，处在与声源距离相等而方向不同的地方，接收到的声音强度也就不同。低频的噪声指向性很差，随着频率的增高，指向性增强。因此，控制噪声的传播方向（包括改变声源的发射方向）是降低高频噪声的有效措施。可建立隔声屏障或利用天然屏障（土坡、山丘或建筑物），以及利用其他隔声材料和隔声结构来阻挡噪声的传播。可应用吸声材料和吸声结构，将传播中的声能吸收消耗。对固体振动产生的噪声采取隔振措施，以减弱噪声的传播。在城市建设中，采用合理的城市防噪规划。

（3）控制接收点

佩戴护耳器，如耳塞、耳罩、防噪头盔等。减少在噪声中暴露的时间，根据听力检测结果，适当地调整在噪声环境中的工作人员。人的听觉灵敏度是有差别的，如在 85dB 的噪声环境中工作，有人会耳聋，有人则不会。可以每年或几年进行一次听力检测，把听力显著降低的人员调离噪声环境。

3. 吸声降噪设计方法

一般工厂车间或大型开敞式办公室的内表面，多为清水砖墙或抹灰墙面以及水泥或水磨石地面等坚硬材料。在这样的房间里，人听到的不只是由声源发出的直达声，还会听到大量经各个界面多次反射形成的混响声。在直达声与混响声的共同作用下，当离开声源的距离大于混响半径时接收点上的声压级要比室外同一距离处高出 10~15dB。如在室内顶棚或墙面上布置吸声材料或吸声结构，可使混响声减弱，这时，人们主要听到的是直达声，那种被噪声"包围"的感觉将明显减弱。这种利用吸声原理降低噪声的方法称为吸声降噪。

目前，国内外采用吸声降噪方法进行噪声控制已非常普遍，一般效果为降低 6~10dB。其设计要点归纳如下：

1）了解噪声源的声学特性。如声源总声功率级 L_W，或测定距声源一定距离处的各个频带声压级与总声压级 L_p，以及确定声源指向性因数 Q。

2）了解房间的声学特性。除几何尺寸外，还应参照有关材料吸声系数表，估算各个壁面各个频带的吸声系数 α_1，以及相应的房间常数 R_1（或房间每一频带的总吸声量 A_1）；如必要时，可进行现场实测混响时间来推算出总吸声量 A_1。然后由噪声允许标准所规定的噪声级，求出需要的降噪量。

3）根据所需降噪量，求出相应的房间常数 R_2（或总吸声量 A_2）以及平均吸声系数 $\overline{\alpha}_2$。当所要求的 $\overline{\alpha}_2 > 0.5$ 时，则在经济上已不合理，甚至难以做到，这就说明，此时只依靠利用吸声处理来降低噪声将难以奏效，必须采取其他补充措施。

4）确定材料的吸声系数以后，合理选择吸声材料与结构以及安装方法等是设计工作的最后一步。选择材料时，要注意材料机械强度、施工难易程度、经济性、装饰效果以及防火、防潮等。

需要强调的是，吸声降噪只能降低混响声，而对直达声无效，不能把房间内的噪声全吸掉。此外，如果原来房间吸声很少，A_1 很小，如做吸声降噪处理，增加一定的吸声量 $\Delta A = A_2 - A_1$，降噪效果明显，ΔL_p 较大；如果原来房间已有一定的吸声，则增加同样的吸声量 ΔA，得到的降噪量就较小。因此，只靠吸声降噪降低噪声级 10dB 以上，通常是不可能的。

4.4 热环境设计

4.4.1 热环境设计基本概念

1. 热量传递的基本类型

（1）导热

导热是物体不同温度的各个部分直接接触而发生的热传递现象。导热可以发生在固体、液体和气体之中。它是由于温度不同的质点（分子、原子或自由电子）热运动而传递热量，只要相互接触的物体间有温差就会存在导热现象。根据物体温度分布状况的不同，导热可以分为一维导热、二维导热和三维导热；根据热流和温度分布是否随时间改变，导热可以分为稳定导热（传热）和非稳定导热（传热）。

（2）对流

对流是流体之间发生相对运动、互相掺和而传递热能。对流只发生在流体（液体和气体）之间。

从引起流体流动的原因来看，对流可分为自然对流和受迫对流两种。自然对流是由于流体冷热各部分的密度不同而引起的。例如，热水供暖散热器表面的空气因受热而向上流动，从而发生自然对流。再如，城市中心区域空气受建筑物和城市非绿地表面加热升温后上升，形成城市热岛环流等都属于自然对流。

受迫对流又称为强制对流，是由于外力作用（如风、泵机等的扰动作用）迫使流体流动产生的。

（3）辐射

凡温度高于绝对零度的物体，由于物体原子中的电子振动，就会从表面向外界辐射电磁波。从理论上说，物体热辐射的电磁波波长可以包括电磁波的整个波谱范围，然而在一般所遇到的物体温度范围内，有实际意义的热辐射波长在波谱的 $0.38 \sim 1000 \mu m$ 范围之间。通常把波长短于 $3\mu m$ 范围内的热辐射称为短波辐射；而把波长大于 $3\mu m$ 的热辐射称为长波辐射或远红外辐射。例如，在建筑物理中，习惯上把热辐射主要集中在短波范围内的太阳辐射称为短波辐射，而把能量绝大部分集中在红外线区段的常温物体的热辐射称为长波辐射。通过热辐射传播热能称为辐射传热。

2. 热环境概念

室内热环境是由室内热辐射、室内气温、室内湿度和室内风速四个参数综合形成的。它们也是对建筑围护结构产生热作用的基本参数，应以人的热舒适程度作为评价标准。

建筑物基地的各种气候因素，通过建筑物的围护结构、外门窗及各类开口，直接影响室内热环境。我国幅员辽阔、地形复杂、各地气候差异较大，为了适应各地不同的气候条件，建筑上要反映出不同的特点和要求。因此，为了获得良好的室内热环境，必须了解当地各主要气候因素及变化规律，以便为建筑设计提供依据。一个地区的气候状况是许多因素综合作用的结果。与建筑密切相关的气候因素有太阳辐射、空气温度、空气湿度、风及降水等。

3. 热环境评价指标

室内热环境的评价指标主要有三类，分别是预测平均热感觉指标、有效温度和热应力指数。

（1）预测平均热感觉指标

预测平均热感觉指标（Predicted Mean Vote，PMV）是在 20 世纪 80 年代初得到国际标准化组织（ISO）承认的一种相对全面的热舒适指标。

丹麦范格尔（P. O. Fanger）收集了近千人的热感觉资料，提出热感觉是热负荷（产热率与散热率之差）的函数，而且人在舒适状态下应有的皮肤温度和排汗散热率分别与产热率之间存在相对应的关系。运用统计方法，可得出人的热感觉与环境等六个量的定量函数关系。

范格尔在人体热平衡方程的基础上进行研究和推导，得出人体的热量得失 Δq 是气温 t_i、相对湿度 φ_i、平均辐射温度 t_r、气流速度 v 四个环境参数及人体新陈代谢产热率 q_m、皮肤平均温度 $\bar{t}_{sk}$、肌体蒸发率 q_w、所着衣服热阻 R_{clo} 四个人体参数的函数。

$$\Delta q = f(t_i, \varphi_i, v, t_r, q_m, \bar{t}_{sk}, q_w, R_{clo}) \tag{4-18}$$

人体感到舒适的必要条件是 $\Delta q = 0$。

人体在环境中感到舒适的充分条件是，必须使人体的皮肤温度处于舒适的温度范围，而且肌体蒸发率 q_w 也应处于舒适范围内。范格尔经过实验与研究，得出热舒适方程

$$f(t_i, \varphi_i, v, t_r, q_m, R_{clo}) = 0 \tag{4-19}$$

该方程比较全面合理地表达了人体热感觉与上述六个参数的定量关系，从而建立起 PMV 体系，按人的热感觉分为七个等级，具体见表 4-3。

表 4-3 PMV 分级

PMV 值	热感觉
-3	冷
-2	凉
-1	稍凉
0	舒适
1	稍暖
2	暖
3	热

国际标准化组织推荐的室内热舒适环境的 PMV 在 -0.5~0.5 范围内，目前，国内一般认为 PMV 的值在 -1~1 之间可以视为热舒适环境。另外，预测平均热感觉指标与人对环境感觉的满意程度又可以用预测不满意百分率（Predicted Percentage Dissatisfied，PPD）来表示。根据 PMV-PPD 图，查得不满意人数百分比，并通过对热舒适方程中的某些参数以常数代入，并求解其余值，绘制成一系列热舒适线解图，作为设计依据。

（2）有效温度

有效温度（Effective Temperature）是以空气温度、空气湿度和气流速度为影响因素而制定的综合评价图。

（3）热应力指数

热应力指数（Heat Stress Index）是根据在给定的热环境中作用于人体的外部热应力、不同活动量下的新陈代谢产热率及环境蒸发率等的理论计算而提出的。

4. 建筑热工设计区划

我国幅员辽阔，不同地区气候差异明显。为了更好地进行建筑热环境设计，结合当地气候条件，将我国分为五个建筑热工一级区划，分别是严寒地区、寒冷地区、夏热冬冷地区、夏热冬暖地区和温和地区。它们分别对应不同的建筑热工设计原则，见表4-4。围护结构设计要满足建筑所在地建筑热工区划的要求。

表 4-4 建筑热工设计一级区划设计原则

一级区划	设计原则
严寒地区	必须充分满足冬季保温要求，一般可以不考虑夏季防热
寒冷地区	应满足冬季保温要求，部分地区兼顾夏季防热
夏热冬冷地区	必须满足夏季防热要求，适当兼顾冬季保温
夏热冬暖地区	必须充分满足夏季防热要求，一般可不考虑冬季保温
温和地区	部分地区应考虑冬季保温，一般可不考虑夏季防热

为了使室内热环境满足人们的使用要求，因此需要消耗能源，通过取暖或制冷的方式将室内温度控制在一定的水平。当室内外存在温差时，热量将通过围护结构进行传递。为了节约能源，对于冬季有保温要求的地区，建筑布局应充分考虑利用太阳能，以在冬季获得更多热辐射；对于夏季有防热要求的地区，建筑布局应充分考虑遮阳、通风等降温措施；围护结构应根据建筑所在地建筑热工区划的要求，具有高效的保温或隔热性能。

4.4.2 建筑保温设计方法

1. 建筑布局保温设计

建筑物的总平面布置、平面和立面设计、门窗洞口设置应考虑冬季利用日照并避开冬季主导风向。建筑物宜朝向南北或接近朝向南北，体形设计应减少外表面积，平面、立面的凹凸不宜过多。严寒地区和寒冷地区的建筑不应设开敞式楼梯间和开敞式外廊，夏热冬冷 A 区不宜设开敞式楼梯间和开敞式外廊。严寒地区建筑出入口应设门斗或热风幕等避风设施，寒冷地区建筑出入口宜设门斗或热风幕等避风设施。

2. 围护结构保温设计

（1）围护结构最小热阻

围护结构对室内热环境的影响主要通过内表面温度体现出来。如果内表面温度太低，不仅对人产生冷辐射，影响人体健康，而且如果内表面温度低于露点温度（t_d），还会在内表面产生结露，使围护结构受潮，严重影响室内热环境并降低围护结构的耐久性。因此规定围护结构内表面温度与室内空气温度（t_i）的温差应符合表4-5的规定。满足该表要求时的围护结构热阻，即围护结构最小热阻值。外墙、屋顶与室外空气直接接触的楼板、分隔供暖房间与非供暖楼梯间的内围护结构等非透光围护结构，应进行保温验算，其热阻应大于或等于建筑物所在地区要求的最小热阻。围护结构热阻的最终取值要根据具体的建筑设计标准计算决定。

表4-5 围护结构内表面温度与室内空气温度温差的限值

房间设计要求	防结露	基本舒适
墙体允许温差 Δt_w/K	$\leqslant t_i - t_d$	$\leqslant 3$
楼、屋面允许温差 Δt_r/K	$\leqslant t_i - t_d$	$\leqslant 4$
地面允许温差 Δt_g/K	$\leqslant t_i - t_d$	$\leqslant 2$

（2）墙体保温构造设计

1）采用轻质高效保温材料与砖、混凝土、钢筋混凝土、砌块等主墙体材料组成复合保温墙体构造。

2）采用低导热系数的新型墙体材料。

3）采用带有封闭空气间层的复合墙体构造设计。

外墙宜采用热惰性大的材料和构造，提高墙体热稳定性可采取下列措施：

1）采用内侧为重质材料的复合保温墙体。

2）采用蓄热性能好的墙体材料或相变材料复合在墙体内侧。

（3）屋面、地面保温构造设计

屋面保温材料应选择密度小、导热系数小的材料。屋面保温材料应严格控制吸水率。地面保温材料应选用吸水率小、抗压强度高、不易变形的材料。

（4）门窗、幕墙、采光顶保温构造设计

严寒地区、寒冷地区建筑应采用木窗、塑料窗、铝木复合门窗、铝塑复合门窗、钢塑复合门窗和断热铝合金门窗等保温性能好的门窗。严寒地区建筑采用断热金属门窗时宜采用双层窗。夏热冬冷地区、温和A区建筑宜采用保温性能好的门窗。严寒地区、寒冷地区、夏热冬冷地区、温和A区的玻璃幕墙应采用有断热构造的玻璃幕墙系统，非透光的玻璃幕墙部分、金属幕墙、石材幕墙和其他人造板材幕墙等幕墙面板背后应采用高效保温材料保温。幕墙与围护结构平壁间（除结构连接部位外）不应形成热桥，并宜对跨越室内外的金属构件或连接部位采取隔断热桥措施。有保温要求的门窗、玻璃幕墙、采光顶采用的玻璃系统应为中空玻璃、Low-E 中空玻璃、充惰性气体 Low-E 中空玻璃等保温性能良好的玻璃，保温要求高时还可采用三玻两腔、真空玻璃等。传热系数较低的中空玻璃宜采用"暖边"中空玻璃间隔条。严寒地区、寒冷地区、夏热冬冷地区、温和 A 区的门窗、透光幕墙、采光顶周边与墙体、屋面板或其他围护结构连接处应采取保温、密封构造；当采用非防潮型保温材料填塞时，缝隙应采用密封材料或密封胶密封。其他地区应采取密封构造。严寒地区、寒冷地区可采用空气内循环的双层幕墙，夏热冬冷地区不宜采用双层幕墙。

4.4.3 建筑防热与隔热设计方法

1. 室外综合温度

处于一定自然条件下的建筑总是受一定自然环境的影响。对于围护结构而言，主要受太阳辐射照度和室外气温两个因素的影响。为了便于说明太阳辐射照度和室外气温的共同作用效果，假设一个温度，即室外综合温度。室外综合温度是指室外空气温度与太阳辐射当量温度的逐时叠加，表达式为

$$t_{sa} = t_e + \frac{I\rho_s}{\alpha_e} \tag{4-20}$$

式中　t_{sa}——室外综合温度（℃）；
　　　t_e——室外空气温度（℃）；
　　　I——太阳辐射照度（W/m²）；
　　　ρ_s——围护结构外表面的太阳辐射热吸收系数；
　　　α_e——外表面传热系数。

其中，$\frac{I\rho_s}{\alpha_e}$ 值称为太阳辐射热的等效温度或当量温度，与太阳辐射照度（I）、围护结构表面材料性质（ρ_s）和外表面传热系数（α_e）有关。

2. 建筑布局防热设计

降低室外综合温度，就可以实现建筑防热。建筑防热应综合采取有利于防热的建筑总平面布置与形体设计、自然通风、建筑遮阳、围护结构隔热和散热、环境绿化、被动蒸发、淋水降温等措施。建筑朝向宜采用南北向或接近南北向，建筑平面、立面设计和门窗设置应有利于自然通风，避免主要房间受东、西向的日晒。建筑围护结构外表面宜采用浅色饰面材料，屋面宜采用绿化、涂刷隔热涂料、遮阳等隔热措施。建筑设计应综合考虑外廊、阳台、挑檐等的遮阳作用。建筑物的向阳面，东、西向外窗（透光幕墙），应采取有效的遮阳措施。房间天窗和采光顶应设置建筑遮阳，并宜采取通风和淋水降温措施。

3. 围护结构隔热设计

（1）外墙、屋面内表面最高温度

GB 50176—2016《民用建筑热工设计规范》规定，建筑外围护结构应具有抵御夏季室外气温和太阳辐射综合热作用的能力。自然通风房间的非透光围护结构内表面温度（$\theta_{i,max}$）与室外累年日平均温度最高日的最高温度（$t_{e,max}$）的差值，以及空调房间非透光围护结构内表面温度与室内空气温度（t_i）的差值应满足表 4-6 的要求。

表 4-6　外墙、屋面内表面最高温度限值

房间类型	自然通风房间	空调房间	
		重质围护结构（$D \geqslant 2.5$）	轻质围护结构（$D < 2.5$）
外墙内表面最高温度 $\theta_{i,max}$	$\leqslant t_{e,max}$	$\leqslant t_i + 2$℃	$\leqslant t_i + 3$℃
屋面内表面最高温度 $\theta_{i,max}$	$\leqslant t_{e,max}$	$\leqslant t_i + 2.5$℃	$\leqslant t_i + 3.5$℃

注：D 表示热惰性指标。

（2）外墙隔热设计

1）宜采用浅色外饰面。

2）可采用通风墙、干挂通风幕墙等。

3）设置封闭空气间层时，可在空气间层平行墙面的两个表面涂刷热反射涂料、贴热反射膜或铝箔。当采用单面热反射隔热措施时，热反射隔热层应设置在空气温度较高一侧。

4）采用复合墙体构造时，墙体外侧宜采用轻质材料，内侧宜采用重质材料。

5）可采用墙面垂直绿化及淋水被动蒸发墙面等。

6）宜提高围护结构的热惰性指标 D 值。

7）西向墙体可采用高蓄热材料与低热传导材料组合的复合墙体构造。

（3）屋顶隔热设计

1）宜采用浅色外饰面。

2）宜采用通风隔热屋面。通风屋面的风道长度不宜大于 10m，通风间层高度应大于 0.3m，屋面基层应做保温隔热层，檐口处宜采用导风构造，通风平屋面风道口与女儿墙的距离不应小于 0.6m。

3）可采用有热反射材料层（热反射涂料、热反射膜、铝箔等）的空气间层隔热屋面。单面设置热反射材料的空气间层，热反射材料应设在温度较高的一侧。

4）可采用蓄水屋面。水面宜有水浮莲等浮生植物或白色漂浮物。水深宜为 0.15~0.2m。

5）宜采用种植屋面。种植屋面的保温隔热层应选用密度小、压缩强度大、导热系数小、吸水率低的保温隔热材料。

6）可采用淋水被动蒸发屋面。

7）宜采用带老虎窗的通气阁楼坡屋面。

8）采用带通风空气层的金属夹心隔热屋面时，空气层厚度不宜小于 0.1m。

（4）门窗、幕墙、采光顶隔热设计

门窗、幕墙、采光顶等透光围护结构的太阳得热系数与夏季建筑遮阳系数的乘积宜小于表 4-7 规定的限值。

表 4-7　透光围护结构太阳得热系数与夏季建筑遮阳系数乘积的限值

气候区	朝向			
	南	北	东、西	水平
寒冷 B 区	—	—	0.55	0.45
夏热冬冷 A 区	0.55	—	0.50	0.40

（续）

气候区	朝向			
	南	北	东、西	水平
夏热冬冷B区	0.50	—	0.45	0.35
夏热冬暖A区	0.50	—	0.40	0.30
夏热冬暖B区	0.45	0.55	0.40	0.30

对遮阳要求高的门窗、玻璃幕墙、采光顶隔热宜采用着色玻璃、遮阳型单片Low-E玻璃、着色中空玻璃、热反射中空玻璃、遮阳型Low-E中空玻璃等遮阳型的玻璃系统。向阳面的窗、玻璃门、玻璃幕墙、采光顶应设置固定遮阳或活动遮阳。固定遮阳设计可考虑阳台、走廊、雨篷等建筑构件的遮阳作用，设计时应进行夏季太阳直射轨迹分析，根据分析结果确定固定遮阳的形状和安装位置。活动遮阳宜设置在室外侧。对于非透光的建筑幕墙，应在幕墙面板的背后设置保温材料，保温材料层的热阻应满足墙体的保温要求，且不应小于1.0（m·K）/W。

4.4.4 空调系统应用

建筑保温、防热或隔热设计是被动式建筑节能技术。此外还要考虑设备系统的能效提升。空调系统能耗占建筑总能耗的比例很大，为了进一步节约能源，还需要开发能效高的空调系统。

1. 高能效冷水机组

冷水机组的能耗在整个空调系统中占有相当大的比例，约为40%。随着空调需求量的不断增加，各类风冷式、水冷式、蒸发式的冷水机组已经成为空调冷源的主力军，冷水机组的能耗也越来越大，采用合理科学和经济的设计选型和运行方案，降低冷水机组能耗成为空调系统节能降耗的关键问题。

空调用冷水机组的全年运行能耗与冷水机组的性能有关，而冷水机组的性能主要包括全负荷性能和部分负荷性能，两者在选择和匹配冷水机组时均起着重要的作用。由于空调系统的冷负荷总是随室外气象参数扰动和室内状态的改变而变化的，冷水机组在实际运行过程中大部分时间处于部分负荷运行状态，冷水机组部分负荷时的性能对其运行能耗影响很大。因此要对冷水机组进行全面的评价，就必须对其部分负荷特性进行分析。为了评价整个供冷季节的制冷系统经济性，冷水机组的性能系数（Coefficient of Performance，COP）、综合部分负荷性能系数（Integrated Part Load Value，IPLV）以及非标准部分负荷系数（Non-standard Part Load Value，NPLV）等是非常重要的指标。

提高冷水机组能效的常见措施有改进压缩机性能，改进热交换器，改进节流装置，改进冷却水泵、冷冻水泵、风机及相关能量输送系统以及改进冷水机组的控制策略。

2. 多联机VRV空调系统

多联机VRV空调系统是指通过控制压缩机的制冷剂循环量和进入室内热交换器的制冷剂流量，适时地满足室内冷热负荷要求的高效率制冷剂空调系统。变制冷剂流量（Variable Refrigerant Volume，VRV）的制冷方式根据室内机数量多少，可分为单联式和多联式两种类型，单联式变制冷剂流量的制冷方式即俗称的变频空调；多联式变制冷剂流量的制冷方式于1982年由日本大金公司研制成功，并被称为 VRV 空调系统，俗称多联机 VRV 空调系统或一拖多空调系统，简称 VRV 系统。

多联机 VRV 空调系统的工作原理与普通蒸汽压缩式制冷系统相同，由压缩机、冷凝器、风机、节流部件、蒸发器和控制系统组成。与普通蒸汽压缩式制冷系统不同的是，热泵型 VRV 空调系统室内、室外侧热交换器都具有冷凝器和蒸发器的双重功能。多联机 VRV 空调系统在原理上与分体式空调相同，只是一台室外机可带多台室内机。如大金 VRV 空调，一台室外机最多可连接 48 台室内机，只要一条制冷剂管道便可在容量比为 8%～130% 的范围内将 48 台不同型号室内机连接于一台室外机上，48 台室内机可同时运转，也可按不同的需要单独运转。伴随着人们对空调需求的逐步提高，多联机 VRV 空调系统在功能、室内机的结构形式以及适应的气候类型方面有了不同程度的拓展，以适应这种需求。因此，多联机 VRV 空调系统产品涵盖的范围较广。

3. 冰蓄冷空调

所谓蓄冷技术，就是利用某些工程材料（工作介质）的蓄冷特性，储藏冷能并加以合理使用的一种蓄能技术。广义地说，蓄冷即蓄热，蓄冷技术也是蓄热技术的一个重要组成部分。工程材料的蓄热（蓄冷）特性往往伴随温度变化、物态变化或一些化学反应。据此可以将全部蓄冷介质划分为显热蓄热、潜热蓄热、化学蓄热三大类型，在这些蓄冷材料中最常见的是水、冰、共晶盐等。

水蓄冷就是利用水的显热来储存冷量的一种蓄冷方式，蓄冷温度在 4~7℃ 之间，蓄冷温差为 6~11℃，单位体积的蓄冷容量为 5.9~11.3 $kW \cdot h/m^3$。这种蓄冷方式系统简单、投资少、技术要求低、维修方便，并可以使用常规空调制冷机组蓄冷，冬季还可蓄热，适宜于既制冷又供暖的空调热泵机组。水蓄冷空调系统的主要缺点是蓄冷槽容积大、占地面积大，这在人口密集、土地利用率高的大城市是一个问题，也是它使用受到制约的主要原因。共晶盐蓄冷是利用固液相变特性蓄冷的一种蓄冷方式，蓄冷介质主要是由无机盐、水、成核剂和稳定剂组成的混合物，目前应用较广泛的相变温度为 8~9℃，相变潜热约为 95K/kg。共晶盐蓄冷的主要优点是相变温度较高，可以克服冰蓄冷要求很低的蒸发温度的弱点，并可以使用普通的空调冷水机组。但共晶盐蓄冷在储—释冷过程中换热性能较差，设备投资也较高，阻碍了该技术的推广应用。

4. 温湿度独立控制空调系统

在温湿度独立控制空调系统中，除湿系统只负责处理新风，使其承担建筑的全部潜热负荷、控制室内湿度；而 18℃ 的冷水送入辐射板或干式风机盘管等末端装置，用于去除建筑的显热负荷、控制室内温度，这样可以实现温度和湿度分别由两套设备分别控制。从中可以看出，温湿度独立控制空调系统的四个核心组成部件分别为高温冷水机组（出水温度 18℃）、新风处理机组（制备干燥新风）、去除显热的室内末端装置、去除潜热的室内送风末端装置。

5. 热回收技术

新风能耗在空调通风系统中占了较大的比例。为保证房间室内空气品质，不能以削减新风量来节省能量，而且还可能需要增加新风量的供应。建筑中有新风进入，必有几乎等量的室内空气排出。这些排风相对于新风来说，含有热量（冬季）或冷量（夏季）。有许多建筑中，排风是有组织的，不是无组织地从门窗等缝隙排出。这样，有可能从排风中回收热量或冷量，以减少新风的能耗。

常规空调系统主要由制冷剂循环、冷却水（或空气）循环、冷冻水（或空气）循环组成。空调房间的冷负荷通过蒸发器进入制冷剂循环，变成冷凝排热的一部分，再通过冷却水（或空气）循环排放到大气中去。因此，对于常规空调制冷机，空调系统的冷凝热直接排放到大气中未加以利用。制冷机组在空调工况下运行时向大气环境排放大量的冷凝热，通常冷凝热可达到制冷量的 1.15~1.3 倍。大量的冷凝热直接排入大气，白白散失掉，造成较大的能源浪费，这些热量的散发又使周围环境温度升高，造成严重的环境热污染。若将制冷机放出的冷凝热予以回收用来加热生活热水和生产工艺热水，不但可以减少冷凝热对环境造成的热污染，而且还是一种变废为宝的节能方法。

6. 冷凝式燃气锅炉

冷凝式燃气锅炉是指通过降低排烟温度（低于露点温度），使烟气中的过热水蒸气的汽化潜热排放出来，从而被吸收利用的锅炉。通常所说的常规锅炉，主要是吸收燃料燃烧时放出的大量的热以及通过降低排烟温度（高于露点温度）来吸收烟气中的大部分显热。冷凝式燃气锅炉不仅能够吸收常规锅炉所吸收的显热，还能够将烟气中过热水蒸气冷凝后释放的汽化潜热吸收后传给水或其他物质，这就是冷凝式燃气锅炉热效率高于常规锅炉的原因。

思 考 题

1. 有哪些途径可以形成自然通风？
2. 请简述绿色低碳建筑的通风环境营造方法。
3. 如何在建筑中充分利用自然光？
4. 什么是绿色照明？绿色照明的实施应注意哪些方面？
5. 绿色低碳建筑中的音乐厅如何进行音质设计？
6. 如何控制建筑噪声，营造绿色低碳建筑的室内声环境？
7. 绿色低碳建筑的热环境设计应该考虑哪些指标？具体如何实现？
8. 如何为绿色低碳建筑选择高效的空调系统？

第5章 材料与构造设计

低碳建筑是以减少碳排放为主要目标的建筑设计理念，强调在建筑物设计、建造、运维和拆解过程中，采用先进的设计理念、技术手段以及高效的能源系统，尽可能降低建筑物全生命周期内的碳排放。低碳建筑材料的选择关注环保问题，提倡采用可再生、低污染的建筑材料，并鼓励废旧材料的回收再利用，从而减轻建筑物对环境的影响。其不仅包括传统意义的环保材料，也包括通过工艺改进和技术创新而产生的新型环保材料。

在合理化运用新材料的同时，结合地区自然环境，充分发挥自然能源如风能、雨水、阳光、地热等作用，通过构造设计创造自然通风、保温隔热的建筑环境，实现能源的循环应用，达到高效无污染生态建筑设计状态。

5.1 绿色低碳建材

在1999年召开的首届全国绿色低碳建材发展与应用研讨会上，我国明确提出了绿色低碳建材的定义，即采用清洁生产技术，减少或避免使用自然资源和能源，大量利用工农业及城市固态废弃物生产的无毒、无害、无污染、无放射性的建筑材料。在使用周期结束后可实现回收利用，有助于环境保护和人体健康。此类建材在国际上也被称为生态建材、健康建材或环保建材。

绿色低碳建材

5.1.1 绿色低碳建材的定义与基本特征

1. 定义

绿色低碳建材是生态环境材料在建筑领域的延伸。在广义上，绿色低碳建材不是一种独特的建材产品，而是对建材具备"健康、环保、安全"等属性的一种要求。它要求在原材料生产、加工、施工、使用及废弃物处理等环节中贯彻环保意识，实施环保技术，以达到环保要求，如图5-1所示。

在这一转型过程中，首要任务是推动生产工艺的低碳化。通过引入高效能的生产设备、优化生产流程、采用清洁能源等方式，从源头上减少建材生产过程中的碳排放。同时，源头减碳策略也至关重要，鼓励开发使用可再生或低碳足迹的原材料，减少对传统高碳排放原材料的依赖。此外，CCUS（碳捕获、利用与封存）技术作为一项前沿技术，将在建材行业的碳中和道路上扮演重要角色。该技术能够捕获生产过程中产生的二氧化碳，并通过化学、物理或生物方法将其转化为有价值的产品，或直接进行安全封存，从而有效减小大气中的温室气体浓度。在建筑材料的选择上，未来趋势将明显偏向于低碳、零碳的新型建材。一方面，低碳、零碳水泥的研发与应用将大幅降低传统水泥生产过程中的碳排放；另一方面，钢结构建筑因其强度高、重量轻、可回收等优点，将成为绿色建筑的重要选择。同时，不断探索和发展更多元化的新建筑材料，如生物基材料、纳米材料等，也将为建材行业的绿色转型注入新的活力。

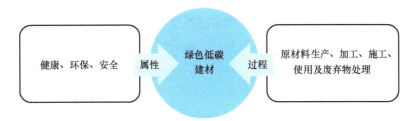

图 5-1　绿色低碳建材的概念示意图

在当前阶段，绿色低碳建材的概念涵盖以下五个方面：

1）生产过程中资源和能源消耗相对最低、环境污染较小的高性能传统建筑材料，如采用现代先进工艺和技术生产的高质量水泥。

2）能够显著减少建筑能耗的建材制品，包括具有轻质、高强、防水、保温、隔热、隔声等功能的新型墙体材料。

3）具备更高使用效率和良好材料性能，从而减少消耗总量的建筑材料，如高性能水泥混凝土、轻质高强混凝土。

4）具有改善居室生态环境和促进健康的功能的建筑材料，如抗菌、除臭、调温、调湿、屏蔽有害射线等多功能玻璃、陶瓷、涂料。

5）能够大量利用工业废弃物的建筑材料，如净化污水、固化有毒有害工业废渣的水泥材料，或者经过资源化和高性能化处理的矿渣、粉煤灰、硅灰、沸石等水泥组分材料。

2. 基本特征

绿色低碳建材是对建材"健康、环保、安全"属性的综合评价，包括对生产原料、生产过程、施工过程、使用过程和废弃物处置五大环节。在 21 世纪建筑材料的发展趋势中，绿色低碳建材代表了符合世界发展趋势和人类要求的建筑材料，并必然在未来的建材行业中占据主导地位。

绿色低碳建材是相对于传统建材而言的一类新型建筑材料，包括新型环境协调型材料以及经过环境协调化后的传统材料（包括结构材料和功能材料）。其与传统建材的基本区别可概括为以下五个方面：

1）尽量减少使用自然资源，大量采用尾矿、废渣、废弃物等原料进行生产。

2）采用低能耗制造工艺和对环境无污染的生产技术。

3）在产品配制或生产过程中，不使用对人体和环境有害的污染物质，如甲醛、卤化物溶剂或芳香族碳氢化合物；产品不含汞及其化合物，不使用铅、镉、铬等金属及其化合物的颜料和添加剂。

4）产品设计以改善生产环境、提高生活质量为宗旨，不仅不损害人体健康，还有益于人体健康，具有多种功能，如抗菌、灭菌、防霉、除臭、隔热、阻燃、防火、调温、调湿、消磁、防射线、抗静电等。

5）产品可循环利用或回收再利用，废弃物不污染环境。

5.1.2 绿色低碳建材的发展现状与趋势

在绿色化发展趋势下，推动建筑行业朝着绿色施工和绿色化发展已成不可逆之势，绿色节能减排理念深入贯彻，因此有两点重要要求：推进建材生产的绿色化和推动现场施工的绿色化。绿色低碳建材具有节能、无污染、低放射性和无害等优势，因此在发展空间上具有巨大潜力。

1. 发展现状

1988年，第一届国际材料科学研究会议提出了"绿色材料"的概念。随后，1990年，日本学者山本良一提出了"生态环境材料"的概念，强调了将先进性、环境协调性和舒适性融为一体的新型材料。生态环境材料应具备三大特点：先进性，能拓展人类活动范围；环境协调性，使人类活动与外部环境协调；舒适性，改善人类生活环境。1992年，国际学术界进一步明确了绿色材料的概念，指这类材料在原料采取、产品制造、使用、再循环和废料处理等环节中对地球环境负荷最小，有利于人类健康。1998年，我国举办的生态环境材料研究战略研讨会提出了生态环境材料的定义，即具备满意的使用性能和优良的环境协调性，或能够改善环境的材料。这类材料消耗资源和能源少，生产和使用过程对环境影响小，再生循环率高。1999年，我国首届全国绿色建材发展与应用研讨会上提出绿色建材应有利于环境保护和人体健康。2023年，《绿色建材产业高质量发展实施方案》中对绿色建材做出了定义，绿色建材产品是指在全生命周期内，资源能源消耗少，生态环境影响小，具有"节能、减排、低碳、安全、便利和可循环"特征的高品质建材产品。绿色建材的定义强调了对地球环境负荷最小和有利于人类健康的双重目标，并要求在建材的全生命周期各个阶段都与环境协调一致。

2. 趋势

首先，倡导就地取材，以减少碳足迹。这意味着在建筑工程中应首选当地建材，缩短运输距离，从而降低能耗，实现绿色施工目标。提高绿色低碳建材质量并缩短运输距离，可有效降低能耗和成本。

其次，寻找替代材料。随着城市化进程，建筑项目不可或缺，建筑企业需持续探索新型绿色低碳建材。尽管传统材料仍需使用，政府与研究机构应加快传统材料的绿色改造，如轻质保温材料、可降解包装材料和节能材料等。建筑企业也应寻找可再生与可回收的绿色低碳建材替代品，如可再生玻璃砖和有机棉，逐步减少传统材料的使用，减少资源消耗。

最后，推动建材部件化。装配式建筑主要包括木结构、装配式混凝土和钢结构。在施工中，工厂预制的部件需运至现场，如阳台、楼板和墙板，然后组装。因此，建材部件至关重要。只有实现建材部件的工业化，才能推动装配式建筑发展。重点应放在保温材料、墙体材料和门窗等方面。《"十三五"装配式建筑行动方案》和《"十四五"建筑业发展规划》对装配式建筑提出了要求，凸显了装配式建筑建材部件化的趋势。

5.1.3 绿色低碳建材的碳足迹

绿色低碳建材评价认证实施过程中，将产品碳足迹分析、产品环境影响声明作为环境属性的关键评价指标，并将根据具体产品特点针对低碳原燃料选用、生产过程节能、使用寿命延长、产品效能提升等制订了相应的评价考核指标。

绿色低碳建材的理念已经被广泛接受，人们对使用绿色低碳建材的需求越来越迫切。然而，关于绿色低碳建材的概念仍在不断深化和探讨之中，并没有完全统一的标准。我国已经发布 GB/T 24067—2024《温室气体　产品碳足迹　量化要求和指南》，该标准借鉴了国际标准化组织发布的国际标准 ISO 14067，规定了产品碳足迹的研究范围、原则和量化方法等，为产品碳足迹核算方法和数据国际交流互认打下了基础。相较于国际标准，该标准增加了编制具体产品碳足迹标准的参考框架、数据地理边界信息建议等，内容更加丰富，更具有操作性。各国都在积极探索和推广绿色建材，但其评判却是一项庞大而复杂的系统工程，涉及内容繁多，目前各国各地的标准和内容尚未完全一致，仍在不断完善之中。

1. LCA

生命周期评价（Life Cycle Assessment，LCA）的概念有多种不同的表述方法，国际组织如国际环境毒理学与化学学会（SETAC）、联合国环境规划署（UNEP）、国际标准化组织发布的 ISO 14040 标准等，都对 LCA 进行了定义。尽管具体表述略有不同，但核心内容是一致的，生命周期评价（图 5-2）是一套用于系统地对产品的全生命周期环境影响进行核算和评价的方法，即产品从"摇篮"到"坟墓"（Cradle to Grave）的全过程，包括原材料开采、生产加工、包装运输、销售使用、回收与循环利用、废弃物处置等。

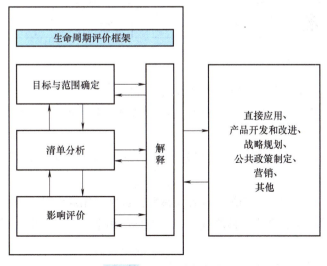

图 5-2　LCA 分析框架

LCA 的概念已经在全球范围内得到共识，但在实际实施中存在不同的倾向，其主要技术框架大致有两种，分别是 SETAC 提出的框架和 ISO 14040 提出的框架。LCA 理论于 1990 年由国际环境毒理学与化学学会（SETAC）首次正式提出，并随后于 1993 年推出了"LCA 实用指南"，其中将 LCA 定义为量化与评价产品环境负荷，明确了其目标范围、清单分析、影响评价、改善分析四部分主要内容。后来，国际标准化组织（ISO）于 1997 年，将 LCA 引入 ISO 14040《环境管理 生命周期评价 原则与框架》标准之中，后又相继推出包括 ISO 14001、ISO 14002、ISO 14003 等系列标准，针对生命周期评价的概念、基本理论框架、研究方法及实施步骤等给予了规范。

2. Ⅲ型环境声明

Ⅲ型环境声明（图 5-3）是指由 ISO 14025 定义的，以生命周期评价为方法论基础，提供基于实际生产过程、经过第三方独立验证的产品全生命周期环境影响的数据报告，也称为环境产品声明（Environmental Product Declaration，EPD）。作为一种产品环境信息交流的工具，Ⅲ型环境声明可以为普通消费者、企业专业采购、政府采购提供可靠的量化信息，同时也可以作为生产企业内部的动态信息交流工具，刺激企业根据市场的需求变化，完善企业管理模式，改进产品生产工艺，改善产品环境影响，促进产品绿色化升级。

名称		覆盖行业	国家	创办时间
EPD	The International EPD System	综合	瑞典	1998年
EPD	EPD Italy	综合	意大利	2017年
Bau-EPD	Bau-EPD	建筑材料	奥地利	2011年
EPD IRELAND	EPD Ireland	综合	爱尔兰	2017年
IBU	IBU-EPD	建筑材料	德国	2013年
epd	EPD-Norge	综合	挪威	2002年

图 5-3 各国Ⅲ型环境声明

在对比 LCA 体系时，Ⅲ型环境声明具有以下优势：

1）更高的规范性和易用性：通过细分产品，制定更具体的产品 LCA 评价规则，使得评估过程更具操作性。

2）更高的透明度和可信度：LCA 报告经过第三方审核认证，确保其数据和结论的真实性。

3）真正发挥 LCA 的价值：为绿色设计、绿色供应链、循环经济、绿色金融、绿色消费等领域提供规范的评价方法和真实可信的数据，助力行业和企业建立全生命周期绿色管理体系。

3. 材料的碳足迹

碳足迹衍生于生态足迹，以二氧化碳排放当量衡量由生产和消费活动导致的排放的温室气体排放量。它是指某一产品或服务系统在其全生命周期内的碳排放总量，或活动主体（包括个人、组织、部门等）在某一活动过程中直接和间接的碳排放总量。碳足迹标识是将产品的碳足迹在产品标识上用量化的指数标示出来，以标识的形式告知消费者产品的碳足迹信息，从而引导消费者选择更低碳排放的产品，以达到减少温室气体排放、缓解气候变化的目的。目前建筑碳排放核算大多按生命周期分阶段进行，是比较复杂的系统性统计工作。

相关碳足迹核算标准对建材产品的碳足迹计算进行了系统边界划分（图5-4），目前全球范围内有三个受到公认且应用较广的国际标准，包括 PAS2050［英国标准协会（BSI）］、GHG Protocol［世界资源研究所（WRI）和世界可持续发展工商理事会（WBCSD）］、ISO 14067［国际标准化组织（ISO）］。

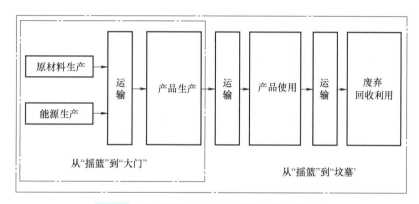

图 5-4　建材产品碳足迹计算的系统边界划分

4. 建材碳排放因子测算

在建筑领域，材料种类繁多，其碳排放测算方法主要可分为两类：一类是依据国家或区域行业宏观统计数据进行，例如，通过水泥总产量与水泥行业碳排放总量计算水泥平均碳排放量；另一类是基于建筑材料的生产工艺流程进行，准确性较高，应用广泛。采用生产工艺流程进行测算时，可遵循以下步骤：

（1）确定测算边界

建筑材料碳排放水平核算包括原材料生产过程中的隐含碳排放、运输过程中的碳排放以及生产加工过程中的碳排放。核算边界应参考计算标准和规范，结合建筑材料的具体生产设施和工艺流程，涵盖原材料隐含碳排放、燃料燃烧产生的碳排放、建筑材料生产过程中的物理化学反应、企业购入的电力和热力产生的碳排放以及企业输出的电力和热力产生的碳排放（如余热利用、协同处置废物过程等）。

（2）分析工艺流程

建筑材料的生产加工过程采用不同的工艺流程和技术，相关碳排放量的计算方法和流程存在差异。

（3）确定碳排放源与温室气体类型

根据建筑材料的生产工艺流程，明确碳排放来源，包括化石燃料燃烧、建筑材料生产过程中的物理化学反应、机械设备使用电耗和油耗等。碳排放测算的温室气体主要以二氧化碳

（CO_2）为主，也可包括甲烷（CH_4）、氧化亚氮（N_2O）、氢氟碳化物（HFCs）、全氟碳化物（PFCs）、六氟化硫（SF_6）和三氟化氮（NF_3）等气体类型，根据实际排放情况确定温室气体种类，并以二氧化碳排放量或二氧化碳当量排放量进行表征。

（4）选定测算方法与数据采集

明确碳排放来源后，需选定相应的测算方法，并进行数据收集。首先要确定建筑材料生产过程中涉及的测算组成部分，细化测算公式和流程。随后进行数据收集，化石燃料燃烧的碳排放可通过生产资料台账或机械设备油耗显示器等获取化石燃料消耗量，结合化石燃料的碳排放因子进行计算；生产流程中的碳排放可通过化学分析和测量确定；投入使用机械设备的碳排放可通过生产资料台账、电表记录等获取能源消耗量，再结合相应的碳排放因子进行测算。

（5）计算碳排放因子

利用收集到的数据进行碳排放测算，汇总得到碳排放总量，然后除以建筑材料的质量或体积，即可计算得到单位质量或体积建筑材料的碳排放量。

5. 建材隐含碳

隐含碳是指在建筑的全生命周期内，由于提取、制造和安装材料和产品而产生的温室气体排放，包括在材料的使用阶段和使用寿命结束后的处理过程（如重复使用、回收利用、填埋等）中产生的温室气体排放。建材行业大多处于高能耗高碳排放状态，减少建材行业的碳排放量，对整个建筑业碳达峰有重要作用。在"双碳"背景下，建筑业碳中和对建材行业低碳发展提出了更新、更高的要求，建筑行业实现碳中和，离不开建材行业的协同。在考虑建筑物（或其他产品）的碳足迹时，隐含碳可能会被忽略，因为它隐藏在材料和制造过程中，而不是在使用产品（在这种情况下为建筑物）时排放。

减少建材隐含碳的手段具有多元性。最简单地说，建筑的低隐含碳解决方案可以分为两大类：整体建筑设计、材料替代。整体建筑设计是指在建筑设计的最初阶段，要求项目在满足功能性要求的同时减少隐含碳。这些策略包括对既有建筑的适应性再利用，减小项目的总占地面积，使用更高效的结构体系，使用预制系统或组件，以及在设计上尽量减少浪费。材料替代是指直接将一种材料替换为另一种材料，既能满足原始设计的功能性要求，又能降低其全球变暖潜能值（GWP）。总体来说，整体建筑设计方案可以带来最多的隐含碳减排。不过，材料替代和材料选型也可以实现显著的隐含碳减排，特别是针对混凝土和钢铁等碳密集型材料时，其碳减排效果显著。此外，这些类别并不是相互排斥的，它们可以共同作用，从而推动更深层次的隐含碳减排。

6. 建材碳排放因子库

建材碳排放因子是碳排放计算的基础数据，在以建筑为研究对象计算建材生产阶段的碳排放时，不再考虑碳排放因子的测算，直接使用已有的碳排放因子。当所采购的建材具有第三方认证机构出具的碳足迹证书时，可直接采用企业所提供的建材生产阶段的碳排放因子。设计阶段尚未确定采购点，或厂家未提供数据时，采用已有研究的数据。我国相关部门公布的数据，如 GB/T 51366—2019《建筑碳排放计算标准》；国内研究机构的专项研究结果，如中国工程院和国家环境局的温室气体控制项目、国家科学技术委员会的气候变化项目；现有建筑碳排放计算软件中的碳排放因子库；其他国家及国际相关机构发布的数据，如 IPCC 发布的《国家温室气体清单指南》、IPCC 在线排放因子数据查询系统、Ecoinvent 生命周期数据清单等；国内外科研单位及相关研究者的研究数据，如英国巴斯大学的 ICE 数据报告、四川大学和亿科环境共同开发的 CLCD 数据库等。

建筑相关碳排放的数据可以从多个渠道获取，包括国际组织、政府机构、研究机构、行业组织等。应根据具体需求和研究对象，注意数据的时效性、适用范围和计算方法，以选择合适的数据源。在全球范围内较为权威的碳排放相关数据库见表 5-1。

表 5-1 国内外碳排放数据库及数据范畴描述

国家或地区	数据库/组织	数据范畴
中国	中国碳核算数据库（CEADs）	提供中国的碳排放和碳吸收数据，包括能源消耗、工业生产过程、农业活动、建筑等领域
	中国产品全生命周期温室气体排放系数库（CPCD）	由国家发展和改革委员会（NDRC）发布，旨在提供各种产品在全生命周期内的温室气体排放系数，以便用于评估和监测碳排放、开展碳市场交易等活动
	国家统计局	提供各种经济活动、工业部门和能源消耗的统计数据，可以用于估算碳排放因子
	生态环境部	发布关于大气污染和温室气体排放的数据和报告，其中包括一些关键行业和活动的碳排放因子
国际	联合国政府间气候变化专门委员会（IPCC）	发布的报告包含各种能源和活动的碳排放因子数据，被广泛用于气候变化研究和政策制定
	国际能源署（IEA）	提供与建筑相关的多个数据库、工具和报告，包含全球范围内的能源消耗和碳排放数据
	世界资源研究所（WRI）	发布各种关于气候变化和碳排放的研究报告，提供全球各个国家和地区的碳排放数据和趋势分析
	Carbon Disclosure Project（CDP）	全球最大的企业温室气体排放和气候变化战略注册数据库之一，提供大量有关企业和城市碳排放的数据和分析
美国	美国环境保护署（EPA）	维护着全球最全面的温室气体排放数据库之一，其中包括各种活动和行业的碳排放因子
欧洲	欧洲环境署（EEA）	提供欧洲各国的建筑碳排放数据（包括排放因子和废弃物数据等）和分析报告
英国	英国建筑研究院（BRE）	提供关于建筑碳排放的研究、数据、认证服务

原则上碳排放计算优先使用可靠性更高的数据，这里主要指碳排放因子数据和产品排放数据。碳排放因子来源广泛，由于研究机构、研究时期与地域、研究方法等有所不同，相同碳排放因子可能有多个对应数据；产品排放数据由于产品型号参数、生产厂商、生产工艺等不同，来源数量和数值差异大。数据选取具体应遵循以下原则：

1）属地数据优于非属地数据。国内外、材料原产地与非原产地、项目供应商和非项目供应商等，由于生产工艺、能源结构等条件存在差异，碳排放数据极有可能存在差异，区域性属地化的数据更能反映项目真实碳排放情况。

2）对应时期数据优于非对应时期数据。对于新建项目碳排放计算，时效性高的数据更有利于计算准确性；对于既有项目碳排放核算，对应时期数据更能反映项目真实碳排放情况，尤其是对隐含碳的核算。

3）独立测算数据优于平均数据。针对具体产品，独立进行过碳足迹核算并获得第三方认证的数据，显然相较于行业平均数据更为准确真实。

4）权威性数据优于非权威性数据。权威性数据包括国家统计数据、业界公认的权威机构数据、高水平核心期刊中的数据，这些数据更有可能经过科学验证，可信度与通用度更强。

5）实测数据优于估计数据。

5.1.4　绿色低碳建材的品种及其产品

根据原材料来源，建材可分为天然环保型和再生环保型。天然环保型建材采用自然界可再生资源或废弃物作为原料，如竹材、木材、石材和泥炭等。再生环保型建材则利用废弃物或工业副产品，如废钢铁、废塑料、废旧轮胎和工业固态废弃物。

根据生产工艺，建材可分为低能耗型和清洁生产型。低能耗型建材在生产和使用过程中消耗较少能源，如轻质墙体材料和隔热保温材料。清洁生产型建材在生产过程中采用清洁技术和设备，减少污染物排放，如预拌混凝土和干混砂浆。

根据功能性，建材可分为生态友好型和多功能型。生态友好型建材对生态环境友好，如植被覆盖屋顶和生态墙面。多功能型建材具备多种功能，如隔声降噪材料和防水防火材料。

1. 生态型结构材料

常见的生态型结构材料包括木结构材料、竹结构材料、生土材料、生物质草砖材料等。生态型结构材料普遍具有质量较轻、取材方便、施工快、抗震性好、美观自然等优点；但其易受火灾、虫害和腐朽影响，耐火性较差，且后期维护成本较高。针对这些生态材料的结构系统特点进行设计时，应注重材料与自然环境的融合，并充分考虑材料的抗拉、抗压等力学特性进行合理的结构设计，形成生态型结构体系，也可以复合其他材料形成新型的结构体系。

（1）木结构材料

木材及其制品在制造过程中展现出显著的能源节约与低碳排放特性，相较于钢材、玻璃、水泥等传统建材，其节能减碳效益尤为突出。木材不仅能够作为替代材料，减少对传统能源密集型产品和化石能源的依赖，还直接促进了我国工业及能源部门碳排放量的降低，凸显了木材工业作为低碳、环保产业的独特优势。具体而言，木材相对于水泥和钢材，在能耗和水污染指标上均有大幅降低，同时其产生的温室效应也显著减少。这种环境友好型特性使得木材成为构建绿色建筑、推动节能减排的理想选择。

木材尤其是特殊处理的胶合木，兼具传统美观和设计强度，同时具备耐火性、绝缘性和尺寸稳定性，可用于大跨度直线或拱形结构，适用于各种公共建筑，具有环保优势，是一种前景广阔的新型建材。

木结构建筑（图5-5）中常见的结构类型包括重型胶合木结构和轻型木结构。重型胶合木结构使用大尺寸胶合木构件，适用于桥梁和大型公共建筑，具有优异的力学性能和稳定性，适合大跨度设计。轻型木结构主要用于住宅和小型商业建筑，使用较小尺寸的木材构件，如墙体框架、楼板和屋顶系统，施工简单、成本低廉、节能环保，具有良好的隔热和抗震性能，在北美和欧洲广泛应用。

图 5-5 木结构建筑示意图

木结构建筑中，常用的木质板材种类多样，各有独特的特性和用途，如图5-6所示。规格材是标准化加工的木材，尺寸和形状固定，广泛用于轻型木结构的框架和构件。层板胶合木由多层木板通过胶黏剂黏合而成，强度高且稳定，适用于重型和大跨度结构。单板层积材（LVL）、平行木片胶合木（PSL）和层叠木片胶合木（LSL）等复合木材，因高度一致性和强度高，适用于承重梁、柱和其他结构构件。工字梁则因轻质高强而广泛用于楼板和屋顶结构，提供优异的抗弯性能。这些木质板材在木结构建筑中发挥重要作用，依据具体需求灵活运用，形成木结构建筑的多样性和独特性。

图 5-6 常用木结构板材

木材作为自然有机材料，因其独特质感和自然美感，为建筑带来温馨和舒适的体验。木材是可再生资源，通过可持续林业管理，保证其长期再生性。木材相较于其他建筑材料，具有良好绝缘性能，有助于减少建筑物能耗，提高能源利用效率。木结构建筑在使用寿命结束后，木材可回收再利用，减少废弃物，并在全生命周期内有效吸收并储存二氧化碳。木材加工过程中废料少，对环境污染小，施工过程相对安静。木材的热阻值是钢材的400倍，混凝土的10倍，隔热性能优异，帮助保持室内温度稳定。现代木结构技术能实现大跨度设计，适用于多种建筑类型，从住宅到大型公共建筑均能胜任。木材的弹性和韧性良好，能有效吸收地震能量，木结构建筑在地震中的表现通常优于其他结构类型。

（2）竹结构材料

竹生物质材料可实现科学种植和合理利用，作为建筑材料，竹材在全生命周期中对环境的不利影响远低于钢材和混凝土，是优秀的负碳和环保结构用材。竹材作为传统建筑材料，因其价格低廉和取材方便，长期以来被广泛应用。竹是生长最快的植物，生长周期短，成材仅需3~5年，繁殖力强，产量丰富。随着可持续发展理念的普及，竹材因其绿色、生态和可再生性，再度受到关注，成为除木材外最重要的可再生建筑材料之一。竹结构示意图如图5-7所示。

图 5-7　竹结构示意图

竹材在建筑领域展现出众多优点，其物理性能、耐久性和防火性均优于一般木材胶合板。我国常见建筑用竹材的物理力学性能大多高于针叶材，因而竹材在工程结构中是一种优良选择。然而，竹子中含有的淀粉易吸引生物，导致柱子性能劣化，需要通过化学方法或干燥处理等方式提高其耐久性。竹子的纤维排列紧密且走向一致，使其具备韧性好、硬度高的特点。经加工后的竹材在物理性能上不逊色于钢材与混凝土，且因竹纤维轴向运行，其抗拉强度高。竹材的弹性和韧性优良，在地震多发地区能有效抵御地震损害，且抗火能力可承受高达4000℃的温度。此外，竹材重量轻，便于运输和建造，生产能耗和废料较少，环保性能优异。这些特性使竹材在建筑领域的应用不仅提升了建筑的抗灾能力，还减少了环境负担。

竹结构建筑（图5-8）的建造成本比常规砖、木结构建筑低20%。传统原竹建筑构造节点采用榫卯、穿斗、捆绑、搭接等简单连接方式，这些处理方式易导致构造节点不牢靠、易松动，竹材易开裂，降低了建筑的安全性与耐久性。在现代竹结构建筑中，为满足跨度与受力需求，竹材常以成组形式作为承重构件，需使用更为复杂和牢固的连接方式。设计师通过试验结合金属连接件，发展了螺栓、套筒、槽口等连接方式。

图 5-8　竹结构建筑示意图

在生态建筑的室内热环境方面，竹子因其独特的空心纤维管构造，比混凝土、钢材、玻璃等材料具有更好的保温和隔热效果。竹材人造板导热系数低于黏土砖、混凝土等常用建筑材料，相同条件下，能够显著提高建筑的节能效益。

（3）生土材料

生土材料是以原状生土为主要原料，经过简单加工，无须焙烧即可用于建筑的材料，因此可有效降低生产阶段的碳足迹。其传统形式包括夯土（图5-9）、土坯、泥砖、草泥、屋面覆土和灰土等。以生土为主体结构材料的房屋通常被称为生土建筑。这种建造传统自原始社会开始，伴随着中华文明的发展，已经延续了至少8000年。

图 5-9 夯土示意图

在国内，比较常见的主要，包括用草和泥土混合在一起的草泥，以及干打垒与湿打垒的砖类等。干打垒是一种夯的概念，在缺水的西北地区用得较多，而在南方，比较常见的是泥砖。此外，常见的生土建筑工艺还包括覆土、木骨泥墙、竹骨泥墙和夯土人工进行夯砌，为弥补传统夯土的劣势，现代夯土技术中夯土材料采用经过合理级配的土石混合料，让其在防水性、耐候性、强度和安全上均有显著的提升。

生土材料在许多方面展现出独特优势，使其成为环保且经济的建筑材料。其突出的蓄热性能使得建筑在冬季保暖、夏季凉爽，显著提升了居住舒适度。由于生土材料可以就地取材，这不仅降低了运输成本和能源消耗，还减少了对环境的影响。生土材料的"呼吸"功能能够有效调节室内湿度和空气质量，提供健康的生活环境。生土材料具有可再生性，房屋拆除后可反复利用，甚至可作为肥料回归农田。生土建筑施工简易，造价低廉，特别适合经济欠发达地区，为这些地区提供了经济环保的建筑解决方案，如图5-10所示。

图 5-10 夯土应用案例

（4）生物质草砖材料

我国作为农业大国，拥有丰富的生物质资源。利用这些资源制成的生物质材料具有质轻、节能、环保等优势。与混凝土、砌块相比，生物质材料在全生命周期内，包括原材料提取、生产加工、建设施工、运营维护直至废弃处理等环节，均表现出碳足迹小、对水资源污染小、能源消耗低的优势。在生产和使用过程中，这些材料能够节约能源，扩大建筑使用面积，降低基础建设费用，因此被视为性能优异的绿色低碳建材。

木本植物、乔本植物和藤本植物及其加工剩余物和废弃物常被用作生物质材料的原材料，经过物理、化学和生物学等技术手段加工，制造成性能优异、附加值高的新型生态材料。目前以秸秆作为原材料，通过热压成型的方式制作成的模块化草砖具有一定的典型性，其应用如图5-11所示。我国是一个农业大国，按照粮食年产量6亿t计算，农作物秸秆可达9亿t，因此秸秆是一种丰富的可再生资源。然而在广大农村地区，除将秸秆发酵制成饲料或汽化制沼气外，大量秸秆仍采用焚烧的方式进行处理，由此进一步引发了环境和安全问题。草砖原材料取自农村，因此将草砖作为农村建筑墙体材料也可大大降低建筑建造过程中的运输成本。利用废弃秸秆为原料制成的草砖不仅生产过程更加环保，同时也具有优良的保温隔热性能。这主要是由于秸秆内部本身存在空腔结构，这些空腔结构内存在的空气大大提升了墙体热阻。模块化设计的草砖近年来被使用在轻钢结构装配式房屋住宅中，结合草砖自重较轻的特点，这类建筑不仅施工速度快，抗震性能也良好，适宜在我国四川、青海等地区作为灾后重建过渡安置房应用，同时该类秸秆草砖可以实现工厂化批量生产，安装使用便捷，符合村镇建筑的发展趋势。

图5-11 生物质草砖材料

生物质草砖是一种性能优良的绿色低碳建材，其多孔结构使该材料具有一定的保温吸湿特性，对其热湿性能的关注与研究可以促进该材料的应用，为其推广使用提供新的思路。因其优良的保温隔热效果，草砖适宜在寒冷地区使用，以保证建筑在冬季获得相对较舒适的室内温度。因其具有多孔性，内部孔洞中空气因温差引起的自然对流对草砖砌块热工性能有着明显影响，在对草砖进行几何设计时不能一味地增加直径来提升草砖保温性能（图5-12）。此外，稻草砖利用先进的新技术设计，使得其在砌筑上与传统砖块有所不同，不需要二次贴加保温材料，大大简化了施工流程。这种新技术设计的草砖材料具有轻质、隔声的显著优点，既减轻了建筑物的自重，又提升了居住的舒适度。在设计时应根据地区特性，兼顾不同工况特点进行合理设计，对达成"双碳"目标、实现可持续发展具有重要意义。

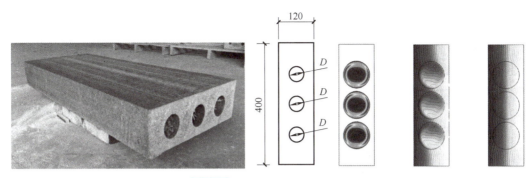

图 5-12　生物质草砖保温性能

2. 装饰型生态材料

（1）生态板

生态板又称为免漆板或三聚氰胺板，其全称为三聚氰胺浸渍胶膜纸饰面人造板。常用生态板如图 5-13 所示。制作过程包括将带有不同颜色或纹理的纸放入三聚氰胺树脂胶黏剂中浸泡，然后干燥至一定固化程度，铺装在刨花板、防潮板、中密度纤维板、胶合板、细木工板或其他硬质纤维板表面，通过热压形成装饰板。生态板通常由表层纸、装饰纸、覆盖纸和底层纸组成。表层纸位于装饰板的最上层，保护装饰纸，使加热加压后的板表面高度透明且坚硬耐磨。该纸需具备良好的吸水性能，洁白干净，浸胶后透明。装饰纸也称为木纹纸，是装饰板的重要组成部分，印刷有各种图案，位于表层纸下方，起装饰作用。该纸需具备良好的遮盖力、浸渍性和印刷性能。覆盖纸又称为钛白纸，主要用于浅色装饰板，位于装饰纸下方，防止底层酚醛树脂透到表面，需具备良好的覆盖力。底层纸作为装饰板的基层材料，浸以酚醛树脂胶，经干燥形成，根据用途或装饰板厚度确定层数，对板起力学性能作用。

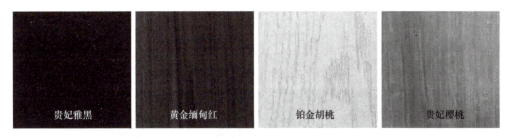

图 5-13　常用生态板

与传统的贴纸家具相比，三聚氰胺板具有耐高温、耐酸碱、耐潮湿、防火等特性。其表面不易变色、起皮，且容易加工成风格各异、质感强烈的贴面。自诞生以来，三聚氰胺板迅速应用于家具、地板及室内装饰等领域。作为一种新型产品，三聚氰胺板将贴面板与胶合板（或细木工板）的功用合二为一，节省生产工序，提高产品附加值，降低装修成本和人工费。如今，市场上的主流板式家具大多采用三聚氰胺板制作而成，引领着家装的新趋势。

图 5-13 彩图

（2）竹木纤维板

竹木纤维板（又称为木塑复合材料，简称 WPC）是一种新型复合材料，如图 5-14 所示。它由重晶石粉和竹纤维混合，经挤压成型和注塑加工制成。竹木纤维板是一种环保材料，具备强度高、硬度大、耐磨、防滑、不开裂、不虫蛀、吸水率低、耐老化、耐腐蚀、抗静电、绝缘、隔热、阻燃等特性，可耐受温度范围为 -40~75℃，应用广泛。

图 5-14　常用竹木纤维板

竹木纤维板的加工性能优异，主要由石灰岩和木纤维合成，不添加胶水，环保程度高于密度板。其加工性能类似于木材，可锯、钉、刨，适用于木工设备安装。作为高分子合成材料，竹木纤维板在抗压和抗弯性能上优于普通木材，表面硬度是普通木材的 2~5 倍。其耐水、耐腐蚀、不易生菌、不怕虫蛀，使用寿命超过 10 年。UV 光稳定性和良好的着色性使其表面可通过热转印或覆膜制作各种颜色和图案。竹木纤维板是一种绿色产品，不含有毒物质、危险化学品、防腐剂、甲醛和苯等有害物质，不会造成空气污染，且可 100% 回收再加工或生物降解。其原材料来源广泛，可使用木粉、竹粉或稻草粉等植物纤维。竹木纤维板在合成过程中添加了阻燃剂，防火等级达到 B1 级，性能优于实木产品。竹木纤维板样式多样，饰面丰富多样，具有一定的隔声效果。其最大长度可达 4m，可直接进行毛坯安装，无须前期打底处理，简化了安装过程，缩短了装修工期。

（3）陶板

陶板以天然陶土为主要原料，加入少量石英、浮石、长石及色料等成分，经过高压挤出成型、低温干燥和 1200℃ 高温烧制而成，应用案例如图 5-15 所示。其特点包括绿色环保、无辐射、色泽温和，不产生光污染。

图 5-15　陶板应用案例

根据结构，陶土幕墙产品分为单层陶板、双层中空式陶板、陶棍和陶土百叶；按表面效果则包括自然面、喷砂面、凹槽面、印花面、波纹面和釉面。双层陶板通过中空设计减轻自重，提升透气、隔声和保温性能。

陶板是一种绿色环保的新型建筑材料，由天然陶土配合石英砂，通过挤压成型和高温煅烧制成，具有无放射性和良好的耐久性，可循环再生。其颜色为天然陶土本色，色泽自然、鲜亮、均匀，且不易褪色，赋予幕墙持久的生命力。此外，陶板的空心结构使其自重轻，同时增加了热阻，起到保温作用，比石材幕墙更为简易轻巧，能够节约幕墙配套成本。陶板的易洁功能显著，得益于其稳定的物理化学性能和表面特殊处理，具有耐酸碱和抗静电的特点，不会吸附灰尘，并且根据等压雨幕原理，未分解的脏物会随雨水冲刷掉，始终保持温润的原始色泽。陶板的技术性能稳定，抗冲击能力强，满足幕墙风荷载设计要求，同时具备耐高温、抗霜冻和阻燃性，确保安全防火。其高颜值特质使陶板具有温和的外观，容易与玻璃和金属等材料搭配使用，增加建筑的人文气息，整体呈现出色泽温润柔和的美感。因此，陶板在各项性能和美观度上均表现出色，是一种理想的幕墙装饰材料。

5.1.5 建材的资源化利用

CJJ/T 134—2019《建筑垃圾处理技术标准》对建筑垃圾的定义：建筑垃圾是指新建、扩建、改建和拆除各类建筑物、构筑物、管网等以及居民装饰装修房屋过程中所产生的弃土、弃料及其他废弃物。城市建筑垃圾按来源可以分为五类，各类别的产生方式及内容：土地开挖垃圾、道路开挖垃圾、建筑施工垃圾、旧建筑物拆除垃圾、建材生产垃圾。

把从自然资源中新产出的建筑材料和废旧建筑材料整合利用，以达到节约新材料，延长建筑材料生命周期的目的，更多地使用循环和再生产出的建筑材料已成为绿色建筑的重要标准，也是社会共识。一般固体废弃物处置优先选择资源化方式，无法资源化的要按照相关要求做无害化处置，如运往工业固体废物填埋场做安全填埋等，如图5-16所示。

a) 废料填埋　　　　　　　　　b) 废料焚烧　　　　　　　　　c) 废料再利用

图 5-16　建材循环方式

不同的结构类型对应不同的材料，而不同的材料可以回收利用的比例与回收利用的方式又有所不同。回收利用能避免二次污染，缓解建材供应紧张，降低能耗，减少碳排放。但其排放也不可避免，其碳排放主要源自再生材料以及设备耗能产生的碳排放。如对于废钢铁，每 1 万 t 废钢铁可以炼出 9000t 优质钢，节约能源达到 60%；铝的再生也只需要消耗不到电解铝生产的 5% 的能源。除此之外，具备可再生性的材料还有建筑玻璃、木材、铝合金型材等。

加强材料再利用率的拆除方式会导致投入升高，但会带来更高的经济效益，且从材料投入到下一次利用过程中的更长周期来看，碳排放量也会显著降低。而在这其中预制装配式构件的再利用更具优势，其以相对便捷的拆卸与较低程度的再处理即可投入使用，与单纯的建筑材料再利用相比更具优势。

建筑师在选择材料时，应该首先考虑使用可再利用材料，即指不改变物质形态可直接再利用的，或经过组合、修复后可直接再利用的回收材料。这既涉及从其他建筑物上拆下来的可再利用材料和设备，同时，也涉及新材料今后被再利用的可能性。这是减少材料使用量的一大措施，也是目前世界各国推崇使用钢结构和木结构的重要原因之一。使用废弃材料生产建筑材料减轻了固体废料污染，减少了生产中的能量消耗，同时节省了自然资源，如纤维素绝缘制品、使用草木生产的地板砖或回收塑料所生产的塑料木材等。

5.1.6 建筑节材技术与方法

（1）尽量发挥既有建筑的价值

在可能的条件下，尽量充分利用既有建筑，对其内部空间进行改造，使之重新发挥价值。这有助于减少因拆除建筑物而产生的大量建筑垃圾，并可以减少新建建筑物的能源消耗和材料消耗，可谓一举多得。目前，这一原则已经得到不少业主的认可，大量的产业建筑再利用、旧建筑再利用都体现了这一点。

（2）尽可能考虑多种功能的适应性

我国绝大部分建筑物的设计寿命为 50 年。在 50 年中，随着时代的演化、产业的更替、使用者的变化，建筑物的使用对象、使用功能很可能会发生变化。此时，如果建筑物具有一定的适应性，就比较容易再利用，避免被拆除，也就可以减少材料消耗和能源消耗。因此，目前发达国家都非常提倡"适应性设计"（Adaptive Design），在新建筑设计时预先考虑未来变化的可能性，通过尽量保证空间的完整性和整体性，以使其具有适应未来多种功能变化的可能性。

（3）尽量控制建筑规模

材料消耗与建筑规模密切相关，规模越大往往消耗的材料也越多，因此，在满足使用功能的前提下，应该控制建筑规模。同时，控制辅助空间的面积，减少不必要的浪费，提高空间利用率。此外，还要尽量减少不必要的建筑部件。建筑师在设计中，应该尽量精打细算，对于电梯、楼梯、卫生洁具等的数量，都应该经过仔细计算，在满足使用要求的前提下，尽量减少使用数量，减少经济投入和材料消耗。

（4）选用性能优良、耐久性好的材料

选用性能优良、耐久性好的材料是减少材料消耗的重要手段。对于结构构件而言，使用高强度钢筋、高强度混凝土有助于减少构件断面，避免"肥梁胖柱"的问题，增加使用面积，同时又提高了安全性。对于其他材料和设备而言，性能优良、耐久性好的材料和设备有助于延长使用寿命，减少维修，从建筑全生命周期而言，减少了能源消耗，减少了碳排放量。

（5）避免使用释放污染物的建筑材料

如溶剂型涂料、黏结剂及刨花板等许多建筑材料都可能释放出甲醛和其他挥发性有机化合物，危害人体健康。

（6）选择不需要维护的建筑材料

在可能的情况下，选择基本上不需要维护（如粉刷、再处理或防水处理）的建筑材料，或者使其维护对环境的影响最小。

（7）选择废弃的建筑材料

在可能的情况下，选择废弃的建筑材料，如拆卸下来的木材或五金等。这样可以减轻垃圾填埋的压力，节省自然资源，但是一定要确保这些建筑材料可以安全使用，检测其是否含铅或石棉等有害成分，重新使用旧的窗户和洁具不应以牺牲节能和节水为代价。

（8）减少无用的建筑外部装饰

在建筑外部应尽量少甚至不用纯装饰性构件，应结合实际的功能需求设计。例如，将高质量的木材用作窗框、门框，将高质量的混凝土直接裸露，将表现力好的金属构件结合室内装饰、室外遮阳构件设置。如江苏建筑职业技术学院图书馆（图 5-17），外立面从基本的遮阳需求出发，通过竖向格栅遮阳系统与横向绿植遮阳系统共同构成外立面的形式语言。

（9）选用当地富产材料做有限装饰

建筑形态应结合建筑的功能需求，建筑装饰构件的运用宜与建筑环境的气候适应性相结合，起到挡雨、遮阳、导风、导光等作用，控制没有功能作用的装饰构件的应用。同时，建筑材料应因地制宜、就地取材，尽量选用当地材料，兼顾其他地区的材料，既减少了运输成本，也能使建筑体现当地的地域特征和文化风貌。如德阳奥林匹克后备人才学校（图 5-18），选用德阳市周边高质量盛产的混凝土、竹材，主体结构用清水混凝土，辅助竹材格栅作遮阳构件、门窗。

图 5-17　江苏建筑职业技术学院图书馆

图 5-18　德阳奥林匹克后备人才学校

（10）倡导原生材料作室内外装饰

建筑饰面材料宜追求材料自身的物理特征与表观特征，通过原生素面表达其真实的材料效果，如混凝土、砌块材、木材、金属材料等，经过必要的材料物理性能优化后，尽量减少在原生材料上进行二次涂刷。如南宁国际园林博览会昆山园的屋顶饰面（图 5-19）采用用地周边的芦苇茅草进行绑扎后直接安装，主体结构借助竹材的抗弯性能一次成型，减少二次加工过程带来的污染与浪费。

图 5-19　南宁国际园林博览会昆山园的屋顶饰面

5.2　保温构造设计

建筑保温是减少建筑物室内热量向室外散发的措施，对创造适宜的室内热环境和节约能源有重要作用。建筑保温主要从建筑外围护结构上采取措施，确保保温系统的连续性。

保温构造设计

5.2.1　建筑保温设计原则

围护结构的保温性能通常是指在冬季室内外条件下，阻止室内热量向室外传递，从而维持适宜的室内温度的能力。建筑保温原理如图 5-20 所示。

建筑围护结构节能技术主要通过增加各部分围护结构的热阻，提高其保温隔热能力来实现。这样做既可以在确保室内舒适环境气候的前提下，在冬季减少供暖期间建筑内部热量的散失，从而节约供暖能耗；又可以在夏季有效防止各种室外热湿作用造成室内温度过高，从而节约空调能耗。

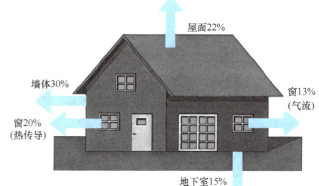

图 5-20　建筑保温原理

在新建的节能建筑中，应优先采用密度小（自重轻）、热阻大的新型生态、节能材料，如新型板材体系、空心砌块等。对于已有墙体的节能改造，可以在其外侧或内侧贴装高效保温材料，如聚苯乙烯泡沫塑料板等，以提升整体节能水平。

5.2.2　墙体保温构造设计

外墙采用保温构造以满足内部热舒适需求时大致可分为以下几种方式：

1)单设保温层。单设保温层是最常见的保温构造方式,通过将导热系数很小的材料作为保温层与承重墙体结合,起到增强保温效果的作用。由于保温层不承担承重任务,因此选择材料的灵活性较大,无论是板块状还是纤维状的材料都可以使用。

2)利用封闭空气间层保温。根据建筑热工学原理,封闭的空气层具有良好的隔热作用。在建筑围护结构中设置封闭的空气间层可以显著提高保温性能,适用于新建工程和既有建筑改造工程。

3)保温与承重相结合。一些材料既具有承重功能,又具备保温性能,如空心板、多孔砖、空心砌块和轻质实心砌块等。只要材料的导热系数较小,强度能够满足承重要求,并且具备足够的耐久性,就可以采用保温与承重相结合的方案。这种构造方式施工简单方便,适用于钢筋混凝土框架等结构类型的外围护墙。

1. 自保温

墙体自保温体系是将混凝土空心砌块、蒸压加气混凝土、陶粒加气砌块等与保温隔热材料合为一体,以起到自保温隔热作用,如图 5-21 所示。

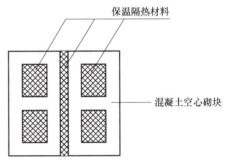

图 5-21 自保温隔热混凝土空心砌块

结构保温一体化技术在建筑中主要用于框架填充保温墙以及预制保温墙板。其特点是保温隔热材料填充在砌块的空心部分,使混凝土空心砌块具有保温隔热的功能,墙体既有承重功能,又有较好的热工性能,具有保温效果。其最大的优点是构造简单,施工方便,经济实用。常用的有蒸压加气混凝土砌块等材料。

在墙体自保温的设计施工中应考虑以下几个问题:

1)保温效果的发挥受到一定程度的制约,适用范围有限。在寒冷、严寒地区,墙体厚度较大。

2)框架及节点部分仍存在热桥现象。对于由多孔轻质保温材料构成的轻型墙体(如彩色钢板聚苯或聚氨酯泡沫夹心墙体),其传热系数可能较小,或传热阻值较大,即保温性能相对较好。然而,由于其为轻质墙体,热稳定性相对较差。

3)在墙体施工前,需根据房屋设计图编绘自保温砌块平立面排块图。排列时应考虑自保温砌块规格、灰缝厚度、宽度、窗洞口尺寸、过梁与圈梁或连系梁的高度、构造柱位置、预留洞大小、管线、开关、插座、敷设部位等因素,对孔、错缝进行搭接排列。

4)以主规格保温砌块为主,辅以相应的辅助砌块。

5）自保温砌块应错缝搭砌，搭接长度不应小于主规格长度的 1/4。

6）鉴于砌块强度的限制，自保温墙体一般适用于低层、多层承重外墙或高层建筑、框架结构的填充外墙。

2. 外保温

外墙外保温工程是指将外墙外保温系统通过组合、组装、施工或安装固定在外墙外表面上所形成的建筑物实体。

外墙外保温方式既适用于新建墙体，也可应用于既有建筑的节能改造。外墙外保温方式能有效抑制外墙与室外之间的热交换，是目前较为成熟的节能措施。外墙外保温方式具备以下优势：

1）由于构造合理，能大幅降低主体结构所承受的温差作用，减小温度变化；对结构墙体具有保护作用，并能有效减轻或消除部分热桥影响，有利于延长结构寿命。

2）采用外墙外保温方式，使墙体内侧热稳定性提高，当室内空气温度变化时，墙体内侧能吸收或释放较多热量，有利于保持室温稳定，从而改善室内热环境。

3）有助于提高墙体的防水性和气密性。

4）便于既有建筑的节能改造。

5）避免室内二次装修对保温层的破坏。

6）不占用室内使用面积，与外墙内保温相比，每户使用面积增加 $1.3\sim1.8m^2$。

因此，在结构热稳定性方面，外保温相较于内保温具有显著优势。在雄安设计中心零碳展示馆中，其外墙采用 ALC 高蓄热装配墙板+碳化聚苯板组合保温材料，以保证建筑冬季的保温防寒能力，如图 5-22 所示。

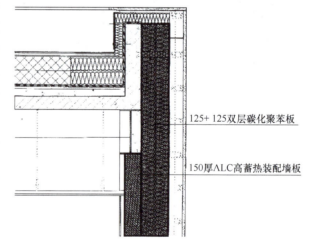

图 5-22 雄安设计中心零碳展示馆（一）

在墙体外保温的设计施工中应注重以下几个问题：

1）板间搭接处理需严谨，以确保墙面整体保温体系的连续性。

2）选用保温材料时，对保温性能、耐久性、防火性能及与基层的黏结力等指标要求较高。

3）注意避免局部热桥效应，如永久性机械锚固、穿墙管道及附着物固定等可能产生热桥的部位。

4）使用钢丝网架复合外保温系统时，墙体传热系数应根据实测结果确定保温层必要厚度。

5）降低墙体传热耗热量并非仅通过增加保温层厚度，而应综合考虑墙体保温、隔热及气密性等各方面因素。

6）外墙外保温施工前，须对基层进行处理，确保其平整、干燥、无油污、无裂缝等缺陷。

粘贴保温板薄抹灰外墙外保温系统是由黏结层、保温层、抹面层和饰面层等构成，依附于外墙外表面起保温、防护和装饰作用的构造系统。基层采用混凝土墙体、各种砌体；黏结层使用保温板胶黏剂；保温层采用保温板（必要时界面处理）；饰面层设置柔性饰面。将预处理的保温板内置于模板内侧作为保温层，浇筑混凝土形成黏结层，再进行抹面层和饰面层施工，形成具有保温隔热、防护和装饰作用的构造系统，如图 5-23 所示。

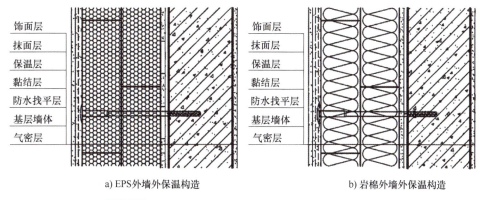

图 5-23　EPS 外墙外保温构造与岩棉外墙外保温构造

3. 内保温

外墙内保温是将保温材料置于外墙体的内侧，对于建筑外墙来说，可以是多孔轻质保温块材、板材或保温浆料等，如图 5-24 所示。

保温层在围护结构内侧施工，降低了施工难度和成本，同时，这种施工方法也减少了外墙保温层可能出现的脱落、开裂等问题，提高了建筑物的安全性。然而，保温层占据了一定的内部空间面积，这可能会影响到室内装修和日常使用。在空间有限的情况下，室内装修时容易破坏保温层，导致保温效果降低。

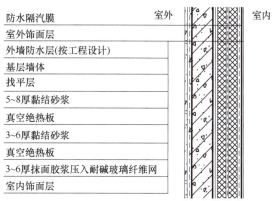

图 5-24　外墙内保温构造

在墙体内保温的设计施工中应注意以下几个问题：

1）采用内保温方式，会使建筑内外墙体分别处于不同温度场，导致建筑物结构承受较大热应力，从而缩短结构寿命，且保温层容易出现裂缝等问题。

2）内保温无法避免热桥现象，导致墙体保温性能降低，并在热桥部位的外墙内表面容易出现结露、潮湿甚至霉变现象。

3）实施内保温策略，将占用室内使用面积，不便于用户进行二次装修及墙上悬挂饰物。

4）在既有建筑进行内保温节能改造过程中，对居民日常生活造成较大干扰。

5）XPS板、EPS板和PU板均为有机材料且具有可燃性，因此在室内墙体应用方面将受到限制。

6）在严寒与寒冷地区，若处理不当，实墙与保温层交界处容易出现水蒸气冷凝现象。

复合板与基层墙体的粘贴面积不应小于复合板面积的30%，在门窗洞口四周、外墙转角和两端及距顶面和地面100mm处，均应采用通长黏结，且宽度不应小于50mm。施工时，先在基层墙体上做防水找平层，通过以粘为主、粘锚结合方式固定于墙面，并采用嵌缝材料封填板缝，当保温层为挤塑聚苯泡沫塑料（XPS）时，宜增设玻璃纤维网增强聚合物水泥砂浆底衬。纸蜂窝填充憎水型膨胀珍珠岩保温板在施工现场切割或打洞时，应采用灌装阻燃型发泡聚氨酯填充、密封。

4. 夹心保温

夹心保温（复合保温墙体技术）是将保温材料置于同一外墙的内、外侧墙片之间，建筑框架结构可以在砌筑内、外填充墙间填充保温材料，如图5-25所示。

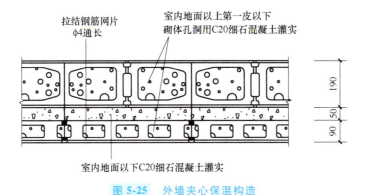

图5-25　外墙夹心保温构造

夹心保温墙多用于寒冷地区和严寒地区，夏热冬冷和夏热冬暖地区可适当选用。夹心保温砌块一般在低层和多层承重墙体中使用，对框架和高层剪力墙系统仅用作填充墙材料。夹心保温墙的缺点是施工工艺较复杂，特殊部位的构造较难处理，容易形成冷桥，保温节能效率较低。

在墙体夹心保温的设计施工中应注意以下几个问题：

1）夹心保温施工方式适用于寒冷地区和严寒地区。

2）在设计过程中，需充分考虑热桥效应的影响，确保热阻值的选取符合考虑热桥影响后的复合墙体平均热阻。

3）针对热桥部位，应精细设计节点构造保温方案，防止内表面出现结露现象。

4）夹心保温可能导致外墙或外墙片出现温度裂缝，因此在设计时务必注意采取加固措施及预防雨水渗透措施。

外墙夹心保温一般以24cm砖墙为外墙片，以12cm砖墙为内墙片，也有内、外墙片相反的做法。两片墙之间留出空腔，随砌墙随填充保温材料。保温材料可为岩棉、EPS板或XPS板、散装或袋装膨胀珍珠岩等。两片墙之间可采用砖拉结或钢筋拉结，并设钢筋混凝土构造柱和圈梁连接内、外墙片。小型混凝土空心砌块 EPS 板或 XPS 板夹心墙构造做法：内墙片为厚 190mm 混凝土空心砌块，外墙片为厚 90mm 混凝土空心砌块，两片墙之间的空腔中填充 EPS 板或 XPS 板，EPS 板或 XPS 板与外墙片之间有一定厚度的空气层。在圈梁部位按一定间距用混凝土挑梁连接内、外墙片。

5. 墙体热桥及细部处理

随着建筑节能要求的提高，建筑保温层越来越厚，尤其是超低能耗建筑，其保温层厚度远高于普通建筑，可达到 200~300mm。另外，随着建筑防火要求的提高，薄抹灰保温系统逐渐退出市场，保温结构一体化墙体使用范围不断增加。由于保温层厚度较大，为了保证保温层的结构稳定性，通常需要在建筑层间增加挑板来保证结构性能，但是这种做法需要进行现场支模，由于板宽较窄，支模难度较大。另外，此处会形成热桥，造成整体保温性能下降，为了降低热桥影响，可以在外侧增加真空绝热板，如图 5-26 所示。

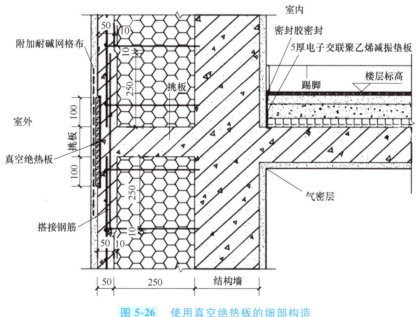

图 5-26 使用真空绝热板的细部构造

但真空绝热板成本较高，且真空绝热板易损坏，损坏后将极大影响此处的热工性能。因此，也可以采用一种新的挑板技术来改进墙体的整体热工性能，降低施工建设成本。利用格构式连接件空间结构强度高、传热系数小的特点，设计新的连接件及方法，承受保温层荷载的同时，能够有效降低层间挑板的热桥强度，如图 5-27 所示。

首先将主体连接角码连接通过预埋螺栓或膨胀螺栓与基础墙体连接牢固，之后将格构式主体连接件（图 5-28a）与主体连接角码通过螺栓连接固定，之后将层间挑板（图 5-28b）通过连接螺栓固定，也可通过自攻螺栓固定，之后将保温层放置于挑板之上，即可完成保温层的荷载承重。建筑层间挑板系统可极大地降低超低能耗建筑层间挑板的热桥强度，同时可以降低现场施工湿作业工作量，降低总体成本。

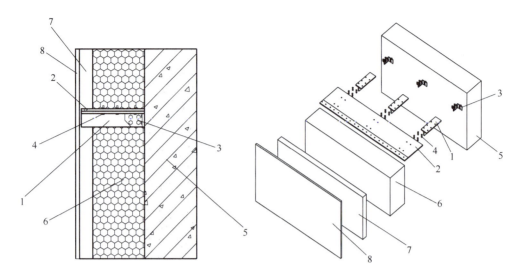

图 5-27 使用断热桥挑板的细部构造

1—格构式主体连接件 2—层间挑板 3—主体连接角码 4—挑板连接螺栓
5—基础墙体 6—保温层 7—自密实混凝土层 8—饰面层

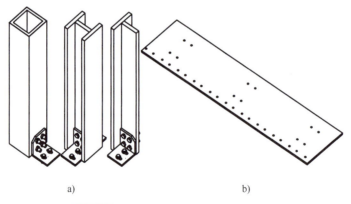

图 5-28 格构式主体连接件与层间挑板

5.2.3 屋面保温构造设计

作为建筑围护结构的关键组成部分，屋面对建筑顶层房间的室内气候具有重大影响，保证其保温性能是建筑节能设计中必不可少的一环。为实现屋面整体性能的提升，除满足建筑节能设计标准的保温要求外，还应采用新型防水材料并优化保温和防水结构。保温屋面主要包括平屋顶和坡屋顶两种形式，平屋顶因构造简单而广受欢迎。设计时应遵循以下原则：

1) 选用导热性较低、蓄热性较高的材料，以增强材料层的热绝缘性能。同时避免使用密度过大的材料，以免增加屋面荷载。

2) 综合考虑建筑使用需求、屋面结构形式、环境气候条件、防水处理方法及施工条件等因素，进行技术经济比较，确定适宜的保温材料和构造方式。

3）确定保温材料时，应考虑节能建筑的热工要求，设定保温层厚度，并关注材料层的排列顺序，因排列方式不同会影响屋面的热工性能。设计过程中需根据建筑功能和地域气候条件进行热工设计。

1. 正置式屋面保温

正置式屋面是指保温层位于防水层下方的保温屋面构造。

这种做法通常用于采用加气混凝土、膨胀珍珠岩、矿棉等传统保温隔热材料的屋面。由于这些传统保温材料容易吸水，吸水后会大大降低保温隔热性能，因此只能将保温层置于防水层之下。这是一种传统做法，操作简便，保证性高，维修费用低，渗漏治理相对简单。正置式屋面构造如图 5-29 所示。

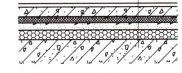

图 5-29　正置式屋面构造

在正置式屋面保温的设计施工中应注意以下几个问题：

1）鉴于保温层位于防水层下方，为排放找平层与保温层内的湿气，防止水蒸气导致防水层鼓包，屋面上需设置大量排气孔。此举不仅影响屋面使用与美观，且人为破坏防水层完整性，防雨盖易于脱落，反而可能导致雨水侵入孔内。

2）即便遵循规范设置排气孔，防水层起泡问题仍可能出现。

3）防水层位于上方，易受气温变化与日光紫外线的影响，导致老化、开裂，会对屋面防水性能产生负面影响。

4）屋面渗漏点维修面临挑战，排气道四通八达，卷材破损可能从其他部位显现，单独确定破损点困难，后期维修受限。

5）保温层上的找平层应设分格缝，缝宽 5~20mm，纵横缝间距不超过 6m。

6）保温层选用吸水率低、导热系数小且具有一定强度的保温材料，厚度依据工程所在地现行节能设计标准或计算结果确定。

7）若工程设计采用矿物纤维毡、板作为保温层，应采取防止压缩措施并关注防水。

2. 倒置式屋面保温

倒置式屋面是一种将传统屋面结构中的保温隔热层与防水层颠倒安置的构造方式，也称为侧辅式屋面。倒置式屋面构造如图 5-30 所示。

倒置式屋面设计具备众多优势，因此在防水和保温隔热方面表现出卓越性能：

1）延长防水层使用寿命：通过将保温层置于防水层之上，可以显著降低防水层受大气、温差及紫外线等因素影响的程度，进而延长防水层的使用年限。此类设计有助于保持防水层的柔韧性和延展性，据相关资料表明，可将防水层使用寿命延长 2~4 倍。

2）保护防水层免受损伤：倒置式屋面通过不同厚度的保温材料构成缓冲层，使得防水层在施工过程中不易受到机械损伤，同时减轻了外部冲击产生的噪声。

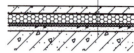

图 5-30　倒置式屋面构造

3）促进水排放和防止水蒸气凝结：若保温材料具有一定坡度（通常不小于2%），雨水可自然排出，避免水蒸气在防水层上凝结，降低了防水层受损的风险，并解决了屋面内部长期水蒸气凝结的问题。

4）施工便捷，易于维护：相较于传统屋面，倒置式屋面施工更为简便，省去了隔汽层和找平层，大幅降低了施工复杂性和工期。另外，若局部出现渗漏，仅需揭开部分保温板即可进行维修，操作便捷。

在倒置式屋面保温的设计施工中应注意以下几个问题：

1）在选择保温隔热层材料时，应以吸水率低为原则，如聚苯乙烯泡沫板或沥青膨胀珍珠岩。

2）为保障保温隔热材料免受损伤，应在其上方设置保护层，可选用混凝土、水泥砂浆或干铺卵石等。若选用混凝土板或地砖作为保护层，需用水泥砂浆进行铺砌；若选择卵石作为保护层，则应在卵石与保温隔热材料层之间铺设一层具有耐穿刺、耐久性强及防腐性能优良的纤维织物。

3）在保温层施工中，应采用憎水性保温材料，如珍珠岩、水泥聚苯板、加气混凝土、陶粒混凝土、聚苯乙烯板（EPS）等，以保证保温性能。

4）施工过程中，应注意成品保护，避免对防水层造成破坏。

5）防水材料及施工质量应确保可靠，如若发生渗漏，修复过程中需去除保护层、保温层等，将耗费大量时间和人力，且返修费用较高。

6）大跨度屋面和坡度在10%以上的屋面不宜采用倒置式屋面保温结构。

7）在屋面找坡材料的选择上，为减轻屋顶荷载并满足屋面排水坡度要求，可选用陶粒混凝土作为基层找坡材料。同时，结构找坡方式也可满足要求。

3. 屋面热桥及细部处理

由于围护结构保温性能良好，建造过程中使用了大量的保温材料，外围护结构保温的厚度较大，远高于普通建筑，建筑非结构构件屋面女儿墙除保证安全外，在防水构造上也具有独特的功能。随着女儿墙在建筑顶部的大量应用，其产生的结构性热桥导致能耗增加的问题愈加严重，如何削弱或消除热桥已成为亟待解决的问题，如图 5-31 所示。

既有建筑中的女儿墙为连通屋面结构，通常为钢筋混凝土制作，传热系数较大，且需要现场支护模板,并进行浇筑,湿作业多,工艺复杂。为了降低建筑女儿墙热桥的线传热系数,通常需要在女儿墙两侧包裹较厚的保温材料,造成女儿墙厚度增加,外观笨重,用材量巨大,工程造价也很高,不利于后期日常使用及物业维护,最重要的是热桥现象减弱并不明显。

利用复合材料空间结构强度高、传热系数小的特点,设计新的建筑女儿墙墙体,完成女儿墙功能的同时极大地降低了女儿墙热桥的线传热系数,减少了建筑材料用量。女儿墙主体立柱采用强度高、传热系数小的复合材料制作,如纤维增强塑料、碳纤维等,截面形状可为管状、工字形、T字形等,立柱之间的距离为300~2000mm。如主体连接角码采用金属制作时其高度应不大于保温层厚度的50%。

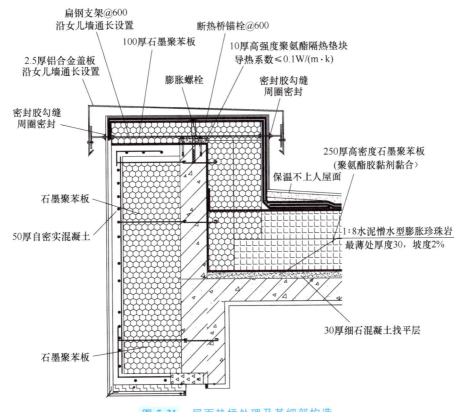

图 5-31 屋面热桥处理及其细部构造

首先将主体立柱与基层楼面板通过主体连接角码用螺栓连接固定,然后通过杆件连接角码将连接横杆与女儿墙主体立柱连接固定,接着将纵杆与连接横杆通过三通连接件连接固定,通过自攻螺栓或粘接法将外墙挂板及内墙挂板与纵杆连接固定,顶部扣上防水盖板并通过自攻螺栓或粘接法固定,即完成新型无热桥女儿墙组装,如图 5-32 所示。之后将防水卷材上卷,粘贴固定于内墙挂板上,接缝处盖上防水压条,将外饰面材料固定于外墙挂板之上,之后按传统屋面保温及女儿墙做法完成屋面保温防水。

该做法保证了保温层的连续性,唯一打断保温层的女儿墙主体立柱由导热系数低,结构强度高的材料制作,且用量较少,也不会对节能效果产生影响,与传统钢筋混凝土女儿墙相比,节能效果较好。

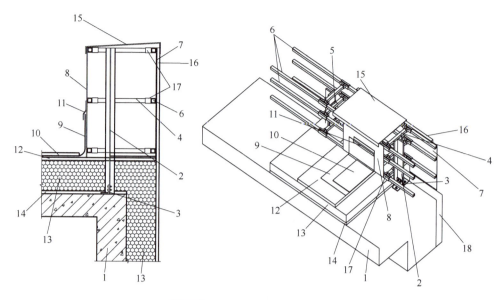

图 5-32 无热桥女儿墙细部构造

1—基层楼面板　2—女儿墙主体立柱　3—主体连接角码　4—连接横杆　5—杆件连接角码　6—纵杆
7—外墙挂板　8—内墙挂板　9—防水层　10—保护层　11—防水压条　12—找平层　13—屋面保温层
14—找平层　15—防水盖板　16—外饰面　17—三通连接件　18—墙面保温层

5.3 隔热构造设计

我国的夏热冬冷地区和夏热冬暖地区若不采取防热措施，势必造成室内过热，严重影响人们的生活和工作，甚至影响人体的健康。为防止夏季室内过热，必须在建筑设计中采取必要的技术措施。通过防止室外高气温通过室内外空气对流将大量的热量传入室内，隔绝邻近建筑物、地面、路面的反射辐射热及长波辐射热，阻止围护结构热量传入室内，可改善室内热环境，尽可能地降低设备费和能源的消耗。

隔热构造设计

5.3.1 隔热构造设计原则

隔热通常是指对建筑物使用适当的隔热材料并进行设计，以减少建筑外壳的热传递，从而减少热量的损失和取得。围护结构的隔热性能通常是指在夏季自然通风情况下，围护结构在室外综合温度和室内空气温度的作用下，其内表面保持较低温度的能力。建筑隔热原理如图 5-33 所示。

热量的传递是由室内和室外之间的温差引起的。热量可以通过热传导、热对流或热辐射传递。传输速率与传播介质的性质密切相关。通过顶棚、墙壁、地板、窗户和门的传播会损失或吸收热量。这种热量的减少和取得通常是不为乐见的。因为这不仅增加了暖通空调系统的负荷进而导致更多的能源消耗，还降低了建筑物内人员的热舒适性。建筑物中的隔热是为居住者提供热舒适性的重要因素。

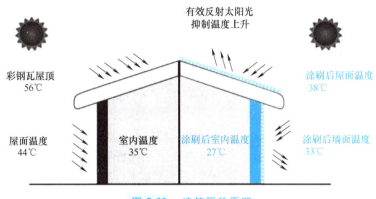

图 5-33　建筑隔热原理

5.3.2　墙体隔热构造设计

1. 反射墙体

建筑反射隔热涂料是一种新型功能性建筑涂料，采用合成树脂为基料，与功能性颜料和助剂等混合而成，涂覆于建筑物外表面。它具有较高的太阳光反射比、近红外反射比和半球发射率。将其施用于建筑墙体构造层实体上，可形成反射隔热墙体，如图 5-34 所示。

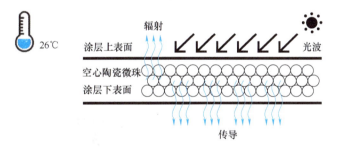

图 5-34　建筑反射隔热涂料原理

近年来，建筑反射隔热涂料在一些地区开始得到应用并备受重视。在我国夏季气温过高的地区，如夏热冬暖、夏热冬冷地区，这种涂料不仅具有普通外墙涂料的装饰效果，还能反射太阳辐射热，降低涂膜表面温度，减轻因夏季温度过高而导致的一系列问题。

从原理上讲，反射隔热涂料能够通过两种方式减少热量通过墙体的传递：一是显著降低墙体表面温度；二是涂膜本身具有较小的导热系数，具备一定的热阻。因此，在建筑节能设计中，采用反射隔热涂料的外墙（图 5-35），可以考虑一定的等效热阻，或对传热系数进行适当修正。至于热工设计中的另一个重要参数，即热惰性指标，一般认为使用反射隔热涂料不会增加墙体的热惰性指标。

在反射墙体的设计施工中应注意以下几个问题：

1）对涂膜厚度而言，涂膜反射是表面反射，反射性能只与涂膜表面的反射率有关，而与涂膜厚度无关。但实际上在一定的涂膜厚度范围内，反射率随涂膜厚度的增加而提高，只有在涂膜达到一定厚度值后，由于光线并不能够透过涂膜照射到基层，因而涂膜厚度再增加，涂膜的反射率提高却不明显。

2）涂膜厚度对于其延伸率及其遮蔽基层裂缝能力的影响也很大。因而，应给出建筑反射隔热涂料的最小设计膜厚，一般最小涂膜厚度不应小于 $100\mu m$。

3）对防水与变形缝而言，应考虑建筑反射隔热涂料涂装基层的密封和防水构造设计，确保水不会渗入涂装基层体系。

4）对于水平或倾斜的出挑部位，以及延伸至地面的部位，应做防水处理。

5）对于穿过涂层体系安装的设备或管道应固定于基层墙体上，并做密封和防水设计。

6）建筑反射隔热涂层应配合外墙保温系统设置变形缝，且变形缝处应做好防水和构造处理。

图 5-35　建筑反射隔热涂料墙体构造

2. 通风墙体

通风幕墙是指由外层幕墙、热通道和内层幕墙（或门、窗）组成，在热通道内能形成有序空气流动的建筑幕墙。建筑通风墙体如图 5-36 所示。

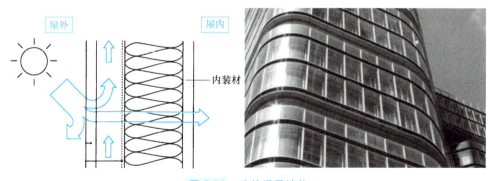

图 5-36　建筑通风墙体

通风幕墙通常也称为双层幕墙、呼吸式幕墙、动态通风幕墙、热通道幕墙等。简而言之，通风幕墙由两层玻璃幕墙与中间的空气层构成，通过系统的优化设计和合理配置，能有效提升围护结构的热工性能，改善室内通风，提高隔声性能，以及控制室内采光。根据其构造特点和通风原理，双层幕墙可分为内循环式（机械通风型）（图 5-37a）、外循环式（自然通风型）（图 5-37b）、内外循环式（混合通风型）（图 5-37c）以及密闭式、开放式等多种形式。双层幕墙也可以融合光伏幕墙的概念，形成双层光电幕墙，同时还能更好地结合各种夜景照明系统。

在通风墙体的设计施工中应注意以下几个问题：

1）此类双层幕墙系统的设计，在于内外两层幕墙之间构成一层具有一定厚度（150～300mm）的空气腔，该腔体充当热隔绝层。

2）内层幕墙的底部设有进风口，顶部设有排风口。通过顶棚内的风管和排风机械，将室内污浊空气排出，并带走部分进入室内的辐射热，从而形成流动空气层。

3）通风换气的同时，空腔内的空气与室内排出的空气产生动态热交换，有助于减少室内热量损失，并提升保温/隔热效果。

4）设计过程中，应通过软件模拟分析，合理设置通风口和气流组织，确保系统通风量满足室内通风换气需求，使围护结构的动态节能效果达到最优。

5）此类系统应在适当位置设置自然通风装置或开启窗（外层幕墙），在室内新风不足时，进行适度补充，以维持室内空气清新。

6）内循环式双层幕墙尤其适用于以供暖为主的寒冷地区以及室外空气污染较严重的地区。根据实际需求，封闭内循环式（机械通风型）双层幕墙可以采用单元式、构件式及单元构件组合式等多样化的构造形式。

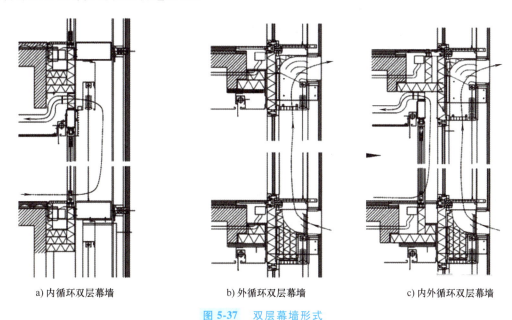

a) 内循环双层幕墙　　b) 外循环双层幕墙　　c) 内外循环双层幕墙

图 5-37　双层幕墙形式

3. 外墙绿化

建筑外墙绿化是指在建筑物外墙表面种植绿植，或在墙面设置垂直花园，通过植物的生长和蒸腾作用，降低周围环境的温度，改善空气质量，缓解交通噪声等，如图 5-38 所示。

最大限度地增加绿化面积，如今常采用立体绿化设计。有时，建筑师将立体绿化作为建筑构思的起点，使其成为建筑立面的重要组成部分。合理的绿化配置可以改善微气候，缓解城市热岛效应，植物通过遮阴来遮挡太阳辐射，与一般建筑外墙可相差 2~3℃；植物的蒸腾作用可降低周围温度；绿墙可充当建筑的隔热层；可改变建筑物的风效应。此外，绿墙植物的叶和枝干可以摩擦声波，有效降低噪声。通过植物呼吸作用，改善空气质量，绿墙可以阻挡路面灰尘，过滤空气尘埃，吸收空气中重金属粒子。绿墙可吸收部分雨水以减少地表径流。绿墙可以通过创造栖息地、食物来源（如越冬鸟类）、生态走廊、筑巢场所等来改善城市生物多样性。此外，绿墙还可以改善视觉舒适度，提高能源利用效率，改善人类心理健康等。

图 5-38　建筑垂直绿化

在外墙绿化的设计施工中应注意以下几个问题：

1）在进行墙面绿化设计时，需要综合考虑建筑物的平面功能、朝向、高度以及开窗位置等各种因素，以平衡相关要求，形成具有特色的建筑立面。

2）常见的建筑外墙绿化根据构造分为攀爬式、网架式、铺贴式、模块式等多种类型。

3）在现有建筑外墙绿化工程中，存在无浇灌设计或浇灌设计不得当问题，一般外墙绿植朝向不同，需水量也不同。

4）立体绿化还必须充分考虑其荷载要求。对于新建建筑，应在设计阶段就预留足够的荷载。

5）对于旧建筑改造，则需更加谨慎，可以通过结构加固、采用营养土等方法，既实现立体绿化，又确保安全性。

5.3.3　屋面隔热构造设计

1. 通风屋面

通风屋面在我国夏热冬冷地区和夏热冬暖地区被广泛采用，特别是在气候炎热多雨的夏季，其优越性更加显著。由于屋面结构从实体结构转变为带有封闭或通风空气间层的结构，大幅提升了屋面的隔热性能，如建筑架空屋面（图 5-39）。

图 5-39 建筑架空屋面

架空屋面隔热原理：一方面利用架空板遮挡阳光；另一方面利用风压将架空层内被加热的空气不断排走，从而达到降低屋面内表层温度的目的。架架空屋面与双层屋面构造如图 5-40 所示。

在通风屋面的设计施工中应考虑以下几个问题：

1) 架空屋面的坡度控制在不超过 5%。
2) 架空隔热层的高度应依据屋面宽度或坡度进行设定，通常在 100~300mm 之间。
3) 当屋面宽度超过 10m 时，应配备通风屋脊，以确保气流顺畅。
4) 进风口应置于当地夏季主导风向的正压区，而出风口则位于负压区。
5) 架空板与女儿墙的距离约 250mm。

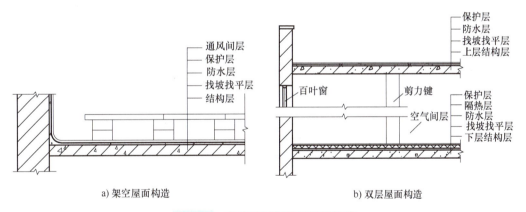

图 5-40 架空屋面与双层屋面构造

2. 种植屋面

种植屋面通常由结构层、找平层、防水层、蓄水层、滤水层、种植层等构造层组成。在我国夏热冬冷地区和华南等地，过去已有"蓄土种植"屋面的应用实例，通常称为种植屋面（图 5-41）。

目前，在建筑中这种屋面的应用更加广泛，通过屋顶绿化，种植草花甚至栽培灌木、打造假山、设置喷水系统，形成了草场屋顶或屋顶花园，是一种生态型的节能屋面。坡屋面绿化保温隔热性能效果会更好些。夏季绿化屋面与普通隔热屋面比较，室内温度会有明显下降。因此，屋面绿化作为夏季隔热措施有着显著效果，可以节省大量的空调用电量。屋面在其建筑表面用植物覆盖可以减轻阳光暴晒引起的材料热胀冷缩，保护建筑防水层；同时屋面绿化也可使刚性防水层避免干缩开裂、缓解屋面热胀冷缩，对柔性防水层和涂膜防水层减缓老化延长寿命十分有利。

图 5-41　种植屋面

在进行种植屋面设计时应注意以下几个主要问题：

1）种植屋面的结构层应选用整体浇筑或预制装配的钢筋混凝土屋面板，其质量需符合我国现行相关规范的要求。结构层的外加荷载设计值（除自重外）需根据上部具体构造层及活荷载进行计算确定。

2）防水层应采取设置涂膜防水层与配筋细石混凝土刚性防水层两道防线的复合防水措施，以确保防水质量。

3）在结构层上设置找平层，建议采用1∶3（质量比）的水泥砂浆，其厚度根据屋面基层种类（依据屋面工程技术规范）规定为15～30mm，找平层应坚实平整。找平层宜设置分格缝，缝宽为20mm，并填充密封材料，分格缝最大间距为6m。

4）栽培植物宜选择长日照的浅根植物，如各类花卉、草等，一般不宜种植根系较深的植物。

5）种植屋面的坡度不宜大于3%，以防止种植介质流失。

6）四周挡墙下的泄水孔不得堵塞，应确保排水畅通。

在细部构造方面，已经积累了许多成熟的经验，种植屋面构造一般包括：种植土层、过滤层、排（蓄）水层、防水保护层、耐根穿刺防水层、普通防水层、找坡找平层、结构层，如图5-42所示。根据屋面的坡度和承受荷载的情况，可以采用不同的方法，如简单式种植（仅种植地被植物、低矮灌木）、花园式种植（可以种植乔木、灌木、地被植物等各类植物）、容器式种植（植物种植在容器内）等。

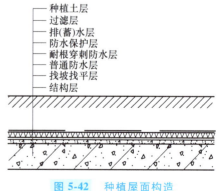

图 5-42　种植屋面构造

3. 蓄水屋面

蓄水屋面是指在屋顶上储存一薄层水，以提高屋顶的隔热性能，如图5-43所示。

图 5-43　蓄水屋面

水在屋顶上能起隔热作用的原因主要是水在蒸发时要吸收大量的汽化热，而这些热量大部分来自屋面所吸收的太阳辐射，因此大大减少了经由屋顶传入室内的热量，并相应地降低了屋面的内表面温度。蓄水屋面也存在一些缺点。在夜晚，屋顶储水后，外表面温度始终高于无水屋顶，这使得利用屋顶散热变得困难。此外，蓄水也增加了屋顶的静荷载，并且为了防止渗水还需要加强屋面的防水措施。蓄水屋面构造如图 5-44 所示。

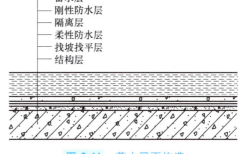

图 5-44　蓄水屋面构造

在设计和施工时，应注意以下问题：

1）蓄水屋面的水深应严格控制在 50～100mm 范围内，因为超过此深度，屋面温度及相应热流值降低趋势不显著。

2）建议考虑实施分格缝或分仓方案。分格缝的设置需遵循屋盖结构规定，间距依据板布局方式确定。针对纵向布置的板，分格缝内无筋细石混凝土面积不宜超过 $50m^2$；对于横向布置的板，应按照开间尺寸设定分格缝，间距不得超过 4m。

3）重视泛水问题。泛水对防水效果具有较大影响，防水层混凝土应紧贴檐墙内壁上升，高度需超过水面 100mm。转角区域应填充嵌缝材料以防渗水。

4）预设孔洞、预埋件、供水管、排水管等设施应在混凝土防水层浇筑前完成，严禁在防水层上事后凿孔打洞。

5）混凝土防水层应一次性浇筑完成，避免留设施工缝。立面与平面防水层应一次性施工完毕。防水层施工温度宜控制在 5～35℃ 范围内，避免在负温或烈日下作业。刚性防水层完工后，应及时进行养护，蓄水过程中切勿中断水源。

经实测，采用深蓄水屋面的顶层住户在夏季室内温度相较于普通屋面的顶层住户低 2～5℃。因此，蓄水屋面作为一种有效的屋面隔热措施和改善屋面热工性能的途径，有利于实现节能目标。同时，这种方式还能避免由于温度变化导致的屋面板胀缩裂缝，提升屋面的防水性能，增加整个屋面的热阻和温度衰减倍数，降低屋面的内表面温度。正因如此，蓄水屋面已广泛应用于实际工程中。然而，在推广应用过程中，还需注意除增加结构荷载外，还需做好屋面的防水构造，合理控制水深，以降低屋面荷载。

5.4 透明围护结构构造设计

建筑围护结构中的透明围护构件包括窗户、透明幕墙、天窗和阳台门等。相较于非透明围护结构，透明部分的围护结构设计在节能方面更具挑战性。因为其无法像非透明部分一样采用保温材料，而必须改变透明材料（如玻璃）本身的热工性能。对于透明围护结构的设计，可以增加玻璃的层数，调节空气层，采用密封技术，改善边缘条件，或在玻璃上镀或贴上特殊性能的膜。此外，还可以采取遮阳措施等方法来改善热工性能。

透明围护结构构造设计

5.4.1 透明围护结构设计原则

透明围护结构设计原则包括：

1）限制玻璃幕墙的面积，尤其是大型公共建筑，避免大面积使用玻璃幕墙，尤其在东、西朝向。

2）选用中空玻璃、低辐射中空玻璃、充填惰性气体的低辐射中空玻璃或多层中空玻璃等，或选择双层玻璃幕墙以提升保温性能。

3）避免室内外保温玻璃面板间的冷桥现象，采取隔热型材、连接紧固件的隔热措施，以及隐框结构、索膜结构等。

4）在玻璃周边与墙体或其他围护结构连接处，使用弹性、防潮型保温材料填塞，并用密封剂或密封胶密封缝隙。

5）如需遮阳，选用吸热玻璃、镀膜玻璃（如热反射镀膜、低辐射镀膜、阳光控制镀膜等）、吸热中空玻璃或镀膜中空玻璃。

6）针对空调建筑的向阳面，尤其是东、西朝向的玻璃幕墙，应实施固定或活动式遮阳措施，可结合外廊、阳台、挑檐等遮阳处理方法。

7）进行玻璃幕墙的结露验算，确保在设计计算条件下，其内表面温度不低于室内露点温度。

8）确保幕墙非透明部分（面板背后的保温材料所在空间）充分隔气密封，以防止结露。

9）针对空调建筑大面积使用玻璃窗、玻璃幕墙的情况，根据建筑功能和节能需求，可采用智能化控制的遮阳系统和通风换气系统。

5.4.2 门窗节能构造设计

在建筑物的外围护结构中，外门、窗户和地面所占比例较大，为30%~60%。针对冬季人体热舒适性，需对它们采取不同的保温措施，因为外门和窗户的内表面温度通常明显低于外墙、屋顶和地面的内表面温度，它们具有不同的传热过程。冬季失热量方面，外窗、外门和地面的失热量通常大于外墙和屋顶。特别是玻璃窗传热量较大，热阻较小，导致冬季窗户表面温度较低，会产生冷辐射，对靠近窗户的人体产生"辐射吹风感"，影响室内热环境舒适度。

外门在空气渗透损失热量方面具有显著特点。由于门的开闭频率较高，门缝的空气渗透程度通常大于窗户，尤其是木制门容易变形。为满足节能标准，建筑设计可考虑采用传热系数符合要求的单层节能门，或在条件允许的情况下，设置双层外门，以获得更好的节能和防寒效果。同时，还可添加防寒门斗和防寒门帘等辅助措施，降低空气渗透损失热量，显著提高外门的整体保温效果。在中国建筑设计研究院创新可研示范中心（图5-45）中，项目采用Low-E中空玻璃+陶板双层幕墙的方式，外层陶板幕墙同时作为外遮阳措施，降低西晒对外墙的热辐射。

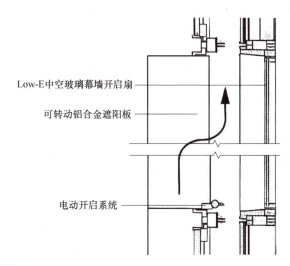

图 5-45　中国建筑设计研究院创新可研示范中心门窗节能构造设计

1. 门窗分类

单层窗的热阻较小，因此在温暖地区更为适用。然而，在寒冷地区，需要考虑采用双层甚至三层窗户。这不仅是为了维持室内正常气候条件，也是节约能源的重要举措。对于双层玻璃窗，空气间层厚度最佳为 2~3cm，这样可以减小传热系数。当空气层厚度小于 1cm 时，传热系数会迅速增大；而大于 3cm 时，虽然成本增加，但保温效果并未显著提升。在一些建筑中，为了增强窗户的保温性能，还可以考虑使用空心玻璃砖替代普通平板玻璃。常用玻璃分类见表 5-2。

表 5-2　常用玻璃分类

分类	吸热玻璃	热反射玻璃	Low-E 玻璃	隔热贴膜
遮阳效果	对太阳辐射热吸收程度有限，吸收程度与其颜色和厚度有关。会造成二次辐射	对太阳辐射有一定反射效果，但无法反射中远红外线	对太阳辐射反射效果较好，尤其是对远红外线有较高反射能力，可见光高透过	不同性质和颜色的玻璃膜可以对太阳辐射产生不同遮挡效果
辐射透过率	60%~70%	40%~60%	20%~70%	20%~60%

（续）

分类	吸热玻璃	热反射玻璃	Low-E 玻璃	隔热贴膜
适用情况	建筑局部，适合打造不同颜色效果	夏热冬暖、夏热冬冷地区的大面积幕墙区，特殊隐蔽性观察窗	寒冷地区及夏热冬冷地区较高端产品	主要用于改造，比如直射阳光较强房间、室内二次装修等
常见问题	玻璃表面温度过高对构件性能产生影响，玻璃本身颜色有损室内光环境	容易对周边城市环境产生光污染	造成脱膜现象，中空玻璃中不干燥造成Low-E膜氧化	脱膜、起泡、保质期较短

2. 门窗设计基本要求与应用

1）提高建筑的气密性，减少冷风渗透。除了少数建筑采用固定密闭窗外，一般窗户通常存在缝隙。这些缝隙导致冷风渗透，加剧了围护结构的热损失，对室内热环境造成影响，因此需要采取有效的密封措施。目前普遍采用密封胶条固定在门窗框和窗扇上。当塑钢窗关闭时，窗框和窗扇将密封胶条压紧，实现了良好的密闭效果。此外，还应该使用保温砂浆或泡沫塑料等材料填充门窗框与周围墙体之间的缝隙，以进一步实现密封效果。

2）改善窗框保温性能。20 世纪 80 年代前建造的既有建筑绝大部分窗框是木制的，保温性能比较好。但由于种种原因，金属窗框越来越多。由于这些窗框传热系数很大，故其热损失在窗户总热损失中所占比例不小，应采取保温措施。首先，将薄壁实腹型材改为空心型材，内部形成封闭空气层，提高保温能力。其次，开发推广塑料产品，目前已获得良好保温效果。最后，不论用什么材料做窗框，都应将窗框与墙之间的缝隙用保温砂浆、泡沫塑料等填充密封。为了尽量减少门窗洞口热桥导致的热量损失，通常要求将门窗外挂于墙体之外，保温层中部，如图 5-46 所示。

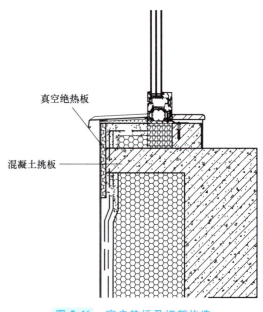

图 5-46　窗户热桥及细部构造

这种方法由于采用金属挂件安装，热桥阻断效果并不明显；或者采用混凝土托板，将窗框安装于托板之上，之后在托板靠近室外部分安装真空绝热板阻隔热桥，这种做法施工时需要对托板部分进行模板支护及安装，极大地增加了施工难度，且真空绝热板成本高，安装难度也较大，为了实现断热桥效果施工难度及成本增加较多。另外，目前窗户安装多采用膨胀螺栓直接将窗框安装于墙体之上，当窗户使用寿命到期，更换窗户时难度也很高，且容易破坏墙体，因此，需要一种新的无热桥外挂窗系统（图 5-47），来改进超低能耗外挂窗安装技术，降低安装成本。

首先将主体连接角码与基础墙体通过预埋螺栓或膨胀螺栓连接，通过螺栓将格构式主体连接件与主体连接角码固定到一起，然后将窗框安装导轨与格构式主体连接件通过自攻螺钉或螺栓固定到一起，之后将窗框与窗框安装导轨通过 T 型螺栓固定到一起，即完成窗户固定。保温层、自密实混凝土层与装饰面层通过传统安装方法完成即可。

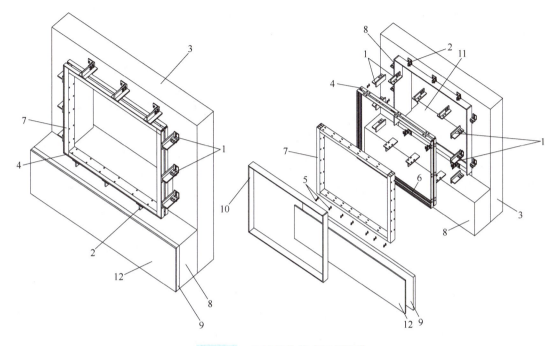

图 5-47　无热桥外挂窗细部构造

1—格构式主体连接件　2—主体连接角码　3—基础墙体　4—窗框安装导轨　5—T 型螺栓
6—隔热条　7—窗框　8—保温层　9—自密实混凝土　10—外窗套　11—内窗套　12—装饰面层

利用格构式主体连接件空间强度高的特点，设计新型装配式外挂窗，在提高建设效率的同时降低热桥效应，该发明结构简单，安装便捷，更换方便，并可以明显提升超低能耗外挂窗的热工性能及结构性能。无热桥外挂窗安装便捷，拆装时不会破坏原有结构及墙体，提高窗户整体的热工性能与结构性能，达到节能减排的目的，尤其对于超低能耗建筑能够更大地降低热桥强度。

5.4.3　屋顶天窗构造设计

1. 天窗分类

自然采光在建筑中的重要性不言而喻，它不仅能有效降低照明能耗，还能为人们营造安全、洁净、健康的环境。在太阳全光谱的照射下，人们会感受到更多的愉悦，这有助于增进人与自然的联系，满足人们渴望回归自然的心理需求。此外，自然采光还对儿童的生长发育具有积极的影响，具有杀菌作用，并能增强人体的免疫力。

根据天窗使用的材料，天窗可以分为金属天窗、木质天窗、复合天窗以及断桥铝天窗。而按照形式，天窗可分为天顶型、凸起型和凹陷型。

自然采光主要包括侧窗采光和天窗采光两种方式。天窗采光能让光线更有效地深入建筑内部，通常采用平天窗。为确保采光效果，天窗之间的间距一般应控制在室内净高的1.5倍范围内。同时，天窗的窗地面积比需要综合考虑多种因素，包括天窗玻璃的透射率、室内所需照度以及室内净高等。通常情况下，窗地面积比在5%~10%之间，特殊情况下可适当调整。在设计天窗时，还需注意避免眩光，并结合适当的遮阳设施，以防止过多的太阳辐射进入室内。

2. 天窗设计基本要求与应用

在确定天窗的抗风压、水密性、气密性、传热系数及采光性能等级时，需结合当地气候特征、工程特点以及建筑高度等要素进行综合考虑。在雄安设计中心零碳展示馆（图5-48）中，其屋顶采光天窗设置双层遮阳系统，上部通过电动滑轨遮阳帘完成第一次滤光隔热，下部固定遮阳格栅进一步遮挡室外直射光。

图5-48 雄安设计中心零碳展示馆（二）

天窗具备高效采光及避免眩光等特性，但在高纬度地区，由于冬季太阳高度角偏低，为进一步提升其采光性能，可研究应用光线反射板等技术手段。

天窗可分为有骨架和无骨架两种类型，对于有骨架天窗，其骨架形式、材料选择、抗震性、抗风压能力以及泄爆性能等，应由专业生产厂家根据项目实际情况进行定制化设计。

在构建天窗与屋面连接构造时，应确保排水和防水措施得当，严防积水超过天窗防水构造的高度，并避免防水构造失效导致漏水。

此外，地下空间的利用同样对采光有一定要求。近年来，新型采光技术如导光管、光导纤维、采光隔板以及导光棱镜窗等不断涌现，它们利用光的折射、反射及衍射等物理特性，有效满足了地下空间对自然光的需求。

5.4.4 遮阳设计

1. 遮阳分类

建筑遮阳措施的种类繁多，根据位置可分为外窗遮阳与天窗遮阳。外窗遮阳应用广泛，积累了丰富经验。天窗遮阳则主要适用于大中型公共建筑的中庭采光天窗，通常位于建筑内部，并采用电动设施以便操作。

遮阳可根据内外位置分为外遮阳、内遮阳和中间遮阳。外遮阳效果优于内遮阳和中间遮阳，为建筑师首选。内遮阳通常用于室内设计阶段或历史保护建筑，无法改变外立面效果。中间遮阳位于玻璃系统内部或两层门窗、幕墙之间，造价和维护成本较高。根据遮阳构件的活动性，遮阳可分为活动式遮阳和固定式遮阳。活动式遮阳应用广泛，可满足夏季遮阳和冬季采光需求，但价格和质量要求较高。遮阳构件的控制方式可分为手动式和电动式。电动式适用于各类建筑，尤其是高大建筑和空间，应用广泛。遮阳构件材料多样，包括钢筋混凝土、铝合金、玻璃、木材、织物和植物等，铝合金构件最为常见。根据遮阳构件形式，遮阳可分为挡板、百叶、卷帘、花格、布篷等。根据遮阳构件类型，可分为水平式、垂直式、综合式和挡板式。每种类型都有其适用的范围。各类遮阳形式的特点见表 5-3。

表 5-3 各类遮阳形式及其特点

遮阳形式	类型		优点	缺点
玻璃自遮阳	静态	真空玻璃、Low-E 玻璃	结构简易，遮阳效果显著	需要关闭窗户，影响室内自然通风
	动态	热致变色玻璃、电致变色玻璃、气致变色玻璃、光致变色玻璃	可以自动适应环境变化	尚未大规模产业化成本较高
固定式遮阳		水平遮阳、垂直遮阳、综合遮阳、挡板遮阳	固定在建筑外围护结构之上，无须额外操作与维护 美观的固定式外遮阳还可兼作装饰性构件	无法根据环境变化和个人需要进行调整
活动式遮阳	内遮阳	百叶窗帘、拉帘、卷帘	对材料和结构的耐久性要求较低 易于操作和维护 能够防止眩光	降低室内温度的效果不如外遮阳显著
	中间遮阳	中置百叶	与窗框和玻璃一体化设计，整体性强	维修不便
	外遮阳	遮阳卷帘、活动百叶、遮阳篷	可以根据环境条件和个人偏好自由调节遮阳系统状态	造价高 带有转动结构，比固定式遮阳寿命短 维修成本高

2. 遮阳设计基本要求

遮阳系数是指太阳辐射量经由窗户（包括窗玻璃、遮阳和窗帘）投射到室内与照射到窗户上的太阳辐射量之比。外窗的综合遮阳系数考虑了窗户本身和外部遮阳装置的综合遮阳效果，其值等于窗户本身的遮阳系数与外部遮阳装置的系数的乘积。

建筑遮阳的基本要求如下：

1）遮阳设施应综合考虑地区气候、技术、经济、使用房间性质等因素，解决夏季遮阳隔热、冬季阳光照射、自然通风、采光等问题。

2）同朝向的太阳辐射特点不同。夏季太阳辐射强度随季节和朝向的变化而变化，一般水平面最高，东西向次之，南向较低，北向最低。对于存在大面积天窗的情况，屋顶面和东西向是首要考虑的部位，其中西向遮阳比东向更为重要。接下来依次是西南向、东南向、南向和北向墙面。

3）外部遮阳能够直接阻挡太阳辐射，具有良好的节能效果。固定式外遮阳价格相对较低，但灵活性较差，不当设计可能会影响冬季阳光照射和房间的自然通风。可调式外遮阳结构复杂，价格较高。内遮阳不直接暴露在室外，对材料和构造的要求较低，价格相对较低，操作和维护方便。内遮阳可以将室内直射光漫反射，降低室内阳光直射区的空气温度，对改善室内温度不均匀和避免眩光起到积极的作用。

4）长三角地区和华北寒冷地区南向建议采用固定遮阳，比如水平遮阳或者垂直遮阳，朝向越偏东西，需要的水平遮阳尺寸越大。对于东西朝向，垂直遮阳并不能发挥较大用处，主要是由于常规住宅的窗户较大，仅在两边设置垂直遮阳的效果非常有限，只有窗扇足够窄或者垂直遮阳板形成阵列时才较为有效。在华南地区以及夏热冬冷的中部地区，北向遮阳有一定有效性，尤其是华南地区可以采用垂直遮阳以及水平遮阳，当然活动式遮阳和绿化遮阳对于各个朝向同样有效。但是玻璃自遮阳仅建议用在华南地区，对于其他区域会影响冬季得热。对于不同朝向的窗口，各种遮阳方式也具有不同适应性。

3. 遮阳设计应用

1）选用水平遮阳时（图5-49），可采用混凝土、格栅、百叶、金属等材质。水平遮阳能有效遮挡较高角度的太阳光，但对低角度的太阳光并无遮挡作用。然而，在实际应用过程中，往往因朝向和进深长度的设置不当，导致遮阳效果不佳，且遮阳板上方容易积灰，形成卫生死角。

图5-49 水平遮阳形式

2）选择垂直遮阳时（图5-50），常用材质包括混凝土、格栅、金属等。垂直遮阳能有效遮挡从窗口两侧斜射进来的低角度太阳光，但对于上方投射和平射光则无遮挡效果。实际应用中，垂直遮阳可能会影响窗口的视野范围，对立面设计影响较大。

图5-50 垂直遮阳形式

3）采用挡板遮阳时（图5-51），可选择格栅、百叶、织物等材质。挡板遮阳能有效遮挡高度角较小、正射窗口的太阳光，以及部分漫射光和红外辐射。然而，在实际应用过程中，挡板遮阳会遮挡视野，遮阳时易对采光通风造成影响，因此通常设计为活动式，但造价较高。

图 5-51　挡板遮阳形式

思 考 题

1. 如何区分绿色低碳建材、绿色建材、生态建材？
2. 如何在设计阶段开始考虑应用绿色建材？其对最终建筑形态有何影响？
3. 如何在设计阶段将隔热构造作为设计的出发点以改善物理环境？
4. 不同墙体保温设计各自的适用场景是什么？各自有什么优劣？
5. 透明围护结构与非透明围护结构对于室内环境的作用机理有何不同？
6. 各类遮阳措施如何在各类气候区应用？其与建筑结合的形式是什么？

第6章 可再生能源技术设计

可再生能源对于建筑实现绿色、低碳、可持续的建设目标具有重要的推动作用。通过在建筑中集成太阳能、风能、地热能等可再生能源技术,能够有效减少建筑运行对化石能源的依赖,从而降低温室气体排放和减轻环境污染。可再生能源在建筑中的应用不仅提高了建筑的能源利用效率,降低了运行成本,还提升了建筑的生态价值。

6.1 可再生能源概述

6.1.1 可再生能源的定义

根据国家能源局给出的释义,可再生能源是指在自然界中可以不断再生、永续利用、取之不尽、用之不竭的资源,它对环境无害或危害极小,而且资源分布广泛,适宜就地开发利用。

6.1.2 可再生能源的种类

联合国开发计划署(UNDP)将新能源和可再生能源分为三类:大中型水电、传统生物质能和新可再生能源。新可再生能源包括小水电、太阳能、风能、地热能、海洋能、现代生物质能。

我国的可再生能源是指除常规化石能源和大中型水力发电、核裂变发电之外的可以持续利用、对环境友好的能源,这些能源包括太阳能、水能、风能、生物质能、地热能、海洋能等一次能源以及氢能、燃料电池等二次能源等,如图6-1所示。

1. 太阳能

太阳能主要来源于太阳的热辐射能,其表现形式就是常见的太阳光线。太阳能的利用主要有两种方式:光热转换和光电转换。光热转换主要是利用太阳辐射能产生热能,用于供暖、热水和工业生产等领域。光电转换则是利用太阳辐射能产生电能,太阳能电池板将太阳光直接转化为电能,满足人们的用电需求。

2. 水能

水能主要利用水体的动能、势能和压力能等进行发电或转换为其他形式的能源进行利用。水能资源主要存在于河流、湖泊、水库等水体中，其最基本的条件是水流和落差，流量越大，落差越大，所蕴含的水能资源就越大。水力发电几乎是目前水能利用的唯一方式，因此通常把水电作为水能的代名词。然而，水能的开发也受到一些限制，如受地形、气候、水资源量等自然条件的限制较大。

图 6-1　可再生能源种类

3. 风能

风能是将风的动能转化为其他形式的能量，如机械能、电能等。风能的利用方式主要有两种：风力发电和风力驱动。风力发电是利用风力驱动发电机组转动，将风的动能转化为电能。风力驱动则是利用风力驱动风能转换装置，如风力泵、风力帆等，将风的动能转化为机械能或其他形式的能量。风能资源丰富，但是存在一些局限性，如稳定性差、能量密度低等，风能资源的开发也需要考虑到地形、气候等自然条件的限制。

4. 生物质能

生物质能是通过生物质（如木材、农作物废弃物等）的燃烧或发酵而产生的能源，是一种低碳的能源，其使用过程中产生的二氧化碳可以由植物的光合作用吸收，实现碳循环。生物质能的利用方式主要包括直接燃烧、生物转化和热化学转化等。直接燃烧是将生物质转化为热能的过程；生物转化是通过生物发酵等方式将生物质转化为沼气、酒精等能源；热化学转化则是将生物质在高温高压下进行转化，生成液体燃料或气体燃料。

5. 地热能

地热能是从地球内部的热能中获取的能源。地热能利用的主要方式是通过地热热泵或地热发电厂来提取地热能。在地热发电厂中，地下热水或蒸汽被抽取到地面，然后通过涡轮机发电。地热能储量丰富，分布广泛，可用于发电、供暖、医疗、农业等领域。但地热能开发难度较大，需要考虑地质条件、技术难度和经济成本等因素。

6. 海洋能

海洋能是指依附在海水中的可再生能源，包括潮汐能、波浪能、温差能、盐差能、海流能等形式，这些能量以各种物理过程存在于海洋之中。海洋能的利用是指用一定的方法、设备把各种海洋能转换成电能或其他可利用形式的能。由于海洋能具有可再生性和不污染环境等优点，是一种亟待开发的新能源。海洋能有三个显著特点：蕴藏量大，并且可以再生不绝；能流的分布不均、密度低；能量多变、不稳定。

6.1.3　可再生能源建筑应用概况

近年来，随着建筑节能标准的不断提升，能源保供能力稳步提升，绿色低碳转型深入推进，能源供给侧结构性改革持续深化，可再生能源供能系统在建筑中的应用变得越来越重要。特别是太阳能、风能、地热能等较为成熟的可再生能源利用技术在建筑领域得到了广泛的应用，利用方式主要包括太阳能热利用、太阳能建筑光伏一体化、建筑风光互补发电、地源热泵等。

可再生能源在建筑中的应用主要包括以下四个方面：

1. 太阳能建筑利用

（1）太阳能热水系统

太阳能热水系统是将太阳能转化为热能的装置，将水从低温加热到高温，以满足人们在生活、生产中的热水使用，这是应用最成熟的太阳能技术之一。太阳能热水系统由集热管、储水箱、循环管道及支架等相关零配件组成。建筑中的太阳能热水器设计考虑了当地的气候特点、居民的用水习惯和建筑的朝向，以期实现最大化热能的收集和使用效率。

（2）太阳能光伏发电系统

太阳能光伏发电系统也越来越多地应用于建筑屋顶和墙面，为建筑提供电力。电池板把太阳光转化为电能，满足建筑运行的电力需求，其中包括照明、家电及空调系统等。若太阳能光伏发电系统发电量大于家庭消费时，过剩的电能也会回馈给电网，从而达到积极回馈能量的目的。太阳能光伏发电系统在集成设计时综合考虑建筑物方位、倾斜角度和阴影等因素，使电力输出达到最优。

（3）太阳能供热供暖技术

太阳能供热供暖技术主要是利用太阳能集热器将太阳能转化为热能，并通过储水箱和连接管路将热能传输到室内进行供暖。在太阳能供热供暖系统中，通常会采用一些辅助设备，如散热器、循环泵等，以提高供热效率。

（4）太阳能空调系统

太阳能空调系统利用太阳能驱动的制冷、制热设备来提供冷暖。它通常包括太阳能集热器、热泵、膨胀阀、蒸发器和冷凝器等组件。太阳能集热器吸收太阳能并将其转化为热能，热能通过热泵循环被传输到蒸发器中，蒸发器中的制冷剂在吸收热能后蒸发，产生制冷效果。同时，膨胀阀对制冷剂进行节流，将其传输到冷凝器中，冷凝器将制冷剂中的热量释放到室内，实现供暖。这种系统的优点是可实现精确控制、节能环保，但成本较高、技术复杂。

2. 风能建筑利用

风能在建筑中的利用是指利用风能为建筑提供供暖和制冷。这种建筑通常会安装风力发电机，将风能转化为电能，然后为建筑提供能源。随着材料科学和工程设计的不断进步，现代风力涡轮机在降低噪声和提高能效方面取得了显著进步，使其更适合在居民区内部署。在规划风力发电系统时，必须考虑当地的风力资源分布、季节变化以及可能对当地生态系统造成的影响。通过与家庭电力网络同步或者配备能量储存系统，如电池组，即使在无风条件下，建筑也能确保电力供应的连续性。

3. 地热能建筑利用

在建筑领域，地源热泵技术已经得到了广泛应用。地热能建筑利用主要涉及地热能采集系统和热泵系统。地热能采集系统利用地下土壤中的热量或冷量，通过热交换器将热能传递到热泵系统中。热泵系统则是一种能量转换装置，将地下土壤中的热量或冷量转化为建筑所需的供暖或制冷能量。地热能的优点包括节能环保、高效稳定和舒适健康。它不仅可以减少对化石能源的依赖，降低能源消耗和环境污染，而且运行稳定可靠，可以保证建筑物的供暖和制冷需求。

4. 生物质能建筑利用

生物质能在建筑中的利用是指利用生物质能为建筑供暖和制冷。在建筑领域，生物质能的应用逐渐增多。一些建筑采用生物质锅炉，利用生物质燃料（如木材、秸秆等）为建筑物提供供暖和热水供应。此外，一些地区还建设了生物质发电厂，利用废弃物或农作物残余等生物质资源进行发电。

6.2 太阳能及其建筑应用

6.2.1 我国太阳能资源状况与分布

我国太阳能资源丰富，我国陆地每年可接收到的太阳能辐射总量达到 $3.3\times10^3 \sim 8.4\times10^6 kJ/(m^2\cdot 年)$，相当于燃烧 2.4×10^4 亿 t 标准煤所释放的能量，但是太阳能资源地区性差异较大，呈现西部地区大于中东部地区，高原、少雨干燥地区大，平原、多雨高湿地区小的特点。根据 2023 年太阳能风能年景公报显示，我国太阳能资源分布的主要特点：在北纬 22°~35°这一带是我国太阳能的高值中心和低值中心，青藏高原是高值中心，四川盆地是低值中心。从太阳能年辐照总量来看，西部地区普遍高于东部地区，南部地区普遍低于北部地区，但由于南方多数地区云雾雨多，在北纬 30°~40°地区，太阳能的分布情况与一般的太阳能随纬度而变化的规律相反，太阳能不是随着纬度的增加而减少，而是随着纬度的增加而增长。我国太阳能资源分为四个等级，分别为最丰富带、很丰富带、较丰富带、一般丰富带，详见表 6-1。

表 6-1 2022 年全国太阳能辐射总量等级和区域分布

名称	年水平面总辐照量/(kW·h/m²)	年平均辐射照度/(W/m²)	占国土面积（%）	主要地区
最丰富带	≥1750	≥200	约 22.8	内蒙古额济纳旗以西、甘肃酒泉以西、青海 100°E 以西大部分地区、西藏 94°E 以西大部分地区、新疆东部边缘地区、四川甘孜部分地区

（续）

名称	年水平面总辐照量/(kW·h/m²)	年平均辐射照度/(W/m²)	占国土面积（%）	主要地区
很丰富带	1400~1750	160~200	约44.0	新疆大部分地区、内蒙古额济纳旗以东大部分地区、黑龙江西部、吉林西部、辽宁西部、河北大部分地区、北京、天津、山东东部、山西大部分地区、陕西北部、宁夏、甘肃酒泉以东大部分地区、青海东部边缘、西藏94°E以东、四川中西部、云南大部分地区、海南
较丰富带	1050~1400	120~160	约29.8	内蒙古50°N以北、黑龙江大部分地区、吉林中东部、辽宁中东部、山东中西部、山西西部、陕西中南部、甘肃东部边缘、云南东部边缘、四川中部、贵州南部、湖南大部分地区、湖北大部分地区、广西、广东、福建、江西、浙江、安徽、江苏、河南
一般丰富带	<1050	<120	约3.3	四川东部、重庆大部分地区、贵州中北部、湖北110°E以西、湖南西北部

2023年，全国太阳能资源总体为偏小年景，如图6-2所示。全国平均年水平面总辐照量为1496.1kW·h/m²，较近30年（1993—2023年，下同）平均值偏小23.6kW·h/m²，较近10年平均值偏小19.0kW·h/m²，较2022年偏小67.3kW·h/m²。

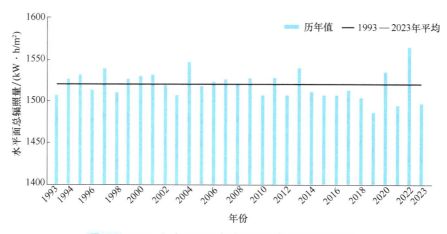

图6-2　2023年全国平均年水平面总辐照量年际变化

（来源：《2023年中国风能太阳能资源年景公报》）

6.2.2　我国太阳能建筑应用现状

随着各国政府对可再生能源的大力扶持和环保意识的提高，太阳能建筑行业得到了迅速发展。据相关数据显示，全球太阳能建筑行业的市场规模持续扩大，光伏发电总装机容量不断增长，显示出强劲的市场需求。同时，太阳能建筑产品的效率和性能也得到了显著提升，为市场提供了更多高质量的产品选择。在全球建筑领域绿色低碳发展的背景下,太阳能在建筑中的应用研究和实践成为近年的热点研究方向。

我国建筑与太阳能的结合发展比较晚,20世纪80年代改革开放时期开始接触太阳能建筑这一领域,太阳能技术主要是解决农村和小城镇地区的热水及供暖问题,整体发展比较缓慢。进入21世纪,随着全球气候变化问题日益严重,政府出台了一系列政策鼓励太阳能建筑的发展,并加大了对太阳能技术的研发和推广力度。

2005年,我国推出了"新农村建设"政策,并在2009年进一步实施了"太阳能热水器下乡"的优惠政策。这些政策的出台极大地推动了农村地区太阳能光热利用技术的普及和推广。目前,农村地区的太阳能热水器使用量已经超过了城市。

从2011年开始,国内已拥有较为完整的光伏产业链,并成为全球最大的光伏组件生产国,光伏组件年生产能力约为18.2GW。据欧洲光伏产业协会(EPIA)统计数据,我国累计光伏发电的装机容量已达到约3GW,仅2011年新增太阳能发电装机容量就约为2GW,新增量位居世界第三,占全球太阳能发电新增装机总量的7%。

近几年,随着"双碳"目标及清洁取暖的进一步推动,建筑太阳能热利用技术与应用发展迅速。在技术方面,高效集热技术、蓄热技术及供热供暖技术均产生了多项突破。在应用方面,应用形式逐步从分散的太阳能热水发展到大型太阳能供热、太阳能供暖空调,应用规模不断增大。现阶段,我国对太阳能在建筑中的应用研究重点已转向工程性研究,包括对气候区、系统组件、能源供给形式、建筑外形设计以及热工参数等的研究。

6.2.3 太阳能建筑应用技术

太阳能技术在建筑中的应用对建筑节能、低碳减排至关重要。太阳能在建筑应用技术领域主要分为光热和光伏两种利用方式。

1. 太阳能光热技术

(1)被动式太阳能供暖

被动式太阳能供暖是指通过合理地选择建筑朝向和布置周围环境,巧妙处理内部空间和外部形体,以及对建筑材料、结构和构造的恰当选择,使其在冬季能集取、蓄存并分配太阳能,为室内供暖。太阳房具有结构简单、造价不高、节能效果显著的优点。

被动式太阳房的设计形式包括直接受益式、集热蓄热墙式、附加阳光间式、蓄热屋顶式及对流环路式。

1)直接受益式太阳房是指太阳辐射直接通过玻璃或其他透光材料进入需供暖的房间,是应用最广的一种被动式太阳能技术。白天太阳辐射通过南向的大面积玻璃进入室内,照射在地面和墙体上,太阳辐射被地面或墙体内的蓄热材料吸收转化为热量。这些热量一部分以对流的方式加热室内空气,一部分以辐射方式与其他围护结构内表面进行热交换,还有一部分将被墙体或地面中的蓄热材料储存起来在夜间为室内继续供暖。夜间,在放下保温窗帘或关闭保温窗扇后,储存在地板和墙体内的热量逐渐释放,使室温能维持在一定水平,如图6-3所示。从使用区域上,直接受益式太阳房白天迅速升温宜将其用于冬季需要供暖且晴天多的地区,如我国华北地区、西北地区等。从建筑功能上来看,适宜于主要在白天使用的房间，如办公室、学校教室等。

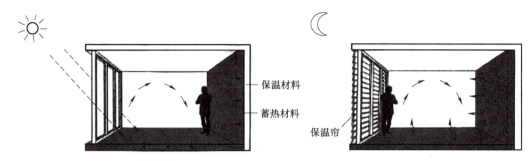

图 6-3　直接受益式太阳房白天和夜间热利用过程

2) 集热蓄热墙又称为特朗勃墙，是在南向外墙上设置带玻璃外罩的吸热墙体，墙的上下留有通风口，通过阳光照射吸收热量并加热间层内空气，通过热传导、对流、辐射方式将热送入室内，如图 6-4 所示。一部分热量通过热传导把热量传送到墙的内表面，然后以辐射和对流的形式向室内供热；另一部分热量把玻璃罩与墙体间夹层内的空气加热，热空气由墙体上部的风口向室内供热。室内冷空气由墙体下风口进入墙外的夹层，再由太阳加热进入室内，如此反复循环，向室内供热。用砖石材料构成的集热蓄热墙，墙体在白天蓄热而在夜间向室内辐射热量，使室内昼夜温差波动幅度变小，克服了直接受益式太阳房温度波动幅度较大的缺陷，因此热舒适性较好，适用于全天或主要为夜间使用的房间，如卧室等。但集热蓄热墙的构造要比直接受益式太阳房复杂，成本较高，清理及维修也较为困难。此外，由于蓄热体一般都是不透光的实墙，会阻挡室内观景视线，也会降低建筑的日渐采光能力，如图 6-4 所示。

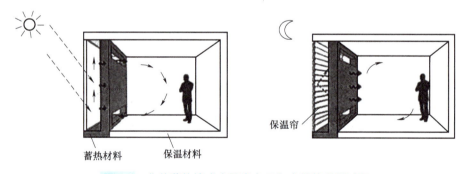

图 6-4　集热蓄热墙式太阳房白天和夜间热利用过程

3) 附加阳光间式太阳房是直接受益与间接受益系统的共同作用，在南向供暖房间外用玻璃等透明材料围合成空间，空间内的温度因温室效应升高，阳光间既可以直接供暖，又可以作为一个缓冲区，减少房间的热损失，如图 6-5 所示。附加阳光间有对流式、直射式、混合式三种形式，如图 6-6 所示。对流式是阳光间与供暖房间之间的公共墙体的作用与集热蓄热墙相同，应开设上下风口，以组织好内外空间的热气流循环。直射式是阳光间与供暖房间之间设落地窗分隔，落地窗作用同直接受益窗，设部分开启扇，以组织内外空间的热气流循环，也可设门连通内外空间。混合式是公共墙上可开窗和设置槛墙，使室内既可得到阳光直射,又有槛墙蓄热之效益,公共墙上设孔以组织热气流循环,如图6-5所示。

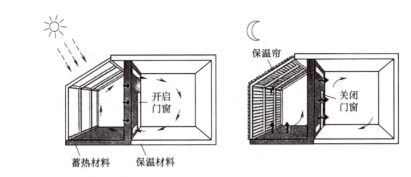

图6-5 附加阳光间式太阳房白天和夜间热利用过程

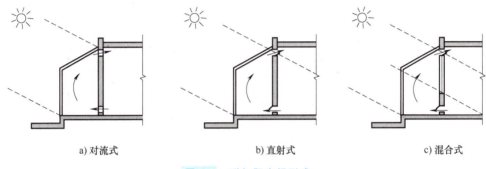

图6-6 附加阳光间形式

4) 蓄热屋顶式太阳房是将平屋顶或坡屋顶的南向坡面做成集热蓄热墙形式,其主要结构由外到内依次为玻璃盖板,空气夹层,涂有吸热材料且开有通风孔的重质屋顶,如图6-7所示。目前,南向集热蓄热墙主要依靠热压作用带动空气循环流动加热室内空气。但由于屋顶竖向高差较小,热压作用不明显,为克服上述缺点并改善对流换热性能,在出风口位置安装小型轴流风机,使夹层空气在玻璃盖板和重质屋顶之间以强迫对流的方式进行流动,提高供热效率。蓄热屋顶适用于冬季不太寒冷且纬度较低的地区,尤其是在冬季供暖负荷不高而夏季又需要降温的情况下。这种供暖方式需要屋顶具有较强的承载能力,而且隔热盖板的操作也比较麻烦,因此在实际应用中较少出现。在高纬度地区,由于冬季太阳高度角太低,水平面上集热效率有限,而且严寒地区冬季水易结冻,因此蓄热屋顶利用得更少。蓄热屋顶式太阳房需采用热阻较大的屋顶隔热盖板,且蓄水容器密闭性要好,如果使用相变材料,可以提高热效率。

5) 对流环路式太阳房由太阳能集热器和蓄热物质构成,其中蓄热物质通常采用水或卵石。这种供暖方式采用了热虹吸流的原理:太阳能集热器中产生的热空气经由风道被提升到蓄热装置中或直接为房间供暖;与此同时,较冷的空气从蓄热装置下沉并经由回风管流入集热器中,以待再次加热后作供暖之用。保证对流环路式太阳房供暖效果的关键是依据热空气上升原理,将集热器安装在蓄热装置的下方,如图6-8所示。虽然对流环路式太阳房的集热量和蓄热量大,能获得较好的室内热舒适性,但它对建筑场地有一定要求,且构造较为复杂，造价较高。

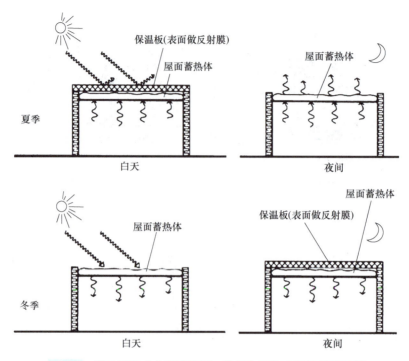

图 6-7　蓄热屋顶式太阳房夏季、冬季白天和夜间热利用过程

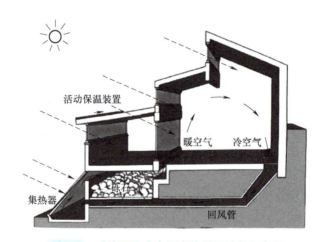

图 6-8　对流环路式太阳房热利用过程示意图

（2）太阳能热水技术

太阳能热水技术是我国最为成熟、应用最广泛的太阳能建筑应用技术。太阳能热水系统由太阳能集热系统和热水供应系统构成，主要包括太阳能集热器、储水箱、管路、控制系统和辅助能源等。太阳能集热器是吸收太阳辐射并将产生的热能传递到传热工质的装置。太阳能集热器品质将直接影响整个供热系统的运行效果，根据使用环境选择合适的太阳能集热器显得尤为重要。目前使用的太阳能集热器大体分为平板型太阳能集热器、真空管太阳能集热

器和聚光式太阳能集热器。

1) 平板型太阳能集热器：由吸热板、盖板、保温层和外壳四部分组成，是外形为平板形状的非聚光式太阳能集热器，如图 6-9 所示。当平板型太阳能集热器工作时，阳光透过透光盖板，照射在表面涂有高太阳能吸收率涂层的吸热板上，吸热板将辐射能转化成热能后，进一步传递给集热器内的传热工质，使工质温度升高，成为太阳能集热器的有效能量输出。在集热过程中产生热损失，因为集热器温度升高后吸热板通过热传导、辐射、对流等方式向四周散热。

图 6-9 平板型太阳能集热器构造示意图

2) 真空管太阳能集热器：是采用透明管（通常为玻璃管），并在管壁与吸热体之间有真空空间的太阳能集热器。它通常由若干支真空集热管组成，真空集热管的外壳是玻璃圆管，吸热体放置在玻璃圆管内，吸热体与玻璃之间抽成真空。按吸热体的材料种类，真空管太阳能集热器可以分为两大类：一类是全玻璃真空管太阳能集热器，即吸热体由内玻璃管组成的真空管太阳能集热器；另一类是金属吸热体真空管太阳能集热器，即吸热体由金属材料组成的真空管太阳能集热器，也称为金属-玻璃结构真空管太阳能集热器。这类集热器又分为 U 形真空管太阳能集热器和热管型真空管太阳能集热器，如图 6-10 所示。

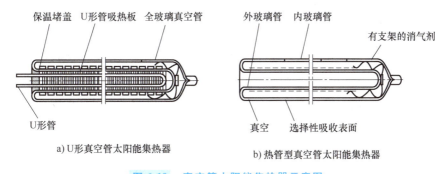

图 6-10 真空管太阳能集热器示意图

3) 聚光式太阳能集热器：是一种高效的太阳能集热装置，其工作原理是通过反射或折射的方式将投射到集热器上的太阳辐射聚集到一个小面积上，形成高密度的热能，从而提高集热效率。这种集热器主要由聚光器、吸收器、支架和跟踪系统等部分组成，如图 6-11 所示。工作时，聚光器将太阳光聚集到吸收器上，流动的集热介质在吸收器内被加热。聚光式太阳能集热器具有效率高，制造、安装、使用方便的特点。

图 6-11　聚光式太阳能集热器示意图

2. 太阳能光伏技术

（1）发电原理

光伏电池工作原理为太阳光照在半导体 PN 结上，形成新的空穴-电子对，在 PN 结电场的作用下，空穴由 P 区流向 N 区，电子由 N 区流向 P 区，接通电路后就形成电流。其作用是将太阳能转化为电能，并送往蓄电池中储存起来，或推动负荷工作，如图 6-12 所示。

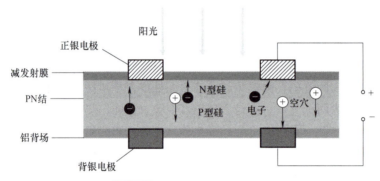

图 6-12　硅光伏电池发电原理

（2）光伏组件

光伏电池是光伏发电系统的核心组件，其性能直接影响整个系统的效益和稳定性，所以太阳能电池的选型以及布局非常重要。光伏组件是整个发电系统的核心部分，由光伏组件片或由激光切割机或钢线切割机切割开的不同规格的光伏组件组合在一起构成。由于单片光伏电池片的电流和电压都很小，所以要先串联获得高电压，再并联获得高电流，通过一个二极管（防止电流回输）输出，然后封装在一个不锈钢、铝或其他非金属边框上，安装好上面的玻璃及背面的背板、充入氮气、密封。把光伏组件串联、并联组合起来，就成为光伏组件方阵，也叫作光伏阵列。

（3）系统组成

太阳能光伏系统主要由光伏阵列、充电控制器、蓄电池组、逆变器、电网接口几个部分组成。常见的太阳能光伏系统有独立光伏系统、并网光伏系统、混合光伏发电系统。独立光伏系统是完全依靠太阳电池供电的电源系统，太阳电池方阵受光照时发出的电力是唯一的能量来源。并网光伏系统是指太阳电池方阵发出的直流电力经过逆变器变换成交流电并且与电网并联的系统。

（4）光伏电池分类

太阳能电池根据材料分类可以分为硅太阳能电池、有机半导体（OPV）太阳能电池、薄膜太阳能电池。

1）硅太阳能电池是最常见的太阳能电池板类型，包括单晶硅、多晶硅。单晶硅太阳能电池光电转换率约为18%，最高可达到24%，是所有光伏组件中转换率最高的，一般采用钢化玻璃及防水树脂封装，坚固耐用，使用寿命一般可达25年。多晶硅太阳能电池光电转换率约为14%，与单晶硅的制作工艺差不多，多晶硅的区别在于光电转换率更低、价格更低、寿命更短，但多晶硅材料制造简便、节约电耗，生产成本低，性价比高、适用于大规模生产，因此得到大力发展。非晶硅太阳能电池价格相对较低，但效率也较低（图6-13）。

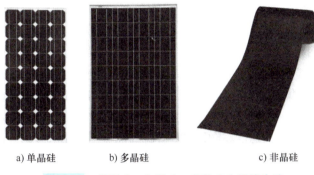

a) 单晶硅　　b) 多晶硅　　c) 非晶硅

图6-13　单晶硅、多晶硅、非晶硅太阳能电池

2）有机半导体太阳能电池由有机半导体掺杂的玻璃基板制成，具有轻薄、可弯曲、方便安装等优点，更适用于小型和室内空间。有机太阳能电池是一类使用有机半导体材料作为光电转化材料的太阳能电池体系的总称。有机半导体分为小分子与聚合物两类，有机小分子材料一般通过真空蒸镀方式沉积，如图6-14所示；有机聚合物材料可以通过印刷或溶液法加工方式沉积，如涂布方法，如图6-15所示。

图6-14　采用真空蒸镀技术制备的OPV实物

图6-15　采用狭缝涂布技术制备的OPV实物

3）薄膜太阳能电池利用薄膜技术制成，体积小、重量轻、柔韧性好，适用于柔性组合。薄膜太阳能电池可以分为硅基类薄膜太阳能电池、无机化合物类薄膜太阳能电池（图6-16）、有机薄膜类太阳能电池、染料敏化类薄膜太阳能电池等。

a) 铜铟镓硒薄膜太阳能电池

b) 碲化镉薄膜太阳能电池

图 6-16　无机化合物类薄膜太阳能电池

6.2.4　太阳能建筑一体化设计

1. 太阳能热水系统与建筑一体化设计

（1）太阳能集热器与屋面一体化设计

在建筑的屋顶选择安装集热器是首选，但是屋顶部位一般都是建筑设计需要艺术设计的重点部位，安装集热器的面积非常有限。集热器选择在屋顶时，热水器可以形成自然压头，管路容易选取，集热器也有较大的自由度以选择自然循环、强制循环等方式。高层住宅中屋顶一般选择设计为平屋顶，选择余地较多。多层住宅常见于平屋顶和坡屋顶两种。集热器与屋顶的连接方式有平屋面集热器（图 6-17、图 6-18）、嵌入式瓦屋面集热器（图 6-19、图 6-20）、架空式瓦屋面集热器（图 6-21、图 6-22）。

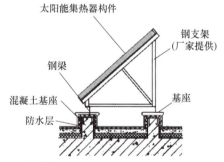
图 6-17　平屋面集热器构件安装构造图

图 6-18　平屋面集热器构件安装示意图

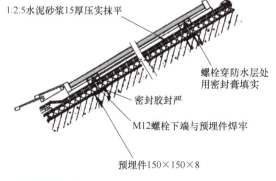
图 6-19　嵌入式瓦屋面集热器构件安装构造图

图 6-20　嵌入式瓦屋面集热器构件安装示意图

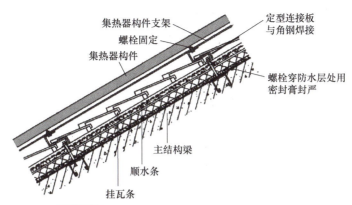

图 6-21　架空式瓦屋面集热器构件安装构造图

（2）太阳能集热器与立面一体化设计

外墙式集热系统就是利用建筑的外墙或阳台（朝南）采集太阳热能的做法。这种方法可以有效解决高层住宅用户因为管路过长而不安装的难题。在外墙安装采用分体式结构，系统为强制循环系统，并采用顶水式的管路。将集热器的水箱放置于室内或阳台位置，有效减少管路的长度。它的优点是由于集热器将悬挂于自家外墙或阳台，用户之间没有干扰，管路短，损失少，这种系统和建筑结合紧密，成为建筑的一个造型元素。外墙式集热系统因为其

图 6-22　架空式瓦屋面集热器构件安装示意图

独有的优势，也会成为将来发展的一个方向。因为以后高层住宅会越来越多，放在屋顶的紧凑式就无法满足要求，只要能达到日照要求，安装在自家附近的外墙式就成为首选。

1）与阳台栏板结合。在阳台采用分体式强循环系统，水箱安装于阳台或室内。太阳能集热器可以放置在阳台栏板上或将集热器直接构成阳台栏板，如图 6-23 和图 6-24 所示。它的优点是同层使用，管路连接少，热能利用高，安装维修简便，同时集热器起到遮阳的作用。低层用户由于光线遮挡无法利用。

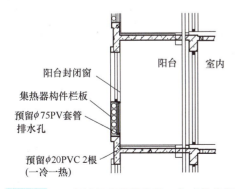

图 6-23　阳台栏板集热器构件一体式构造图

图 6-24　阳台栏板集热器构件一体式示意图

2）与墙面结合。外墙悬挂式的集热器安装之后与建筑外墙平行，与地面垂直，如图6-25和图6-26所示。储水箱在室内，管路通过预留孔与集热器连接，集热器通过墙体预埋件及挂件相连。在建筑的竖向外墙上形成具有强烈韵律感的集热器阵列，如深红、深蓝等，提升了建筑外墙的造型。建筑外墙预留集热器和储水箱的安装位置，可设在两个凸窗之间的墙面上，或者在阳台的一角沿垂直方向水平布置集热器，储水箱在阳台或结合空调板布置，管线通过地面垫层进入室内地面。悬挂式是将系统功能与建筑美学结合的较好做法，其缺点是由于日照的角度不同，集热效率会不同，高层住宅中的底层入户更是可能无法使用。

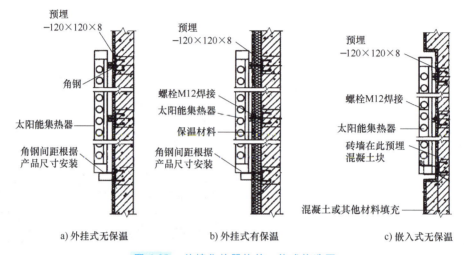

图6-25 外墙集热器构件一体式构造图

2. 太阳能光伏建筑一体化设计

在光伏建筑中，太阳能光伏材料与建筑表皮材料相结合，光伏组件不但具有建筑外围护结构的功能，还能产生电力供建筑自身使用或并入电网。目前，国内外均建成了大量光伏建筑，类型涵盖了从标志性的公共建筑到普通的住宅建筑，如2010年上海世博会中国馆和伦敦市政厅均是著名的光伏建筑。

图6-26 外墙集热器构件一体式示意图

（1）光伏屋面一体化

相对于传统屋顶，光伏屋顶对防水性、透光性等方面具有更高的要求。根据屋顶的类型，可将其划分成水平光伏屋顶和倾斜光伏屋顶。

1）水平光伏屋顶。光伏屋顶呈水平状，可通过两种方式布置。一种为支架布置法，该方法布置比较灵活，可根据实际情况随意调节光伏板的倾角、间距等，使整个光伏系统不会出现阴影，提升系统运行效率。同时，该布置方法结构比较简单，所需成本较低，易于大规模推广。但是建筑的整体性较差，并且影响建筑的美观性。另一种为嵌入式布置法，即直接将光伏板嵌入屋面中，不仅能够用于发电，还可以作为屋面结构。因此能够节约屋面建设材料，但屋面自洁性较差，应定期安排人员清理（图6-27、图6-28）。

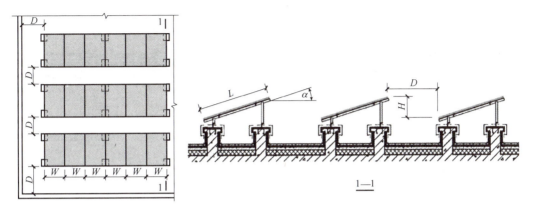

图6-27 平屋面光伏构件安装构造图

图6-28 平屋面光伏构件安装示意图

2）倾斜光伏屋顶。倾斜光伏屋顶也可采用两种布置方法：一是铺设法，即直接将光伏板铺设到屋顶表面，光伏板用于发电，屋面用于遮挡雨水、阳光等；二是嵌入法，与水平光伏屋顶嵌入法基本相同（图6-29、图6-30）。

（2）光伏墙面一体化

现代建筑建设过程中，可将建筑光伏一体化（BIPV）系统与外墙结合到一起，一方面提升外墙的美观性，另一方面用于转换太阳能，如图6-31和图6-32所示。光伏幕墙主要由五层结构构成。其中最外两侧为玻璃基片，用于固定内部结构，与玻璃基片黏结的是聚乙烯醇缩丁醛（Polyvinyl Butyral，PVB）胶片，用于玻璃基片与晶硅片的黏结。最中间为晶硅片，即太阳能电池板，用于将太阳能转化为电能。当太阳光照射到光伏幕墙上后，一部分辐射被吸收，并通过晶硅片的转换后转变成一定量的电能，而另一部分则被幕墙反射回去，有利于调节室内温度，以降低空调系统的能耗量。

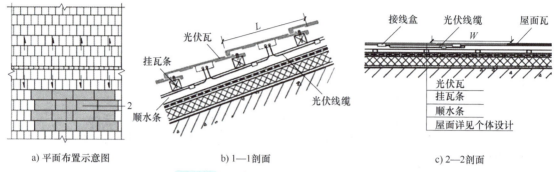

a) 平面布置示意图　　　　b) 1—1剖面　　　　c) 2—2剖面

图 6-29　倾斜屋面光伏构件安装构造图

图 6-30　倾斜屋面光伏构件安装示意图

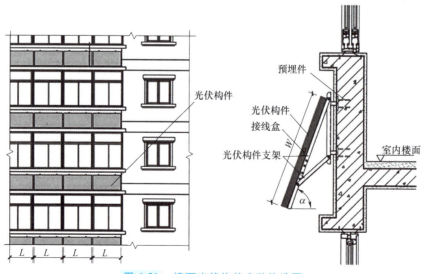

图 6-31　墙面光伏构件安装构造图

图 6-32　墙面光伏构件安装示意图

1) 框式光伏幕墙。框式光伏幕墙是在传统框式玻璃幕墙的基础上,融入光伏技术的一种创新形式。它利用光伏组件将太阳能转化为电能,并通过幕墙的框架结构与建筑整体相连,形成一个既能发电又能装饰的建筑外围护结构,如图 6-33 和图 6-34 所示。

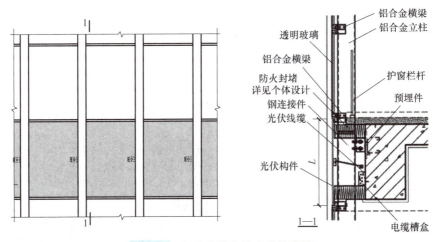

图 6-33　框式光伏幕墙安装构造图

图 6-34　框式光伏幕墙安装示意图

框式光伏幕墙的构造形式主要包括以下几个部分:光伏组件,是实现光伏发电的核心部分,通常采用硅基太阳能电池板,具有高转换效率和长寿命的特点;金属框架,作为幕墙的支撑结构,金属框架通常采用高强度、耐腐蚀的材料制成,确保幕墙的稳定性和安全性;连接件与密封件,用于将光伏组件与金属框架紧密相连,同时保证幕墙的密封性和防水性能;控制系统与逆变器,控制系统负责监控和管理光伏组件的发电状态,而逆变器则将直流电转化为交流电,以供建筑使用或并入电网。

2）点支式光伏幕墙。点支式光伏幕墙也称为金属支撑结构点式玻璃幕墙，是一种由玻璃面板、点支撑装置和支撑结构构成的玻璃幕墙。其特点在于具有钢结构的稳固性、玻璃的轻盈性以及机械的精密性，如图6-35和图6-36所示。

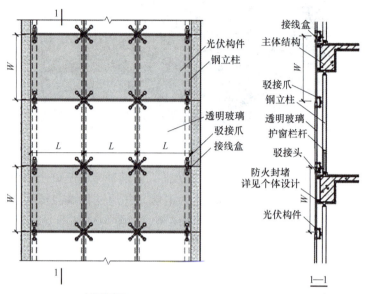

图6-35　点支式光伏幕墙安装构造图

点支式光伏幕墙的主要组成元素有玻璃面板、点支撑装置和支撑结构。支撑结构有多种形式，包括工形截面钢架、格构式钢架、柱式钢桁架、鱼腹式钢架、空腹弓形钢架、单拉杆弓形钢架、双拉杆梭形钢架等。这些支撑结构为玻璃面板提供了稳固的支撑，而点支撑装置则确保了玻璃面板与支撑结构之间的紧密连接。

3）单元式光伏幕墙。单元式光伏幕墙是以光伏组件作为核心元素，与幕墙的框架、面板等构件形成一体化设计的建筑外围护结构。每个光伏幕墙单元都是独立且完整的，通过标准化的连接方式实现快速安装和拆卸，从而大大简化了施工流

图6-36　点支式光伏幕墙安装示意图

程，如图6-37和图6-38所示。单元式光伏幕墙的构造形式通常包括光伏组件、幕墙框架、连接件和密封件等部分。光伏组件作为发电核心，被精确地嵌入幕墙框架中，形成一体化结构。连接件和密封件则用于确保光伏组件与幕墙框架之间的紧密连接和良好密封，防止水分和灰尘的侵入。在实际应用中，单元式光伏幕墙可以根据建筑的具体需求和风格进行定制设计。其标准化的生产方式使得施工过程更加高效和便捷，同时也降低了成本和维护难度。

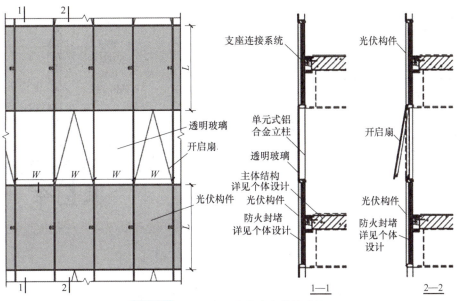

图 6-37　单元式光伏幕墙安装构造图

图 6-38　单元式光伏幕墙安装示意图

（3）光伏护栏

光伏护栏将光伏组件（主要是太阳能电池板）集成到护栏结构中，使得护栏在提供安全防护的同时，还能够进行太阳能发电，如图 6-39 和图 6-40 所示。这种创新的结合方式不仅保留了护栏的基本功能，还赋予了其新的能源利用价值，为绿色建筑和可持续发展提供了新的解决方案。

光伏护栏的设计灵活多样，可以与不同风格的建筑和景观相协调，同时其光伏组件的表面处理也可以实现一定的装饰效果，提升整体美观性。采用模块化设计，安装过程相对简单，不需要特殊的施工技术和设备。同时，其维护也相对方便，定期检查和维护即可保证正常运行。

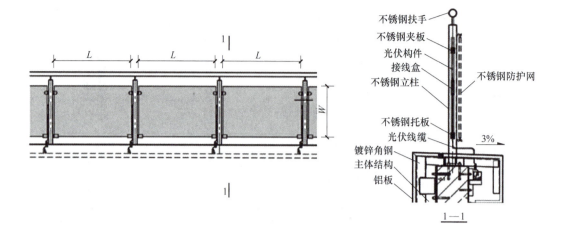

图6-39 光伏护栏安装构造图

（4）光伏遮阳板

建筑主要是为人类构建出良好、舒适的内部空间环境，而要想达到这一要求，应在确保采光良好的基础上，尽可能多地减少透过窗户的太阳辐射。所以BIPV系统中，还应设计相应的光伏遮阳板。阳光照射到遮阳板上后，一方面可将太阳能转化成电能，用于建筑电力系统的使用；另一方面可根据室内空间温度，结合光伏板接收到的太阳能辐射量，

图6-40 光伏护栏安装示意图

自动调节遮阳板的角度，以此对室内温度进行控制。光伏遮阳板的安装形式可分为支架式、点支式、竖向百叶光伏，如图6-41和图6-42所示。

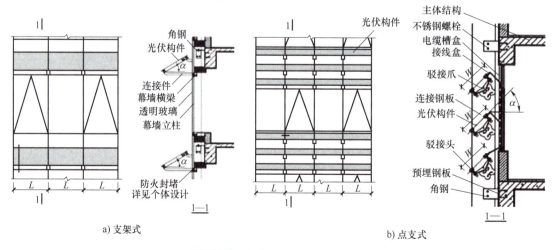

a) 支架式　　　　　　　　　　　　　b) 点支式

图6-41 光伏遮阳板安装构造图

第 6 章 可再生能源技术设计

图 6-42　光伏遮阳板安装示意图

3. 太阳能光伏光热建筑一体化

（1）光伏光热复合墙体系统

集全年发电、热水、被动式供暖/冷却于一体，满足了建筑的季节性需求。该系统从外到内依次为玻璃盖板、空气夹层、光伏阵列、吸热板、空气流道、绝热层及建筑墙体，如图 6-43 所示。在供暖季，空气流道的上下通风口打开并关闭水路，太阳辐射透过玻璃盖板后，部分通过光伏阵列转化为电能输出，其余被吸热板吸收转化为热能加热空气，热空气在虹吸作用下与室内冷空气经空气流道形成内循环。在非供暖季，打开水路并关闭上下通风口，冷水流经吸热板带走绝大部分热量，降低了光伏组件温度，在发电的同时

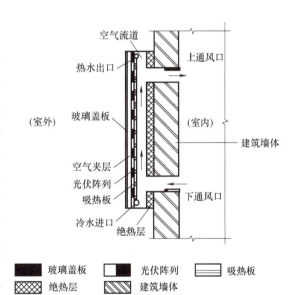

图 6-43　光伏光热复合墙体系统

获取生活热水，减少通过墙体的室内得热，降低空调负荷，提高了系统的可靠性和太阳能全年利用率。

（2）太阳能 BIPV/T 智能建筑

《"十四五"住房和城乡建设科技发展规划》指出，开展高效智能光伏建筑一体化利用；在学校、医院等对热水需求稳定的城市公共建筑中积极推广太阳能热技术；在农村积极推广被动式太阳房等适宜技术。

将太阳能技术与建筑智能化技术相结合有许多优势，能降低能源消耗、精准调控环境参数，可以起到更加显著的节能环保效益。将物联网中的智能家居与建筑物相结合后，可实现对建筑的智能化设计与管理，通过传感器可以自动控制室内温度、湿度、通风量，根据围护结构的影响调节室内参数。而对于 BIPV/T 建筑而言，若将物联网技术融合到 BIPV/T 建筑

之中，则可对 PV/T（太阳能光伏/热）组件的发电效率、组件接收到的太阳辐射量、环境温度、集热水箱温度、组件表面温度等参数实时监测与智能化的管理。通过相应的设计，还可实现对 BIPV/T 建筑内部设备的智能化控制。

6.3 地热能及其建筑应用

地热能具有储量大、分布面广、清洁环保、稳定可靠、利用领域广泛等特点，是一种具有良好发展前景的可再生能源。地热资源开发是我国能源结构调整和可持续发展必不可少的一个重要举措，地球是一个巨大的热库，地热能利用潜力巨大。

6.3.1 我国地热资源状况与分布

1. 地热资源储量

我国地热资源丰富，全国广泛分布。已发现的地热显示区有 3200 多处，其中热储温度大于 150℃ 可用于发电的有 255 处。估算全国主要沉积盆地储存的地热能量为 7.361×10^{21} J，相当于标准煤 2500 亿 t。全国地热水可开采资源量为每年 68 亿 m^3，所含热能量为 9.73×10^{17} J，折合每年 3284 万 t 标准煤的发热量。

2. 地热资源分布

受地质构造、岩浆活动、地层岩性、水文地质条件等因素的影响，地热资源分布具有明显的规律性和地带性。我国地处地中海-喜马拉雅地震带和环太平洋地震带上，西南地区和东部沿海地区属于地热异常区，拥有高温地热资源，主要分布在藏南、滇西、川西；高温发电潜力总计为 278 万 kW，准高温地热系统的发电潜力总计为 304 万 kW。其余地区分布着中低温地热资源，集中于松辽平原、黄淮海平原、江汉平原、山东半岛和东南沿海地区等。地处环渤海经济区的河北、山东等省市，地热储层多、储量大、分布广，是我国最大的地热资源开发区。对于中低温地热资源，目前已发现的可供热利用地热点有 2900 多处，打成地热井超过 2000 眼。

6.3.2 地热资源的开发利用现状

据史料记载，我国开发利用地热已有 2000 多年的悠久历史，是世界上利用地热资源较早的国家之一。历史上对地热资源的开发利用大多限于对温泉的直接利用，主要用于医疗和洗浴方面。新中国成立以后系统进行了地热资源勘察与开发，在 20 世纪 50 年代先后建立了 160 多家温泉疗养院。20 世纪 70 年代初期，我国开始地热普查、勘探和利用，建设了广东丰顺等 7 个中低温地热能电站，1977 年在西藏建设了羊八井地热电站。进入 20 世纪 80 年代，地热资源开发利用进入快速发展阶段。20 世纪 90 年代以来，北京、天津、保定、咸阳、沈阳等城市开展中低温地热资源供暖、旅游疗养、种植养殖等直接利用工作。21 世纪初以来，热泵供暖（制冷）等浅层地热能开发利用逐步加快发展。在市场需求推动下，地热资源开发利用得到进一步发展，地热开发最大深度超过 4000m。目前，全国各省（自治区、直辖市）都进行了地热资源勘察与开发，应用范围日益广泛。我国地热开采利用量以每年 10% 的速度增长。

6.3.3　地热能建筑应用技术

1. 地热资源的分类

按照分布位置和赋存状态，地热资源可以分为以下四大类：

1）浅层地热资源：一般深度不超过 200m，赋存于土体或者地下水中的热量，采用地源热泵技术对建筑物供热或者制冷。

2）水热型地热资源：一般深度在 3km 以内，由地下水作为载体的地热资源，可以通过抽取热水或者水汽混合物提取热量。

3）干热岩地热资源：一般深度在 3km 以下，赋存在基本上不含水的地层或者岩石体内的热量，必须采用人工建造地热储和人工流体循环的方式加以开采。

4）岩浆型地热资源：即存在于未固结的岩浆中的热量，在目前经济技术条件下尚无法开采。

按照地热资源的属性可以分为以下三种类型：

1）高温（>150℃）对流型地热资源：这类资源主要分布在我国的西藏、腾冲现代火山区及台湾，前两者属于地中海地热带中的东延部分，而台湾位居环太平洋地热带中。

2）中温（90~150℃）、低温（<90℃）对流型地热资源：主要分布在沿海一带，如广东、福建、海南等省区。

3）中低温传导型地热资源：这类资源分布在中新生代大中型沉积盆地，如华北、松辽、四川、鄂尔多斯等。这类资源又往往跟油气或其他矿产资源如煤炭等处在同一盆地之中。

2. 建筑中的地热利用形式

水热型地热资源利用方式多样，其中，高温地热可用于发电；中低温地热可用于直接热利用，如供暖、制冷、干燥、种植、养殖、旅游与医疗等；干热岩地热资源一般用于发电。浅层地热资源和水热型地热资源的利用已经十分广泛，干热岩地热资源目前仍处于试验性阶段。如今我国用于建筑物供暖或者制冷的地热利用技术主要为浅层地热资源利用，这是随着近代热泵技术发展而发展起来的。地源热泵技术一般是指利用普遍存在于地下岩土层中可再生的浅层地热能或地表热能（温度范围为 7~21℃），即岩土体、地下水或地表水（包括江河湖海水）中蕴含的低品位热能，实现商业、公用以及住宅建筑冬季供暖、夏季空调以及全年热水供应的节能新技术。

地热资源因其属性不同，开发利用方式也有较大差异，高温地热资源通常用于发电，中温地热资源较适宜进行供暖。因此，以下着重介绍浅层地热资源和水热型地热资源两部分内容。

（1）浅层地热资源

目前对浅层地热能的开发利用方式主要以热泵技术为主，包括地下水源地源热泵技术、土壤源地源热泵技术、地表水水源热泵技术和污水水源热泵技术。通过敷设在地下的管道网络以及地表对应设备，可以在冬季寒冷时节为建筑捕获热量，夏季炎热时节为建筑释放热量，从而使建筑物减少对其他能源的依赖，达到提高建筑周遭环境的洁净程度，如图 6-44 所示。

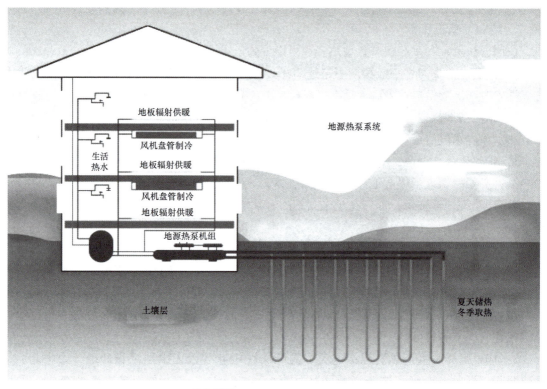

图 6-44　地源热泵运行示意图

已有浅层地热能技术被用于现代化建筑中，如浅层地热能与地下结构的协同利用技术，主要应用在桩埋热交换器中，此项技术在日本札幌市立大学建筑、南京朗诗国际街区等建筑中都有应用。北京城市副中心行政办公区一期项目中，建设面积为 236.5 万 m^2，实现以浅层地热能为主、中深层地热为辅、其他清洁能源补充的方式，为建筑供暖和制冷。

图 6-44 彩图

（2）水热型地热资源

水热型地热资源的开发利用方式分为两种：一种是通过设备直接抽取位于地下的热水，即"取水"，如图 6-45 所示；另一种是利用深井换热技术，又可以细分为同轴管换热、深井热交换器换热（图 6-46）和对接井换热等技术，即"不取水只取热"。两种技术的应用可在相对较低的成本消耗下，为建筑直接提供生活供水或供暖供冷。为了保护地下水资源，近年来出台了一系列针对地下水资源的保护政策，强调"既要抽取也要回灌"的地下水资源利用方针，鉴于不同的热储形式，回灌效率不同。对于水热型地热资源开采利用"不取水只取热"的方式，换热效率低于"取水"的方式，发展同轴管换热、深井热交换器换热等能够提高换热效率的技术具有重要意义。

雄安新区是我国中东部地热资源开发利用条件最好的地区之一，是自然资源部"打造地热资源利用的全球样板"的示范区。目前，其地热资源利用已形成统一政策、统一管理、统一规划、统一开发的"雄县模式"。截至 2018 年年底，雄安新区的雄县和容城地热供暖面积达 700 万 m²，基本实现了雄县、容城城区地热集中供暖全覆盖。这是典型的地热供暖在区域能源中的应用。

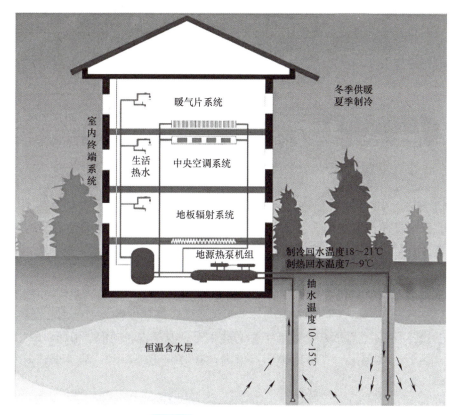

图 6-45　取水地热运行示意图　　　　图 6-45 彩图

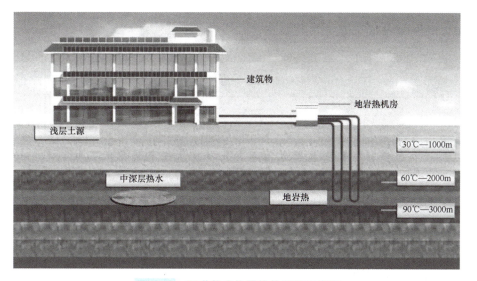

图 6-46　深井热交换器换热运行示意图　　　　图 6-46 彩图

6.4 风能及其建筑应用

风能是因空气流做功而产生的动能，属于可再生能源，有着分布广泛、高效洁净、节能环保的优点。在一定的技术条件下，风能可作为一种重要的能源得到开发利用。

6.4.1 风能资源状况与分布

1. 风的全球资源及分布

据资料统计，地球上风能资源丰富，可利用风能约为 $2×10^6 kW$，比地球上可开发水能总量多 10 倍。世界风能资源大多集中在沿海和开阔大陆的收缩地带，8 级以上的风能主要分布在南半球中高纬度洋面和北半球的北大西洋、北太平洋以及北冰洋的中高纬度部分洋面上，大陆上风力一般不超过 7 级。

2. 我国的风能资源

我国幅员辽阔，风能资源丰富，可开发潜力大。根据风能在垂直面上的强度和风速不同，从以下三个高度分析风能资源。

（1）10m 高度

据估算，我国陆上离地面 10m 高度风能资源总储量为 32.26 亿 kW。根据《2023 年中国风能太阳能资源年景公报》显示，全国 10m 高度年平均风速地区差异性较大。上海、江苏、海南、河北、浙江、广东、陕西、江西八个省（市）总体偏小；内蒙古、湖南、山西、四川、辽宁、吉林六个省（区）总体偏大，其中吉林明显偏大；其他省（区、市）基本正常，如图 6-47 所示。

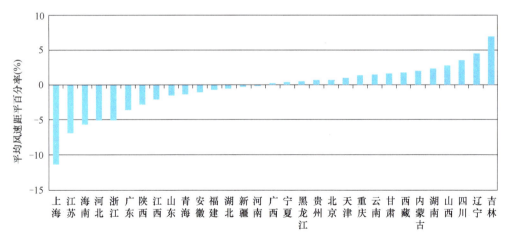

图 6-47 2023 年各省（区、市）10m 高度年平均风速距平百分率
（来源：《2023 年中国风能太阳能资源年景公报》）

（2）70m 高度

2023 年，全国 70m 高度平均风速均值约为 5.4m/s，全国 70m 高度年平均风功率密度为

193.5W/m²。从空间分布看，东北大部、华北北部、青藏高原大部、云贵高原、西南地区和华东地区的山地、东南沿海等地年平均风功率密度超过 200W/m²。其中，内蒙古中东部、黑龙江东部、河北北部、山西北部、新疆北部和东部、青藏高原和云贵高原的山脊地区等地超过 300W/m²。我国其他地区年平均风功率密度低于 200W/m²，其中中部和东部平原地区及新疆的盆地区域低于 150W/m²，如图 6-48 所示。

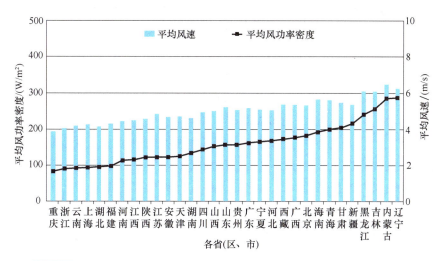

图 6-48 2023 年各省（区、市）70m 高度年平均风速与平均风功率密度

（来源：《2023 年中国风能太阳能资源年景公报》）

（3）100m 高度

据估算，在离海岸线 100km、中心高度 100m 范围内，速度 7m/s 以上的风力给我国带来的潜在发电量为年均 $110×10^{12}$ kW·h，与欧洲北海的风电资源相当。2023 年，全国 100m 高度年平均风速约为 5.7m/s。从空间分布看，东北大部、华北北部、华东北部、宁夏中北部、陕西北部、甘肃西部、新疆东部和北部的部分地区、青藏高原、云贵高原和广西等地的山区、中东部地区沿海等地年平均风速大于 6.0m/s，其中东北的西部和东北部、内蒙古中部和东部、新疆北部和东部的部分地区、甘肃西部、青藏高原大部等地年平均风速达到 7.0m/s，部分地区达到 8.0m/s 以上。2023 年，全国 100m 高度年平均风功率密度为 228.9W/m²。从空间分布看，内蒙古中东部、辽宁西部、黑龙江西部和东部、吉林西部、河北北部、山西北部、新疆北部和东部的部分地区、青藏高原大部、云贵高原的山脊地区、福建东部沿海等地年平均风功率密度一般超过 300W/m²。除了华东中部和西部、四川盆地、陕西南部、云南西南部、西藏东南部、新疆南疆盆地等地的部分地区年平均风功率密度小于 150W/m²，其余我国大部年平均风功率密度一般都超过 150W/m²。

6.4.2 国内外风能应用现状

人类利用风能已有数千年的历史，但在蒸汽机发明之前，其发展缓慢，只是利用风能转化为机械能进行风力助航、提水、磨谷等，效率极低。风车从垂直轴发展到水平轴，形成了现代风力机的雏形。帆船至今仍有，但更多是用在比赛上。后来随着技术的不断提高，风力发电逐渐发展起来,使风能成为一种重要的可再生能源。

1. 风力提水

风力提水是风能利用的一种普遍形式,也是早期风能利用的主要形式,至今许多国家仍在使用。公元前埃及已开始利用风帆划桨、磨谷和提水。20世纪50年代后,风力提水机有了较大发展,为农村和牧场进行农田灌溉和牲畜用水提供了很大便利。现代风力提水机主要采用低风速叶轮和控制技术,可以有效利用风能,按需提水。我国是世界上最早利用风能的国家之一,在公元前几个世纪就开始利用风能从事提水、灌溉、磨面等农事活动,并利用风力推动帆船前进。

2. 风力发电

风力发电是风能利用的主要形式。风力发电的主要设备是风力发电机组,有小型、中型和大型三种,小型机的额定功率在10kW以下,中型机的额定功率介于10~600kW之间,大型机则在600kW以上。风力发电工作原理是将风能转换为机械能,主传动系统将机械能传递到发电系统将机械能进一步转换为电能,最后通过电气设备送到电力系统中,如图6-49所示。当然,采用风力能源需要满足一定的条件方可实现相关需求,比如要求风速须达到2.5m/s才可能将风能转化为电能。因此在实际采用风力发电技术时,需要充分掌握工程区域的风力情况,从而进行相应的工程设计。

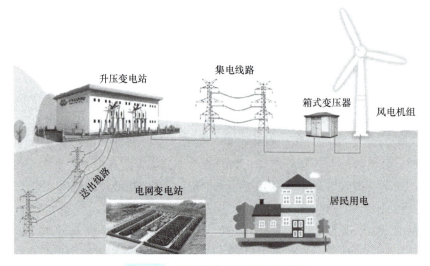

图6-49 风力发电工作原理示意图

3. 风力制热

风力制热是利用风力机械和制热装置将风能转换为热能的过程,主要用于满足家庭取暖和低品位工业热能的需要。风力制热主要有三种基本方式:一是风力机发电,电能通过电阻丝发热,变成热能;二是将风力机直接转换成热能;三是将风能通过风力机转换成空气压缩能,再转换成热能。转化所得热能可用于日常供暖和生活热水。风力制热机组一般由风力机、传动机构、制热设备、储热设备及热交换器等部件组成。风力制热工作原理示意图如图6-50所示。

图 6-50　风力制热工作原理示意图

4. 其他应用

风能还可与其他可再生能源结合从而实现能源的多元化利用，提高能源利用效率，降低碳排放，增强建筑的可持续性。例如，在一些生态建筑中，风能与太阳能结合，形成"风光互补发电系统"，实现能源的自给自足。风能还可与生物质能、水能或地热能结合，通过智能控制系统实现两者之间的协调运行，以最大限度地提高能源利用效率。

6.4.3　风能建筑应用技术

1. 主动利用技术

主动利用风能是指通过特定的技术手段收集和转换风能，用于建筑内部的能源供给，如风力发电、风力制热、风力提水等。其中最常见的应用是风力发电。

随着现代化和城市化的发展，建筑环境中的风场变化越来越大。建筑物高度和密度比较大的城市，由于其下垫面具有较大的粗糙度，可引来更强的机械湍流，其局部风场的变化也将明显加强。如今，高度在 100m 以上的建筑在许多城市中相当普遍，这些建筑会受到高空风的影响，因此一些城市在城市规划中考虑利用城市天际线上的风来产生电力。风力发电设备可以安装在建筑物的屋顶或其他适合的位置，如高层建筑、立交桥、悬索桥等，不仅提供电力，还能起到美化建筑外观的作用。例如 2007 年，巴林世贸中心（图 6-51）在两栋超高层建筑中间安装 3 个直径为 29m 的风机来充分利用风能发电，可满足 300 个普通家庭的常规用电需求。

图 6-51　巴林世贸中心

2. 建筑外立面应用

利用特殊设计和材料，使建筑外墙面在受到风力的作用下产生形态变化，既增加了建筑的动感，又有助于自动调节室内温度和通风。常见的利用风能的建筑外立面有风动幕墙。风动幕墙也叫风铃幕墙，其原理是利用自然风模拟风吹的效果，让墙面在空中随风飘舞，因其轻盈灵动和自然流畅的效果而被应用于建筑立面中。

风动幕墙类型分为拉索型、串挂型、单元型、中轴型四种。建筑立面实际采用类型应根据立面带来的视觉效果、建筑结构和成本效益等因素综合考虑。

随着材料和工艺的不断提升，风动片的形状也从刚开始的矩形不断变换而形成圆形、菱形、多边形等不同形状，如图 6-52 所示。例如，昆明俊发创业园和合肥龙湖春江郦城体验区中采用的是六角风铃幕墙。

a) 圆形　　　　b) 菱形　　　　c) 多边形

图 6-52　不同形状的风动幕墙

3. 风能驱动建筑

根据设计，建筑外形可以利用风能引导风流为内部提供新鲜空气，提高空气质量。同时，利用风能可以驱动建筑设计，国内外学者提出了多种能加强风能利用效率的建筑模型。例如，根据建筑中风力机的安装位置提出的三种基本模型具有很好的代表性，分别是扩散体型、平板型、非流线体型，分别对应建筑间的风道、空洞和顶部的风能利用。在居住建筑中，通过软件模拟和数学模型计算可得出住区空间形态与风环境的耦合关系，从而总结出不同地区的住宅套型设计方法。

还有一些利用风能的创新设计，如旋转摩天大楼或风力旋转公寓，利用风力涡轮机使建筑物部分或整体随风转动，创造出独特的视觉效果和居住体验。由意大利建筑师设计位于迪拜的全球首座会旋转的摩天大楼，一共 80 层，高约 420m。通过中心轴将各层串在一起，每层旋转楼板之间安装风力涡轮机，不仅可以自身旋转，还可利用风力进行发电，如图 6-53 所示。

图 6-53　旋转摩天大楼

6.5　生物质能及其建筑应用

生物质能是仅次于煤炭、石油、天然气位居第四位的能源，生物质能的转换和利用具有缓解能源短缺状况和保护环境的双重效果，被人们称为绿色能源。国家相继出台各项政策推动生物质能的利用，例如，《2030 年前碳达峰行动方案》中提出大力发展新能源，因地制宜发展生物质发电、生物质能清洁供暖和生物天然气。《"十四五"节能减排综合工作方案》中提出加快风能、太阳能、生物质能等可再生能源在农业生产和农村生活中的应用，有序推进农村清洁供暖，推进秸秆综合利用等。

6.5.1 我国生物质资源状况

我国有丰富的生物质资源，主要生物质资源年产生量约为34.28亿t，以秸秆、林业剩余物、畜禽粪污、生活垃圾资源量最为丰富，但能源化利用水平相对较低，能源化利用率仅12%，但是发展潜力巨大。目前，生物质已实现通过多种利用方式来满足清洁供热需求，如通过生物质热电联产、生物质锅炉、生物质热解气化，为我国县城地区集中供热；通过沼气热电联产或者沼气锅炉为区域集中供热；通过生物质户用炉具为农村散户供暖。从目前县域环境发展来看，生物质热电、供热、生物天然气可以在消费侧直接替代散煤等传统化石能源，因地制宜地利用生物质资源，对推动乡村生产生活用能方式具有革命性影响，为农村居民提供稳定价廉的清洁可再生能源，享受与城市居民无差别的用能服务。

6.5.2 国内外生物质能应用现状

在过去的十年里，可再生能源的比例在全球能源消耗中逐年上升。除了水电资源较丰富的国家（挪威、加拿大、新西兰和瑞士）外，在大多数国家，生物质能占可再生能源供应的一半以上。从行业上看，生物质能主要集中在发电、供热和运输，其中在供热和运输中，生物质能占据了主导地位。整体而言，各个国家利用生物质资源进行发电的比例占可再生能源总发电量较少，主要原因在于生物质发电成本较高，并未普遍使用。但各个国家正开发和提升各项技术降低成本，促进生物质发电在建筑、交通、农业等方面的应用。从供热结构上看，化石燃料在大多数国家的供热方面仍然占据主导地位，通常占总供热量的75%，而生物质是可再生供热的主要类型。欧盟28国中的生物质供热占2019年全部能源供应的15%，生物质能在欧盟28国中是最主要的可再生能源供热来源。

6.5.3 生物质能建筑应用技术

1. 建筑供热

近年来，通过利用生物质材料制作成燃料作为动力为建筑供暖或者供热，解决能源需求的同时不污染环境。建筑中用于供热的装置可以采用生物质作为燃料，将木屑、锯末、花生壳等生物质燃料燃烧，可以产生蒸汽和热能，用于区域供暖和供热，对环境影响小。常见的供热装置有生物质锅炉、生物质热水器、生物质地热系统等。国内外地区将生物质能与太阳能、地热能结合形成多能源混合系统，为建筑供暖、供电和制冷，可有效解决建筑能耗问题。其中，太阳能与生物质能结合使用居多，形成太阳能+生物质能供暖系统，普遍用于我国北方农村地区。对农村地区能源绿色转型发展，实现碳达峰、碳中和目标和农业农村现代化具有重要意义，应因地制宜选择生物质供暖技术。

2. 建筑用电

生物质能在建筑中的应用中，电力生产是主要应用方面之一。通过燃烧生物质，产生的高温高压蒸汽可以驱动发电机，以此得到电能，用于居民日常生活用电。主要包括农林生物质发电、垃圾焚烧发电、沼气发电。截止到 2022 年年底，我国已投产生物质发电并网装机容量 4132 万 kW，年提供的清洁电力超过 1531kW·h。尽管生物质发电成本远高于风电、光伏等其他可再生能源发电成本，但是生物质发电输出稳定，并且可与储热结合，形成热电联产系统，为建筑供电和供热。齐齐哈尔九洲环境能源有限公司梅里斯区 2×40MW 农林生物质热电联产项目每年可提供绿色电力约 5.6 亿 kW·h。预计到 2040 年全面进入电气化时代，居民供暖用能将以绿色电力逐步代替生物质供热。

思 考 题

1. 简述可再生能源的定义。
2. 可再生能源有哪些分类？与建筑结合有哪些利用方式？
3. 太阳能热水系统与建筑一体化设计中有哪几种主要应用方式？各自优缺点是什么？
4. 太阳能光伏建筑一体化设计中有哪几种主要应用方式？各自优缺点是什么？
5. 简述地热资源的分类。
6. 地热能在建筑中的应用技术有哪些？
7. 风能在建筑中的应用技术有哪些？
8. 简述被动利用风能以及主动利用风能的设计特点及区别。
9. 简述生物质能的概念以及包含的种类。
10. 生物质能在建筑中的应用技术有哪些？

第7章 绿色低碳建筑的智能设计

绿色智能建筑是未来建筑行业实现可持续发展的必然趋势,本章主要介绍绿色低碳建筑的智能设计,即从建筑全生命周期的视角切入,包含建立对该类建筑进行智能设计的理念、设计类型以及在建筑设计前期、中期以及后期的施工运维过程中利用智能技术综合解决建筑低碳问题的关键技术及方法。

7.1 智能设计概述

绿色低碳建筑的智能设计,顾名思义,是指通过数据利用、人工智能、虚拟现实、自动化和可持续性等技术,在满足建筑绿色低碳的同时,实现智能化、个性化和可持续化。其包含了绿色建筑的节能降耗、生态宜居与智能建筑的安全舒适、优质便捷的优势,一般具有以下三个特点:

1)利用智能化系统,提高信息创建质量和信息利用率。
2)采用精细化管理,提高资源利用率,实现低碳节能目标。
3)以 BIM 技术为核心,满足工程项目建设可持续发展的要求。

7.1.1 智能设计的基本内容

智能设计是指利用先进的计算机技术、数字化技术以及各种信息技术手段来模拟、分析和优化建筑设计的过程。建筑智能控制系统是智能设计的实施手段之一,主要包括能源管理系统、智能照明系统、智能空调系统、智能窗户系统等。这些系统在不同领域的应用正在逐步扩大,为建筑、工业、交通等行业带来了更高效、便捷、舒适的智能化体验,同时也为节能减排和可持续发展做出了积极贡献。

1. 能源管理系统

建筑能源管理系统一般指使用计算机的单个建筑物或建筑物群组的控制系统以及用于监控、数据存储和通信的分布式微处理器,它通过监测、控制和优化建筑内部能源使用,实现对建筑能源的高效利用和管理。

(1)能源管理系统构成

绿色低碳建筑与能源息息相关,主要体现在减少能源消耗和优化能源利用方面。绿色低碳建筑通过采用节能设计和高效能源系统，如太阳能光伏板、地源热泵等，降低建筑物的能耗。同时，它还倡导使用环保材料和技术，减少对资源的依赖，从而减少环境影响。这种综合的设计理念不仅能够有效降低建筑物的运行成本，还能促进可持续发展，为环境保护和社会经济发展提供双赢的解决方案。

1）数据采集设备：由建筑系统内部具有通信能力的计量设备组成，包括风量计、智能电表等。

2）能源监测与分析系统：负责接收并分析能耗数据，为智能控制系统提供决策依据。通过明确并汇总各个项目的能源消耗情况，实现建筑能源的精细化管理。

3）智能控制系统：基于能源监测与分析结果，对建筑内部的能源设备进行智能控制，包括智能调光、智能空调控制、智能供暖等，以实现能源利用的最优化。

4）信息展示与管理界面：用于提供给建筑管理员和用户查看能源利用情况、设置能源管理策略，如图 7-1 所示。

（2）能源管理系统功能

建筑能源管理系统能够控制建筑内各种设备的运行状态，使建筑内部各种节能设备协同工作，从而提高整体能效，构建节能、环保、智能化的建筑环境。建筑能源管理系统的主要功能有以下几点：

1）数据采集及分析：依据计量标准和用户管理需求，采集并记录系统的能源计量点位和主要用能系统的设备运行数据，如能耗总量走势分析、总能耗差分析等。

2）指标计划与预警：对重点用能设备、系统的能耗指标和能效指标等参数进行实时监控，对规定的节能目标设置警戒线，对未达目标的指标进行预警和动态实时监测。

3）能耗预测：对建筑的能耗数据进行分析，建立能耗计算模型并进行能耗预测，如用电负荷预测、用电负荷趋势预测等，为节能提供有效的数据支撑。

4）数据上传：按照规范要求，将建筑的能源消费数据准确、完整、及时接到上级平台，同时确保内部系统安全和数据安全。

2. 智能照明系统

照明系统是指通过灯具、控制器和电力设备等组成的整体系统，用于在建筑物内外提供适当的照明。这些系统不仅满足功能性需求，如提供光线以支持活动和视觉需求，还能通过设计和布局提升建筑物的美观性和舒适性。建筑照明系统的设计考虑到节能、环保和用户体验等多方面因素，以实现最佳的照明效果和效率。

智能照明系统是基于计算机技术、网络通信技术、自动控制技术及嵌入式软件等多种技术，通过数据采集、分析和智能控制，实现对照明设备的自动化管理、优化的系统，如图 7-2 所示。

（1）智能照明系统的组成

1）传感器：用于收集环境信息，并将检测到的信号传输给控制系统，从而使照明系统能够响应环境和用户需求的变化。

2）控制器：根据预设的程序和控制策略，自动对灯具进行智能化控制，是智能照明系统的核心组成部分。

第 7 章 绿色低碳建筑的智能设计

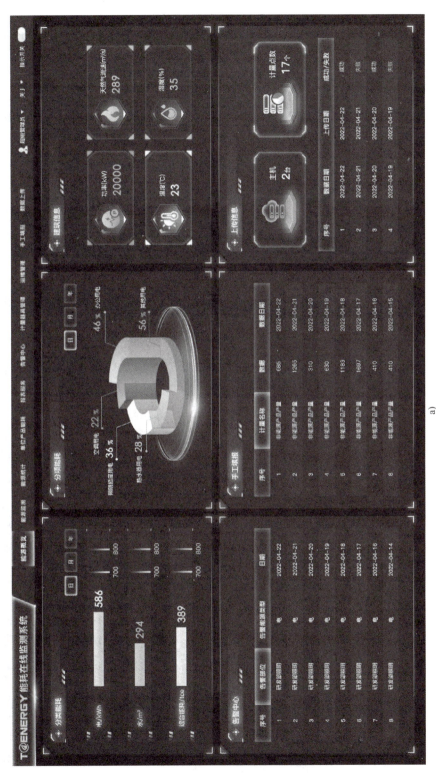

图 7-1a 彩图

图 7-1 能源管理系统信息展示与管理界面

图 7-1b 彩图

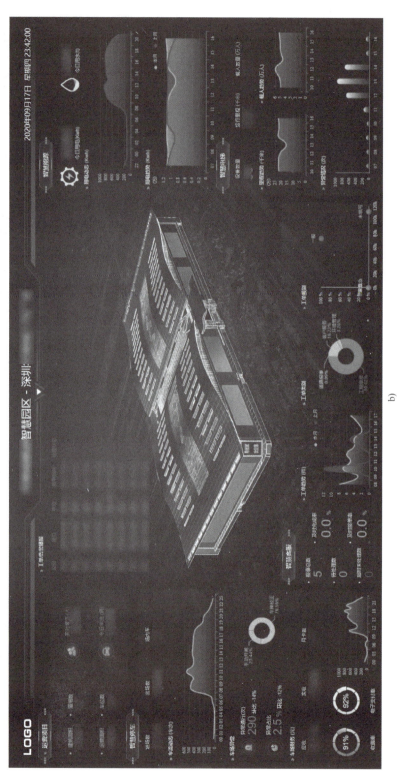

b)

图 7-1 能源管理系统信息展示与管理界面（续）

3）执行器：驱动灯具进行开关、亮度调节、颜色调节等操作，是智能照明系统的终端组成部分。

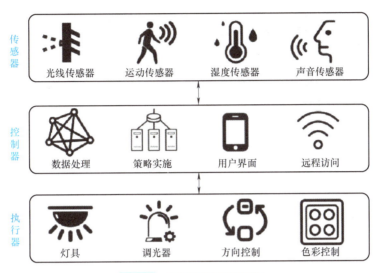

图 7-2　智能照明系统架构

（2）智能照明系统应用场景

相较于传统照明系统，智能照明系统能够提高能源利用效率、改善照明环境质量、降低安全隐患。智能照明系统通过根据需求精确调节照明亮度、开启时间和优化建筑照明管理，有效减少能源消耗，助力建筑实现绿色低碳目标。智能照明系统的应用包括但不限于以下场景：

1）商业建筑：智能照明系统的应用类型较为丰富，包括室内智能照明系统、舞台智能照明系统、多媒体智能照明系统等，能够满足多种场景需求。如杭州绿城创意园办公空间的照明系统注重通过现代化的光源和智能控制，实现舒适、高效的工作环境，同时也增强了空间的创意氛围，如图 7-3 所示。

图 7-3　商用智能照明案例：杭州绿城创意园办公空间

2）住宅建筑：智能照明系统通常用于结合各种生活场景，打造更加人性化的照明环境。智能照明系统还可以与安防、暖通等控制系统联动控制。常见的现代住宅建筑智能照明系统，如私人住宅（图 7-4）和商业住宅（图 7-5），均通过利用智能感应器和可调节光源，结合居住设计风格进行照明参数设计，从而进一步提升视觉感和舒适度并优化能源利用。

图 7-4　私人住宅建筑智能照明

图 7-5　商业住宅建筑智能照明

3）教育建筑：智能照明系统可以根据光照强度和色度进行智能调节，减少不良光线对学生视觉的刺激。智能照明系统还可以与其他控制系统连接，形成智能网络，进一步实现对学习环境的优化，同时实现节能减排，通过集中管理和场景预设提升教学空间的灵活性和效率，如图 7-6 所示。

图 7-6　教育建筑智能照明

4）城市照明：智能照明系统可以针对突发天气、季节更替等状况进行精细化照明策略设定；还可以与物联网技术结合，从而建立智能照明、监控、播放系统一体化的解决方案，如图 7-7 所示。

5）应急照明：智能照明系统可以准确定位火灾位置和影响区域，通过应急照明光源指导疏散逃生方向；还可以与语音提示系统相结合，为受困人员提供指示并疏导逃生。

3. 智能空调系统

空调系统是一种专门设计用来控制和调节室内环境的设备集合，主要目的是保持室内空气的温度、湿度、洁净度和气流速度在理想的范围内，以满足人体舒适度要求或者特定生产过程的需求。空调系统一般分为集中式（服务于整个建筑）、半集中式（服务于建筑的一部分区域）和局部式（独立服务于单个房间或小区域）。

智能空调系统是通过集成传感器、数据分析和自动化控制等技术，实现对空调设备的智能调节，以适应用户需求和环境变化的系统。

（1）智能空调系统组成部分

1）传感器：对建筑中冷暖系统的运行状态、运行参数及屋内外环境温湿度实行全天候的自动监测，并将数据传递给控制器部分。

图 7-7 城市智能照明系统

2）控制器：负责按照预先设定的指标对传感器所传来的信号进行分析、判断，同时根据室外温湿度变化在不同季节自动改变温度设定值。

3)执行器:通过接收智能控制中心的指令,实现空调的调节和控制,例如及时自动打开制冷、加热、去湿及空气净化等功能,包括空调主机、风口控制器等。

(2)智能空调系统功能

暖通空调系统是建筑能源消耗和碳排放的主要源头,提高空调系统能效是降低建筑能耗和实现建筑碳中和目标的重要手段。智能空调系统通过智能调节和管理优化,在保障室内舒适度的前提下,有效提高空调系统能效,实现能源的节约。其主要功能如下:

1)能源管理与节能优化:根据室内外温度、人员活动情况等因素自动调节空调温度和运行模式,并基于能耗数据提供节能优化方案。

2)故障诊断与维护:实时监测空调的运行状态,发现故障隐患,并及时发出警报,提醒用户进行维修。有助于及时进行维修和保养,确保设备稳定运行。

3)远程控制与监测:管理者可以通过手机或计算机远程监控和控制空调系统,随时随地对室内环境进行调节。

目前,智能空调系统(图7-8)在现代住宅建筑中应用较为广泛,即与智能温控器和物联网平台集成的智能空调系统。这种系统允许用户通过智能手机、平板电脑或智能音箱等设备远程控制家中的空调。用户可以通过手机应用程序预设家中空调的开启时间,如在下班回家前半小时自动启动制冷或制热,这样当用户到家时,室内环境已经达到舒适的温度。此外,智能空调还可以与环境传感器协同工作,这些传感器能够监测室内和室外的温度、湿度以及空气质量。在节能方面,智能空调能够根据天气预报和实时电力成本动态调整运行策略,避免在高峰电价时段过度消耗电力,从而节省电费。

图7-8 智能空调系统

4. 智能窗户系统

智能窗户系统(图7-9)是指能根据环境条件或用户设置自动调节窗户状态的智能化系统,它通过集成传感器感知的环境信息进行智能控制,以达到安全、节能和舒适的目的。

(1)智能窗户系统组成部分

1)传感器:用于感知环境的温度、光照、空气质量等信息并传输至控制器。传感器包括红外线感应器、气体传感器、遥控器、温度传感器、雨水探测装置等。

2)控制器:用于对传感器提供的数据进行处理分析,再对执行器输出控制指令,或根据用户界面传输的用户指令进行控制。

3）执行器：用于接收控制器的控制信号并做出相应调节。执行器包括用于实现窗户自动开合的机械或电动装置，实现室内采光调节的遮阳装置和实现空气净化的通风装置等。

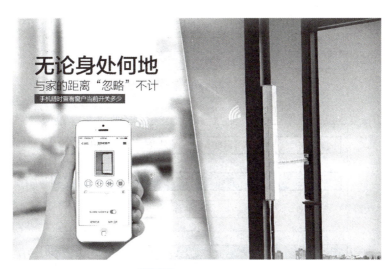

图7-9　智能窗户系统

（2）智能窗户系统功能

智能窗户系统能够根据环境数据实时调整窗户的开合状态，实现有效的通风换气和自然采光，减少对空调和照明系统的依赖，降低能源消耗。其主要功能如下：

1）智能启闭：系统通过对室内温度、室外噪声、室内外 $PM_{2.5}$ 的数值分析，并综合现时室外天气情况，做出外窗的开启或关闭动作，从而实现通风换气、噪声隔离和节能保温，如图7-10所示。

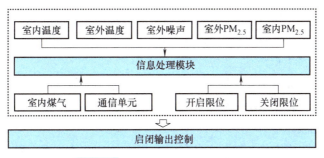

图7-10　智能启闭系统原理框图

2）智能遮阳：根据方式通常分为中空玻璃百叶遮阳和调光玻璃遮阳两种。通过对遮阳百叶或调光玻璃进行智能控制，达到调节室内采光和隔离太阳辐射热及保护室内隐私的目的，如图7-11所示。

3）智能净化通风：根据室内及室外环境条件，自动进行室内外换气通风，并自动滤除室外粉尘，使室内达到洁净、舒适的居住环境条件，如图7-12所示。

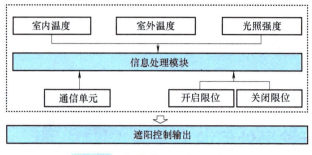

图 7-11　智能遮阳系统原理框图

图 7-12　智能净化通风系统原理框图

以上是绿色低碳建筑智能设计的基本内容，除此之外，还包括对于可持续材料的选择、水资源管理以及施工与运维管理等多方面的内涵，其余内容在本小节不再进行一一阐述。

7.1.2　建筑外壳的智能设计

建筑外壳，即建筑外围护结构，是指围合建筑空间的屋顶、外墙、门窗等，用以抵御风雨、温度变化、太阳辐射等。

随着科技的不断进步和人们对建筑环境品质要求的提高，智能建筑外壳的设计研究与实践逐渐开展，但现有的文献研究尚未结合实践技术对概念进行阐述。

1. 建筑外壳节能技术概述

建筑外壳作为建筑空间与外部环境之间的界面，其节能措施在绿色低碳建筑技术设计中十分重要。建筑外壳节能技术主要包括外墙体节能技术、窗户节能技术、屋面节能技术。

（1）外墙体节能技术

外墙体节能技术又分为单一墙体节能技术与复合墙体节能技术。单一墙体节能技术是指通过改善主体结构材料本身的热工性能来达到墙体节能效果，常用加气混凝土和孔洞率高的多孔砖或空心砌块。复合墙体节能技术是指在墙体主体结构基础上增加复合绝热保温材料来改善墙体的热工性能。根据复合材料与主体结构位置的不同，又分为内保温技术、外保温技术及夹心保温技术。

（2）窗户节能技术

窗户的节能技术主要从减少渗透量、减少传热量、减少太阳辐射能三个方面进行设计。

主要方式有采用断桥节能窗框材料，采用节能玻璃和采用窗户遮阳设计，其中窗户的遮阳设计方式主要有外设遮阳板和电控智能遮阳系统。

（3）屋面节能技术

屋面节能设计除保温、隔热的常规方式外，结合雨水回收的种植屋面设计也是减少建筑能耗的有效方式。

2. 绿色低碳智能建筑外壳的发展方向

智能建筑外壳是智能建筑的重要组成部分，其在传统的节能技术基础上，融入智能化系统，以实现更高效、更智能的节能效果。目前智能建筑外壳相关研究与实践有以下发展方向：

（1）自动化控制

通过传感器和控制系统，根据环境条件（如温度、湿度、光照等），实现对建筑外壳各项功能的自动调节和控制，如屋顶的自动开合、遮阳构件的自动调节、门窗系统的自动启闭等。

（2）数据监测与分析

通过物联网技术，智能建筑外壳能够实时监测建筑运行状态和能耗数据，为节能优化提供数据支持。一旦发现异常或故障，可以迅速通知管理人员进行维护，确保建筑系统的长期稳定运行。

（3）可持续发展

智能建筑外壳结合太阳能光伏板、生物发电等可再生能源技术，为建筑运行提供能源支持。同时，通过雨水收集、立体绿化等设计促进可持续发展和生态保护（图7-13和图7-14）。

图 7-13　Edge 办公楼太阳能光伏板外立面

（4）可互动性

可互动性分为两方面：一是智能建筑外壳能够根据用户的需求和偏好进行个性化设置，用户可以通过智能手机、平板电脑等终端设备实现对建筑外壳的控制，同时，外壳还能够根据用户的生活习惯和行为模式，学习并优化自身的控制策略；二是智能建筑外壳基于体感信息，对用户的行为、动作做出相应的变化，实现人与建筑之间的互动。

3. 智能建筑外壳实践

当前，智能建筑外壳相关实践处于探索中，现有实践项目以智能遮阳系统、智能表皮等为主。

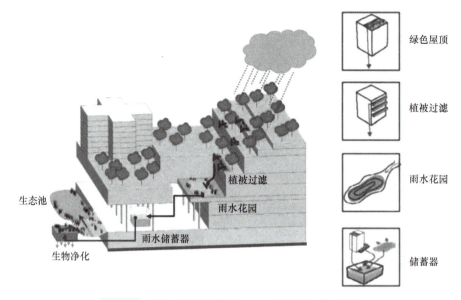

图 7-14　新加坡海军部村庄立体绿化雨水回收设计

（1）智能遮阳系统

智能遮阳系统与普通窗户都是建筑外围护结构的组成部分，用于调控室内光线和温度，但智能遮阳系统通过自动化和智能化手段实现了更高效、便捷的遮阳效果和能源管理，而普通窗户则缺乏此类主动控制能力。智能遮阳系统可根据季节、气候、朝向、时段等条件的不同进行阳光跟踪及阴影计算自动调整遮阳系统运行状态。控制系统软件包括监控软件和智能节点控制软件两部分功能模块。

智能遮阳系统可分为人工电动控制及感应智能控制。人工电动控制可根据一天内太阳光的照射角度及强弱，人工对遮阳系统进行角度的调节。感应智能控制通过传感器检测太阳照射高度和角度，根据太阳光强弱自动调节遮阳板的遮阳方位和遮阳面积大小等，以达到遮阳的目的，该系统可有效用于屋面采光遮阳。目前智能遮阳系统大多采用人工控制结合自动控制的方式。如华为杭州生产基地改扩建项目的智能遮阳系统（图 7-15）可实现手动与自动控制，能自动跟踪太阳轨迹并自动调节遮阳叶面。

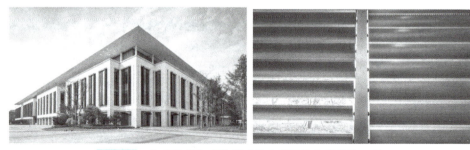

图 7-15　华为杭州生产基地改扩建项目的智能遮阳系统

（2）智能表皮

智能表皮是一种能对环境、人的行为等因素变化做出响应，同时考虑节能、舒适度等参数的建筑围护结构。其相关概念包括自适应建筑表皮、互动式建筑表皮等。智能表皮的相关研究在建筑领域处于学科发展前沿,是未来建筑设计的一项重要因素。

1) 自适应建筑表皮:自适应建筑表皮以提高建筑整体性能为目的,通过可逆性地调节自身功能、特征或行为,适应环境变化或使用者需求。其特性包括:

① 环境可响应性,即自适应建筑表皮可根据环境变化做出响应。如让·努维尔设计的阿拉伯世界研究中心南立面表皮,借鉴了相机光圈运动机制,能根据建筑室内光环境调节表皮采光区域面积,如图 7-16 所示。

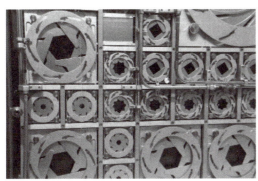

图 7-16　阿拉伯世界研究中心南立面表皮

② 资源可利用性,即自适应建筑表皮能够通过光伏发电或生物质能等形式产生资源。如藻类建筑表皮由培育了微藻类生物的玻璃幕墙组成,这些微藻为建筑提供热量并储存在建筑中,如图 7-17 所示。

图 7-17　藻类建筑表皮

③ 用户可交互性,即自适应建筑表皮除自动控制外,也可人为控制。如基弗技术展厅立面的竖向折叠百叶,立面系统由穿孔铝板组成,竖向的折叠百叶根据室外环境改变折叠角度,以优化室内环境,如图 7-18 所示。该建筑作为基弗金属建筑公司的展示空间,立面所用铝板也由公司自行生产。因此,此动态立面的设计既是室内外环境调节的媒介,又是公司技术质量的展示板。

2) 互动式建筑表皮:互动式建筑表皮系统通常由信号感应器、微型处理器和动态执行器三大部分组成,通过一系列传感器拾取体感信息,作为交互的触发因子。

2008年萨拉戈萨世博会的水幕墙可以通过传感器探测到游客的动向，在水幕墙上形成出入口，如图7-19所示。Aegis Hyposurface 由一个交互式机械表面组成，可以根据各种环境刺激（包括人的声音和运动、天气和电子信息）实时变形，如图7-20所示。

图7-18　基弗技术展厅立面表皮的不同形态

图7-19　萨拉戈萨世博会的水幕墙

图7-20　Aegis Hyposurface 交互式表面

7.1.3 绿色低碳智能建筑管理系统

随着建筑行业的发展，建筑智能化管理成为新的趋势，也为绿色低碳智能建筑的应用技术提供了可依托的平台。绿色低碳智能建筑要汇集建筑内外的各种信息，实现各智能化子系统的集成，需要设置位于各智能化子系统最上层的智能建筑管理系统（IBMS）。

1. 智能建筑管理系统概述

智能建筑管理系统是依靠各子系统的上位管理主机采用以太网和数据交互技术进行互联、实现各子系统间部分数据传递的系统。它适应 TCP/IP 化趋势，具有开放性和广泛接入性的特点，因此容易完成各种系统之间的互联互通。智能建筑管理系统一般由三部分组成：具有 Web 功能的集成化监视平台、监控服务器和协议转换网关。其由一系列子系统集成一个"有机"的统一系统，包括楼宇自控系统、火灾报警系统、安保管理系统、广播系统、停车场管理系统、一卡通系统等。

智能建筑管理系统的技术主要参照互联网技术，在数据库和管理软件层面进行功能开发，本质上是一个面向管理的分时信息交互管理系统，解决了信息集成管理问题。其通过不同子系统开发通用的 TCP/IP 数据通信接口，完成各个专业子系统与上层的智能建筑集成管理系统的通信。原本各自独立的子系统，通过智能建筑管理系统构筑了一个统一的操作监测平台，如同一个系统一样。

总体而言，建筑实现绿色低碳，可从基础设施节能、能源利用效率和运营管理等方面来进行，而智能建筑管理系统在其中发挥不可或缺的作用。

2. 智能建筑管理系统功能

智能建筑管理系统的强大功能助力实现建筑的绿色低碳、可持续发展，实现建筑内部各个设备的集中管理和监控，实现设备的运行效率最大化与能耗的降低，以及设备运行的安全可靠。其功能具有智能化、集成化、自动化、精细化、可靠性。

1）智能化。智能建筑管理系统可以对建筑物内部的各项业务进行实时监测和分析，及时发现能源浪费的问题，提出相应的节能措施，降低建筑物的能源消耗。它能够将收集到的有关楼内外资料，分析整理成具有高附加值的信息，运用先进的技术和方法使建筑物管理系统的作业流程更有效，运行成本更低，竞争力更强。

2）集成化。智能建筑管理系统可以将建筑物内部的各个子系统高度集成，做到安保、防火、设备监控三位一体，集成在一个图形操作界面上，以实现整个建筑的全面监视、控制和管理，从而提高建筑物全局事件和物业管理的效率、综合服务的功能。信息在智能建筑管理平台上实现共享和交互，为建筑管理的决策提供更加科学和准确的数据支持。

3）自动化。智能建筑管理系统可以实现自动化控制和管理，支持多种节能控制策略，如能源监测、节能分析、优化控制，减少人工干预和失误，提高管理效率和管理质量。

4）精细化。智能建筑管理系统可以对建筑物内部的各项业务进行精细化管理，实现能源的按需分配和优化利用。

5）可靠性。智能建筑管理系统具有高度的可靠性和稳定性，可以保证建筑物内部各项业务的正常运行和能源利用效率的提高。

智能建筑管理系统的功能应符合下列规定：

1）应以实现绿色建筑、低碳建筑为目标，同时满足建筑的物业运营及管理模式的需求。

2）应采用智能化信息资源共享和协同运行的架构形式。

3）应具有实用、规范和高效的监管功能。

4）宜适应信息化综合应用功能的延伸及增强。

川建院大源国际中心办公楼（简称 SADI 大楼）（图 7-21）就是绿色智能建筑管理系统的优秀实践案例。该建筑位于四川省成都市武侯区，总建筑面积为 4.66 万 m^2，地上 24 层；2010 年开始建设，2014 年建成投入使用，2022 年公司在利旧基础上以"绿色、低碳、智慧"为目标，结合物联网、大数据、数字孪生等数字化技术，启动自用楼层智慧低碳微改造。创新地构建既有建筑智能化改造、绿色建筑、光伏一体化、健康建筑、建筑节水、高效能源、建筑碳管理、建筑的运维和运营管理八大特色板块，打造了"既有建筑改造绿色低碳智慧改造样板"。当前已获得智慧办公建筑金级预评价、WELL 金级认证，正在申请绿色建筑三星与健康建筑金级。

图 7-21 川建院大源国际中心办公楼

3. 智能建筑管理系统设计及标准化原则

（1）智能建筑管理系统的设计原则

智能建筑管理系统对建筑内部各项业务进行统筹，其设计包括以下要点：

1）具有虚拟化、分布式应用、统一安全管理等平台支撑作用，应形成对智能化相关信息采集、数据通信、分析处理等支持能力。

2）满足对智能化实时信息及历史数据分析、可视化展现的要求。

3）满足远程及移动应用的需要。

4）应符合实施规范化的管理方式和专业化的业务运行程序。

5）具有安全性、可用性、可维护性和可扩展性。

6）顺应时代，适应标准化信息集成平台的技术发展方向，综合运用物联网、云计算、大数据、智慧城市等信息交互多元化技术和新应用。

（2）智能建筑管理系统的标准化原则

要实现绿色建筑的智能化运作，需要实现各类物联监测数据的有效传输以及控制反馈。目前国内外已有许多智能建筑管理系统品牌，并应用于项目实践，但当前主流的各类系统品牌各自独立，相互之间存在通信壁垒。因此，智能建筑管理系统如何实现标准化，打破通信壁垒，建立统一的通信协议，实现通信互联，是未来亟待解决的关键问题之一。

智能建筑管理系统通信互联应符合下列规定：
1）应具有标准化通信方式和信息交互的支持能力。
2）应符合国际通用的接口、协议及国家现行有关标准的规定。

7.2 全生命周期综合解决方案

7.2.1 全生命周期 BIM 模型的构建

建筑全生命周期 BIM 模型作为智能设计综合解决方案的一部分，通过综合性数据管理、多维度模拟与分析、智能优化方案、协同设计与决策支持以及实时监控与管理等功能，为绿色低碳建筑设计提供全方位的支持与服务，从而提高设计效率。

1. 概念阐述

（1）建筑全生命周期

建筑全生命周期是指从材料与构建生产、规划与设计、建造与运输、运营与维护直到拆除与处理（废弃、再循环和再利用等）的全循环过程。建筑项目的复杂性和长周期使得全生命周期的划分至关重要，一般可分为规划、设计、施工和运营维护四个阶段。

（2）BIM 技术

BIM 技术是指建筑信息模型技术，主要是把计算机技术作为辅助技术，将其运用到建筑设计中的一种工作方法。从建筑规划到设计，再到施工等，都应用了 BIM 技术，该技术已经贯穿整个建筑周期。BIM 技术最初源于石化、汽车和造船行业，在 20 世纪 70 年代由美国的查克·伊士曼博士首次提出。随着计算机软硬件的进步，BIM 在理论和实践上得到了广泛应用。

2. BIM 技术在全生命周期管理体系中的应用

BIM 技术在绿色低碳建筑项目全生命周期中的管理体系应用旨在精确控制质量、进度和安全，通过模拟优化方案以节省工期和降低成本。该管理体系涵盖了开发管理、业主方项目管理和物业管理三个阶段，并通过引入 BIM 技术实现集成管理和信息共享。在不同阶段，BIM 技术的应用内容和深度都有所不同：

（1）规划阶段

在规划阶段，BIM 技术可以用于建立方案模型、进行场地分析和总体规划等。通过 BIM 软件建立模型，并结合 GIS 软件进行数据分析，为最优方案决策提供数据和技术支持。

（2）设计阶段

设计阶段包括设计准备和设计两个阶段。BIM 技术的可视化、协同性、动态多维和参数化等特点能够为设计阶段提供支持。

（3）施工阶段

施工阶段包括施工准备和施工两个阶段。在这个阶段，BIM 技术可以将管理精细化，通过将二维拓展到三维、四维甚至多维模拟，实现施工组织模拟和方案模拟，从而避免交叉作业、降低安全质量隐患，为业主提供更好的进度控制工具。

（4）运营维护阶段

传统的运营维护阶段存在信息凌乱不全、信息分离等问题，增加了运营管理的难度。BIM 信息模型的引入可以有效管理设施信息，避免信息的分散或丢失，并实现信息的实时反馈，为运营管理提供科学、合理的支持。

通过以上 BIM 技术在建筑项目全生命周期中的应用，业主可以实现对项目的全面管理和优化，最终实现项目全生命周期管理的目标。

3. 绿色低碳建筑全生命周期 BIM 模型构建

（1）绿色低碳建筑全生命周期 BIM 模型构建原则

建筑全生命周期 BIM 模型构建的基本思路是随着工程项目的进展和需要分阶段创建 BIM 子模型，即从项目规划到设计、施工、运营维护不同阶段，针对不同的应用建立相应的 BIM 子集，其构建原则包括以下几个方面：

1）全生命周期考量：BIM 模型应该覆盖建筑项目的全生命周期，从规划、设计、施工到运营和维护阶段，BIM 模型需要持续更新和演进。

2）集成和交互性：BIM 模型应该是一个集成的系统，能够容纳各种数据来源，并支持不同软件和工具之间的交互。

3）标准化和规范化：在构建 BIM 模型时，需要遵循相应的标准和规范，有助于确保不同软件和系统之间的兼容性，并提高数据的一致性和可比性。

4）信息共享和透明度：BIM 模型应该促进信息的共享和透明度，确保各个利益相关者都能够获取到他们所需要的信息，并参与到决策和执行过程中。

（2）建筑全生命周期 BIM 建模步骤

建模步骤（图 7-22）如下：

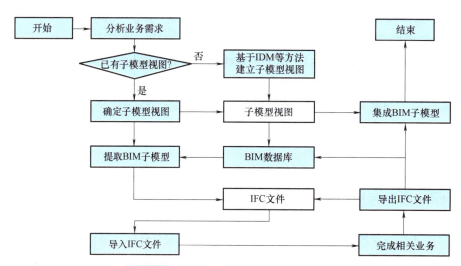

图 7-22　建筑全生命周期 BIM 建模步骤

1）需要进行实际业务流程的分析，以确定需要构建的 BIM 模型的范围和内容。在这一步中，选择与业务流程相适应的 BIM 数据标准的子集，即子模型视图。如果现有的子模型视图不满足需求，则需要根据建模规范或其他方法创建符合要求的子模型视图。

2）利用选定的子模型视图，进行 BIM 子模型的提取工作。这一步骤涉及将相关数据从 BIM 数据库中提取，并导出为 IFC 文件，以增加系统对这些数据的利用便捷性。

3）将导出的 IFC 文件移入应用系统中，构建工程信息共享平台。通过这一平台，促进信息的更新迭代，同时将新产生的工程信息与原有的 IFC 文件导出。

4）利用集成的 BIM 模型将数据信息归入数据库中。基本思路是根据项目的进展和需求分阶段创建 BIM 子模型，从项目规划到设计、施工、运营维护不同阶段，建立相应的 BIM 子集。随着项目的进展，不断对上一阶段模型进行数据提取、扩展和集成，形成本阶段的信息模型。

（3）建筑全生命周期 BIM 模型构建的注意事项

1）并发访问管理：一个完善的 BIM 模型的构建，必须要考虑到多家企业同时访问的情况，允许并发访问进行。各家企业通过 BIM 的集成建模所获得的数据必须要保持一致性。

2）数据一致性约束：BIM 数据库中的数据应该在满足建模要求的前提下，保持其自身的准确性，从而为访问用户提供良好的使用体验。

3）子模型的集成与提取：在 BIM 模型的构建与组织管理过程中，子模型的集成与提取技术必须适用于全生命周期，并且无论是哪一个阶段，子模型的集成与提取技术都应该遵循一致性约束的原则，允许多个用户对其进行并发访问。

7.2.2 全生命周期数据的整合与分析

全生命周期的 BIM 数据分析是以 BIM 模型为基础，通过借助各类分析软件以及地理信息，对建筑场地、日照、风环境、热环境、声环境、建筑能耗及施工进行具体的分析、模拟及预测。其中，数据的获取除 BIM 模型中建筑及场地信息外，可将地理信息数据（GIS）、现场调研数据导入各类分析软件，包括 Revit 中内置的 Google Earth、各类 CFD 流体力学模拟分析插件、Ecotect Analysis、Cadna/A 声环境分析等软件。全生命周期的 BIM 数据整合与分析主要覆盖绿色建筑全生命周期的规划、设计、施工阶段，旨在协助设计师在各个阶段高效地选择最佳方案，以智能手段辅助建筑的绿色设计。由于运营与维护阶段涉及数据分析的内容较少，暂不予讨论。

1. 规划阶段

利用建筑信息模型（BIM）进行环境生态数据的收集与分析，是一种高效且精准的分析方法。在规划阶段的绿色建筑数据分析直接关系到建筑在未来运行中的能耗、环境适应性以及可持续性。该阶段中的数据分析以场地环境要素分析为主，其中场地环境要素包括当地的能源条件、气候条件、场地地貌与植被、可利用的既有建筑、潜在灾害，协助建筑师在场地规划阶段做出合理的场地设计、交通流线组织与建筑物布局等，如图 7-23 所示。

2. 设计阶段

（1）BIM 环境模拟

1）日照分析（图 7-24）：通过 BIM 模型可对街道建筑进行建筑遮挡与日照分析，通过选择场地地理位置以及日照研究的重点时间节点，模型会自动模拟太阳高度角和太阳运行轨迹，模拟计算建筑各个立面的日照时长，并生成可视化日照路径成果。日照模拟可协助设计师判断绿色建筑是否满足日照要求，并根据不同地区的日照条件调整建筑设计策略，以达到舒适绿色的设计目标。

图 7-23　BIM 与地理信息系统（传统设计行业升级背景下的 BIM 正向设计研究）

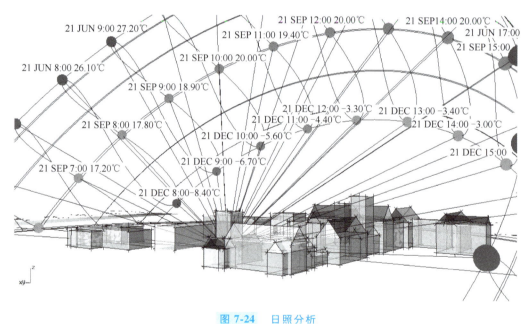

图 7-24　日照分析

（来源：https://www.food4rhino.com/en/app/ladybug-tools）

2）风环境与热环境分析：通过在 BIM 中内置 CFD 流体力学模拟分析插件，可对建筑室内外风环境进行模拟。在 BIM 场地模型中编辑生态信息，可自动获取气象数据，包括风速、风向、温度变化频率、相对湿度等，结合 BIM 模型中的边界条件及地形地貌、植被覆盖、水体分布等信息，可生成场地空气分析、建筑表皮风压、干球温度、湿球温度、直射太阳能、散射太阳能等数据，并且可进行可视化表达。对设计方案进行风、热环境模拟（图 7-25 和图 7-26），优化设计方案，可以提高建筑的舒适性和能效，为绿色低碳建筑设计提供强有力的技术支持。

图7-25　CFD风环境模拟　　　　　　　　　图7-25 彩图

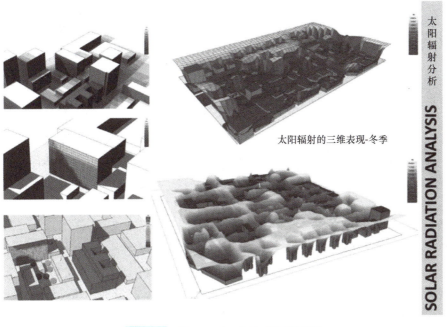

图7-26　Ecotect Analysis 热环境模拟　　　　图7-26 彩图

3）声环境分析：在 BIM 模型中进行声环境分析，目的是检测声线的数量和强度，以便针对不同声源提出有效的设计策略，从而确保建筑空间的声学环境达到最优状态。对声环境的分析需要将现场调研的声源数据和 BIM 模型导入环境噪声评估软件，并对各项属性进行精确定义，包括地势高差、交通量、点声源位置、地面吸声系数、昼夜时间范围，从而对建筑里面及建筑空间内接收点声压级进行评估。城市噪声分布如图 7-27a 所示，水平、垂直面及建筑立面噪声分布如图 7-27b 所示。

图 7-27　城市噪声分布，水平、垂直面及建筑立面噪声分布

(2) 建筑能耗与碳排放分析

BIM 模型与建筑能耗计算软件相结合可以对建筑能耗及碳排放量进行预测。建筑能耗的影响因素主要包括窗地面积比、外窗传热系数、外墙传热系数、屋顶传热系数、供暖制冷的设置温度等，可将 BIM 模型导入能耗计算软件，软件内数据库中包含大量建筑材料热工性能及构造方式，通过选择建筑所在地、建筑材料及构造做法，可自动计算建筑能耗和碳排放量，并生成检测报告。

图 7-27 彩图

3. 施工阶段

(1) 管线综合调控

BIM 模型可整合项目中建筑、结构、给水排水、电气、消防、暖通及景观等多个专业的三维模型，并优化各系统之间的平面与空间布局关系，同时优化各系统与永久性构件在平面和空间上的协调排布。通过反复修改与调整，降低项目成本，并提升施工图的质量和准确性，以确保项目的顺利进行和高效实施。

(2) BIM 模型碰撞参数检测与核算

施工碰撞检查主要分为软碰撞和硬碰撞。硬碰撞是指实体之间存在交叉和碰撞；软碰撞是指在施工中两个构件之间预留空间无法满足构件的施工和检修运维等要求。利用 Navisworks 软件选择碰撞检查的类型，包括硬碰撞、间隙碰撞或副本碰撞等，通过设定构件碰撞参数，自动查找 BIM 模型中的碰撞点并生成检测报告，如图 7-28 所示。

7.2.3　运营维护和使用后评估

随着工业 4.0 时代的发展，用新兴科学技术交叉来拓展智慧化技术与运维的研究逐渐增多，表现在信息工程领域应用虚拟现实技术对建成环境空间进行认知和探索。斯坦福大学 CIFE 应用多学科方法实现产品模型的 3D 可视化及施工过程模拟，将虚拟性建造（信息模型）与物质性建造（物业）结合；清华大学互联网产业研究院超智能城市研究中心基于 Multi-Agent 强化学习理论支撑构建智慧城市多智能系统，提供多种条件下空间认知与建筑疏散管理，为优化建筑环境管理提供决策依据。

第 7 章　绿色低碳建筑的智能设计

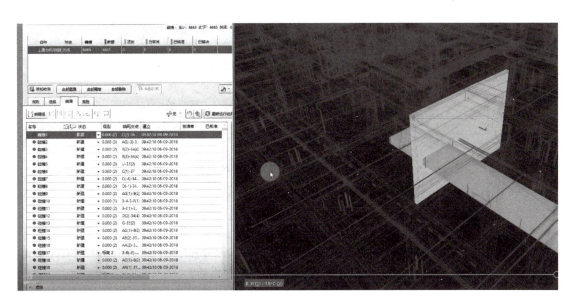

图 7-28　Navisworks 碰撞检查

1. 概念阐述

（1）项目运营维护管理

运营维护管理（简称运维管理）是基于传统的房屋管理经过演变而来的。近几十年来，随着全球经济的快速发展和城市化建设的持续推进，特别是随着人们生活和工作环境的丰富多样，建筑实体功能呈现出多样化的发展现状，使得运维管理成为一门科学，发展成为整合人员、设备以及技术等关键资源的管理系统工程。

（2）使用后评估

使用后评估（POE）是建筑投入使用一段时间以后，对其使用状况和性能表现进行评估的一个过程。国际通用的建筑使用后评估的基本方法来源于普莱策于 1988 年出版的《使用后评估》一书。普莱策将使用后评估分为描述式、调查式和诊断式三种类型，它们之间的关系由浅到深。使用后评估包含三个主要步骤，即计划准备阶段、数据收集阶段和数据分析阶段，见表 7-1。

表 7-1　使用后评估的步骤

步骤		工作重点	方法	成果
计划准备阶段	收集	与建筑相关的文字、照片、图纸、文件等资料	实地勘察、网上搜索、档案室调档、询问设计施工方等	一份详细的实施后评估计划书和相关资料附件包
	沟通	与建筑相关的所有利益方，如委托方、管理方、设计方、施工方和使用方等	访谈、电话、电邮、介绍信等	

231

（续）

步骤		工作重点	方法	成果
数据收集阶段	主观评价	收集由评估者通过观察发现的问题和使用者对建筑使用、运营、维护方面的主观评价信息	步入式观察（初步观察、现场测绘、空间观测、行为观测等）、访谈法（一对一访谈、深度访谈等）、问卷调查等	观察和访谈信息被整理成描述性报告和主要问题清单
	客观测量	测量室内环境质量数据（温湿度、光、声环境、空气质量等）和能耗数据（用水量、用电量等）	仪器测量、用水用电量审计、能耗感应器记录等	问卷调查结果和客观测量数据被输入EXCEL软件并导入SPSS数理统计软件进行分析
数据分析阶段		应用统计学和评价学的分析方法，试图在建筑性能和使用的表层现象中挖掘深层关联性和规律性，揭示问题的本质，提出评估结论和改善建议	故障树分析、对比评定、清单列表、语义学解析、多因子变量分析、层级分析、社会网分析、生命周期评估、质化分析等	一份配有文字、图片、数据图表的使用后评估结论报告

2. 基于 BIM 5D 的项目运营与维护

（1）BIM 5D

BIM 5D 是建筑信息模型技术的一种高级应用形式，它在传统的三维（3D）建筑模型基础上，集成了第四维度——时间（4D），以及第五维度——成本（5D）。通过融合这些多维度信息，BIM 5D 为建筑项目提供了一个全面的数据驱动平台，使项目团队能够在设计、施工和运营阶段进行精细化管理。参与方都能够在模型中操作信息，通过该技术可显著提高建筑项目的工作效率、工程质量，有效规避错误，预防风险。总体上说，BIM 5D 有如下内容：

1）依托三维数字技术而发展起来的 BIM 5D 集成了与建筑工程有关的信息、数字化表达工程项目实施实体与功能特性，使项目在运维过程中清晰、明了，更加有针对性。

2）BIM 5D 能够连接整个建筑项目各阶段的数据，完整地描述工程对象，可实时获取自动技术、组合拆分等各类工程数据。

3）作为单一工程数据资源，BIM 5D 不仅可动态地创建建设项目工程信息，实现信息共享，深化质量管理，同时还可有效地促进异构工程、分布式数据共享，提高施工过程中的一致性水平。通过该共享数据平台可实现实时共享项目情况。

（2）BIM 5D 在运营维护中的应用

1）进度管理：将 BIM 5D 技术引入进度管理，形成一套独特的项目管理方法，能够很好地把控整个工程的进度情况。BIM 5D 以一个项目为中心，以精益管理为切入点落实全过程管理，充分发挥团队的协作作用，采用同一进度管理法完成进度计划，充分发挥网络协同的作用，对进度进行有效的动态管理。它在工程项目进度管理的应用体现在进度计划编制、施工进度模拟、施工安全与冲突分析、建筑施工优化、三维技术交底及安装指导、云端管理等方面。

2）质量管理：基于 BIM 5D 的工程项目质量管理主要包括技术质量管理和产品质量管理两方面，涉及建模前期协同设计、碰撞检测、大体积混凝土测温、施工工序管理、高集成化方便信息查询和搜集等。

3）成本管理：BIM 5D 在项目成本控制中的应用主要包括快速精确的成本核算、预算工程量动态查询与统计、限额领料与进度款支付管理、以施工预算控制人力资源和物质资源的消耗、设计优化与成本管理、造价信息实施追踪等。

4）安全管理：基于 BIM 5D 的安全管理包括施工准备阶段的安全控制、施工过程中的仿真模拟、模型试验、施工动态监测、防坠落管理、塔式起重机安全管理、灾害应急管理等。

5）物料管理：基于安装材料建立的模型数据库可作为项目采购材料的依据。具体体现在安装材料 BIM 模型数据库、安装材料分类控制、用料交底、物资材料管理、材料变更清单等方面。

3. 基于前沿技术的使用后评估

对于使用者行为、使用者心理感受和空间体验等软性的评估内容在普莱策的经典理论中被放在与建筑性能和能耗表现同等重要的位置，但并没有得到同等的重视和发展。当前，在信息时代，GIS、大数据技术、BIM、空间句法等技术的出现，为研究使用者行为、空间体验和心理感受等提供了有力的技术支持。

（1）GIS 获取地理信息和使用者信息

传统的收集建筑场地特征和使用者信息的方法是观察、拍照、访谈和问卷调查。GIS 的引用不仅可以更快、更全面地收集到这些信息，还可以将建筑的特征属性（规模、功能布局、空间绩效等）与使用者的特征属性（使用者数量、使用者偏好、行为模式等）进行关联分析，进而评估建筑的使用和运维情况。

（2）大数据获取使用者行为轨迹

传统的收集使用者行为的方法是现场观察和影像记录，大数据技术的引入使对使用者行为观察变得更加高效和准确。例如，基于大数据技术的 WiFi 室内定位技术（图 7-29）通过对大型公共场所人流分布和行为模式进行长期、稳定、可靠的数据监测，可获取使用者在建筑室内的行为模式信息；麻省理工学院无线网络和移动计算中心提出通过测量原本用于无线通信的射频信号的幅度、相位等信息，提出了一系列基于射频信号的人员识别、动作和表情捕捉、追踪定位等算法。

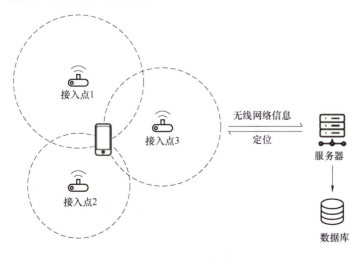

图 7-29　WiFi 室内定位技术

(3) 网络平台获取评价信息

作为公众使用后评价方法更新的其中一个方向，网络信息以其渠道众多、内容多样、采集灵活等特点成为快速准确收集公众使用后评价的最有力支持。目前，网络评价信息采集的渠道主要有三类：第一类是设有评价板块的网站，主要是旅游、点评网站；第二类是社交媒体；第三类是其他有评价内容的网站。

7.3 性能预测的人工智能方法

在绿色低碳建筑设计中，对建筑能耗、室内空气质量、室内热舒适度以及室内空间占用率的预测具有至关重要的价值，也是这一领域中关注最多、研究成果最多的几类主题。这些预测不仅为建筑师提供了科学的设计知识和依据，还为实现智能化建筑设计奠定了基础。

性能预测的
人工智能方法

以建筑能耗预测为例，它涉及分析建筑使用过程中的能源消耗，包括照明、供暖、制冷及设备运行等方面。通过对建筑能耗的精确预测，建筑师能够在设计阶段考虑采用高性能的保温材料，优化窗户设计和建筑方位，从而减少能源需求和碳排放。

室内空气质量和室内热舒适度的预测对于确保居住者和使用者的健康与舒适同样重要。例如，利用自然通风和绿化植物可以显著提升室内空气质量，而合理的隔热和散热设计则可以维持室内温度在舒适范围内，减少对机械调温设备的依赖。通过模拟室内空气流动和温度分布，建筑师可以优化通风系统设计，保证室内空气新鲜，同时避免因室内空气不流通或温度不适导致的健康问题。

室内空间占用率直接影响建筑能源的合理分配。设计时考虑空间实际使用模式，可优化照明和空调系统的布局，减少无谓的能源消耗。智能感应器根据房间占用情况自动调节设备运行，节能的同时提高舒适度。故室内空间的有效管理对提高建筑能源利用效率与环境舒适至关重要。

对以上四方面主题的预测、分析和优化能够转化成绿色低碳建筑设计的科学依据，也即设计的知识。例如，在什么地区、什么朝向、开多大的窗户更好？通过广泛的数据分析和特征因子提取，不仅帮助建筑师在设计阶段做出更优的决策，还通过智能建筑设计的应用，实现建筑操作的自动化和优化。例如，通过集成智能传感器和控制系统，可以实时监测室内外环境变化，并自动调节窗帘、空调等设施的运行，既提高能效，又提升居住舒适度。这种智能化设计不仅提高了建筑的能源利用效率，也增强了建筑的适应性和功能性，使其能够更好地满足未来的发展需求。

人工智能领域诸多算法、模型在绿色低碳建筑的性能预测中能够发挥重要作用。以上四个研究主题紧密围绕建筑能耗及建筑低碳、减排。对这四个主题的分析和预测并非相互割裂，而是经常相互组合、相互产生影响的。一套完整预测模型通常包括以下几个步骤：

1）数据收集：收集建筑物的能耗数据以及其他相关信息，如建筑物特征、天气数据等。

2）数据预处理：对收集到的原始数据进行清洗、缺失值处理、异常值处理等。

3）特征工程：提取和选择与能耗预测相关的特征，如温度、湿度、季节等。

4）模型选择与训练：选择合适的机器学习或深度学习算法，如 LSTM、SVR、XGBoost 等，并使用训练数据集来训练模型。

5）模型评估与优化：评估模型的预测性能，并通过调整参数或算法来优化模型。

本节重点介绍建筑能耗、室内热舒适度、室内空气质量、室内空间占用率预测四类典型研究主题，内容上主要解决前述步骤1）和步骤4），即收集什么数据、如何收集数据，收集的数据如何通过各种算法、模型达到预测目的。针对不同主题的预测，因其目标不同、数据不同，因此采用的模型、算法或模型组合有相同之处，也有不同之处。例如，室内舒适度预测通常离不开人的主观感知，而建筑能耗预测则偏向客观的数量，那么其适用的算法、模型也会有所差异。因此，本节针对四类主题，依据其特点，聚焦以上两类问题的特色解决策略。步骤1）和4）之外的步骤，或属于数据处理的基本知识，或针对不同问题的策略较为迥异，因此本节对其不详细展开。

在表述上，机器学习一般被认为内涵较为广泛，包括了深度学习。本节粗略地从特征工程、深度（大规模）神经网络应用等角度对机器学习和深度学习进行区别表达。当人工预设特征时，这些特征通常是可解释的。当特征由算法判断时，这些特征通常难于解释且规模巨大。这一分类方式同时也预示着数据量、算力需求的不同。关于数据收集的传感器，本节仅介绍类型和特点，不涉及具体品牌、型号。

总体而言，通过人工智能方法预测建筑性能，当前已经成为实现绿色低碳建筑智能设计和运营的重要手段，在应对气候变化、促进可持续发展研究与实践中已经展现出十分重要的作用。

7.3.1 建筑能源消耗预测

建筑约占用全球总能源消耗的 1/3，在全球碳排放中占比约 40%。通过人工智能方法分析历史能耗数据和外部环境变量，可以更加准确地预测建筑未来的能源需求。这种预测使得建筑管理者能够提前调整能源使用策略，如调节供暖和制冷系统的输出，以实现最优化的能源利用效率。此外还可以通过优化机电设备选型和配置来降低建筑能源消耗，如选择高效电动机、变频器等，且利用合理的配置组合来避免过度或不足的设备选用，从而进一步在设备使用方面落实绿色低碳建筑的设计应用，这也是优化建筑设计和运营管理的重要前提。

1. 数据采集方式

可利用的能耗数据包括现实测量数据、软件模拟数据（如 EnergyPlus、DeST、Ecotect Analysis 等）以及标准数据库数据（通常用于比较研究）。现实能耗数据的测量方式分为人工收集与自动收集，自动收集包括物联网与传感器收集、移动设备收集。

（1）人工收集方式

人工收集方式包括现场调查和数据记录、居民和用户反馈等。该方式简单易行，不需要复杂设备，提供使用习惯和偏好信息，有助于优化能源使用策略；但耗时且劳动强度大，数据主观性较强，可能需要额外时间和资源来收集，可能缺乏实时数据。

（2）物联网与传感器收集方式

物联网与传感器收集方式包括智能楼宇系统、能耗监测系统、远程监测和物联网技术。例如，智能电表、智能燃气表、智能水表等计量设备来直接测量建筑的能源消耗量。该方式具有高度自动化和集成优势，能够收集和分析大量数据，提供详细的能耗分析报告，并能实现实时远程监控。但是除了已经升级改造智能表的建筑之外，单独安装费用和维护费用较高，复杂的系统可能需要专业人员管理，需要专业安装和维护，需要建立和维护网络连接，可能涉及数据安全和隐私问题。其收集的数据实时、客观、较为准确，但需要注意周边邻近设备或环境干扰。

（3）移动设备收集方式

移动和便携式监测设备具有便携、灵活的特点，适用于介入性测量，如被试穿戴设备测量，通常不适用于长期监控。

通过结合这三类数据收集方式，可以更全面地监测和分析建筑能耗，从而制定有效的能源管理和节能措施。每种方式都有其独特的优势和限制，因此选择适当的方式应根据具体的建筑特性和监测需求来决定。

2. 机电设备效率与建筑能耗

建筑的机电设备效率是指建筑中各种机电系统（如供暖、通风、空调、照明、电梯等）的能源利用效率。它衡量这些设备在提供相应功能或服务时所消耗的能量与实际输出之间的比率。高效的机电设备能够在保证性能的情况下，最大限度地减少能源消耗。

（1）常见效率指标

建筑机电设备的效率直接关系到建筑的能源消耗和碳排放、运营成本及建筑的舒适度等多个方面，现有的效率指标有能效比、季节性因子、加热季节性能因子、光效、能源使用强度及系统整体效率等，见表7-2。

表7-2 常见效率指标

指标	内涵
能效比（EER）	用于衡量空调和制冷设备的能效，是设备制冷能力与功耗的比值。EER值越高，设备越高效
季节性因子（SEER）	是另一种衡量空调和制冷设备效率的指标，考虑了设备在不同季节的性能。SEER值高表示设备在整个冷却季节内的能效更高
加热季节性能因子（HSPF）	用于衡量热泵系统的加热效率，是设备在加热季节中的总加热输出与总能量输入的比值。HSPF值高表示设备的加热效率更高
光效	用于衡量照明设备的能效，表示每消耗1W电力所产生的光通量。光效越高，照明设备越高效
能源使用强度（EUI）	表示建筑每单位面积的能源消耗量 [通常以 $kW \cdot h/(m^2 \cdot 年)$ 为单位]。EUI值较低表示建筑能效较高
系统整体效率	涉及多个设备和系统的综合效率。例如，HVAC系统的整体效率不仅包括单个设备的效率，还包括系统的整体设计和运行方式

（2）机电设备对建筑节能减排的关键措施

建筑机电设备是建筑降低碳排放的核心组成部分，通过提升机电设备的效率来降低建筑能耗是一个多方面、系统性的工程。关键措施有供配电系统优化、设备效率提升、智能控制系统的建设、照明系统优化、对机电设备的定期维护与监测、热回收系统设置、可再生能源集成及用户教育与参与等方面。

供配电系统优化方面：主要关注对高效、经济供电方案的设计；使用电容器等设备及逆行无功补偿，提高电网的功率因数，减少电能浪费；优化负荷分布，避免高峰时段过负荷减少能源浪费。

设备效率提升方面：一是选择高效率的暖通空调（HVAC）、照明、电梯等设备；二是应用变频驱动器（VFD）控制电动机转速，按需调节，节省能源；三是利用热回收系统，如能量回收通风机（ERV）和热轮（HRV），回收排出空气中的能量。

智能控制系统建设方面：主要是利用楼宇自动化系统（BAS）实现对机电设备的集中监控和智能控制；利用传感器与自动化技术监测环境参数，自动调节设备运行状态；同时利用能源管理系统（EMS）实时监控能源使用情况。

照明系统优化方面：包括高效光源设备的选择和智能分区、定时控制，减少不必要的照明。此外，要定期对机电设备进行检查和维护，确保其高效运行和性能稳定。

可再生能源利用方面：太阳能和地热能的集成利用可同时降低建筑能耗。

最后，提高使用者的节能意识，鼓励采取节能措施，如关闭未使用的设备等，可在用户使用的末端为建筑的节能减排提供卓有成效的帮助。

3. 典型算法、模型举例

（1）常规统计分析方法

建筑能耗预测的统计分析方法易于实现且计算速度快，能够识别时间序列数据集中的趋势和季节性组成部分，并通过绘图呈现模式、异常观测和随时间变化的能力。然而，这些方法难以处理建筑能耗的非线性变化，当时间序列数据集出现快速变化时难以应用，对数据集中的异常值高度敏感，长期预测的准确性较低，有可能对复杂预测任务提供过于简化的答案。典型算法、模型有多元线性回归（MLR）、自回归积分滑动平均（ARIMA）模型等。以下简要列举其中几种方法的特点：

1）多元线性回归作为一种统计分析方法，因其快速简单和易于解释而广受欢迎。然而，它在处理建筑负荷数据时存在局限性，尤其是无法捕捉数据中的非线性特征，这限制了其在长期和短期能耗预测中应用的可靠性。多元线性回归模型示意图如图 7-30 所示。

2）自回归积分滑动平均模型结合了自回归（AR）和移动平均（MA）模型的特性，能够有效地捕捉在建筑能耗的时间序列数据趋势和季节性变化。ARIMA 模型的超参数数量相对较少，使得模型调整和使用方法相对简单直观。然而，ARIMA 模型在处理具有复杂季节性模式的建筑能耗时间序列数据集时存在局限性，对异常值的高度敏感性可能导致预测结果不稳定。此外，ARIMA 模型在预测建筑能耗的转折点时的性能较差，这可能会影响其在实际建筑能源管理中的应用效果。正确选择模型参数（p, d, q）对于 ARIMA 模型的预测准确性至关重要，参数选择不当可能会导致模型过拟合或欠拟合。但尽管存在这些挑战，但 ARIMA 模型仍然是一种在建筑能耗预测领域中广泛使用的有效工具，特别是在数据呈现出明显趋势和季节性特征时 ARIMA 模型结构示意图如图 7-31 所示。

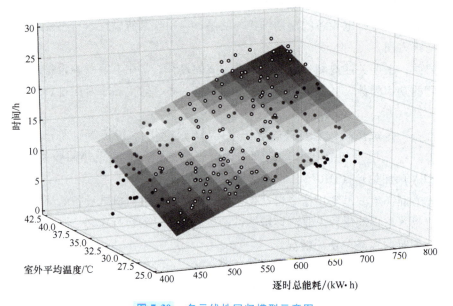

图7-30　多元线性回归模型示意图　　　　　　　　　图7-30　彩图

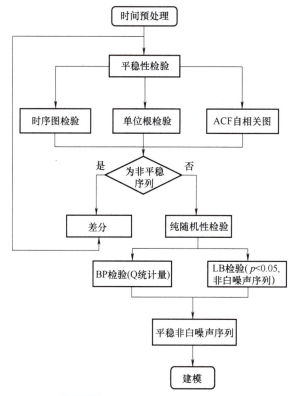

图7-31　ARIMA模型结构示意图

（2）机器学习

传统机器学习类算法一般适用于较小规模数据。典型算法、模型有支持向量回归

（SVR）、浅层神经网络（SNN）、K 均值聚类（K-means）、K 近邻回归器（KNN Regressor）、随机森林（RF）、回归树（Regression Trees）、决策树（Decision Tree）、极致梯度提升树（XGBoost）等。以下简要列举其中几种方法的特点：

1）支持向量回归是一种强大的方法，可以将输入训练集转换到高维特征空间，即使在训练集数量有限的情况下也具有高泛化能力，并解决全局最小化问题。但是，当使用大数据集进行训练时，支持向量回归的计算复杂度较高，其解释性相比决策树和回归分析模型较差，且需要正确选择核函数。对于能耗预测，与人工神经网络（ANN）相比，支持向量回归方法训练时间短很多，而预测准确度与人工神经网络接近。支持向量回归原理示意图如图 7-32 所示。

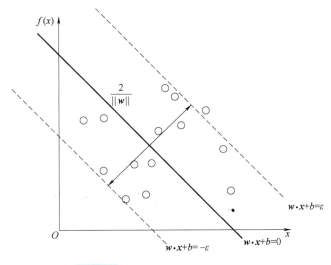

图 7-32 支持向量回归原理示意图

2）K 均值聚类在建筑能耗预测领域具有简单高效、易于实现、可解释性强和大规模数据处理的优点，能够快速识别具有相似能耗模式的建筑群体。然而，它也存在一些缺点，如需要预先设定 K 值，对初始中心选择敏感，可能收敛于局部最优以及对于异常值的敏感性。尽管如此，K 均值聚类仍然是一个有价值的工具，可以帮助理解和优化建筑能耗。

3）随机森林具有对过拟合的鲁棒性，能够通过特征重要性评估减少数据集的特征数量，且对高维数据集表现出良好的处理能力。例如，在对酒店建筑每小时能耗预测中，与人工神经网络的性能表现较为接近。需要注意当树的数量过多时，计算成本可能较高，且确定最优树的数量可能较为困难。随机森林结构示意图如图 7-33 所示。

（3）深度学习

深度学习模型能够自动从原始数据集中提取有意义的特征，不需要人工干预，更适合处理复杂和非线性问题。其中长短期记忆网络（LSTM）特别适用于建筑能耗的时间序列数据。此外，深度学习模型可以考虑多种影响建筑能耗的因素，如人员流动和室外气象数据。然而，深度学习需要显著的计算能力，依赖于大型数据集和大量输入来达到高预测精度。通常模型结构复杂，难以解释，且存在大量需要微调的参数，导致训练期可能较长。尽管存在这些挑战，但该技术的强大功能使其在建筑能耗预测等领域具有巨大的应用潜力。典型算法、模型有循环神经网络（RNN）、卷积神经网络（CNN）、长短期记忆网络、Transformer 模型、复合模型 CNN-RNN、CNN-LSTM、RNN-LSTM 等。以下简要列举其中几种方法的特点：

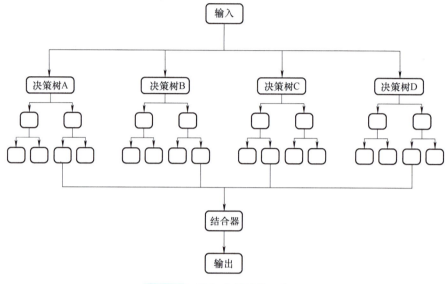

图 7-33　随机森林结构示意图

1）循环神经网络通过反馈循环学习序列数据点之间的时间相关性，允许输入和输出向量的长度变化。但是它存在梯度消失和爆炸问题，缺乏长期记忆保持能力，网络中参数数量大，且使用相对不够直观。循环神经网络结构示意图如图 7-34 所示。

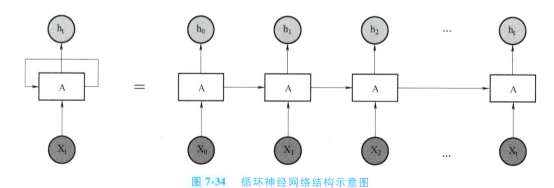

图 7-34　循环神经网络结构示意图

RNN 是包含循环的网络，可以把信息从上一步传递到下一步。其循环展开之后其实是同一个网络复制多份，次序连接进行信息传递。

2）卷积神经网络不需要人工干预即可从时间序列中提取特征和学习表示，并允许网络参数在整个网络中共享。但它需要大量的建筑能耗数据集以获得有效的预测性能，网络中参数数量大，且使用相对不够直观。

3）长短期记忆网络解决了传统循环神经网络中的梯度消失问题，能够学习时间序列中的长期依赖性，具有高收敛率，且输入和输出向量的长度可以变化。适合综合考虑各种复杂影响因素，尤其是天气条件等时间序列数据，比传统的 ARIMA 模型更好。其能有效捕捉能耗数据与时间之间的相互关系，对于预测建筑能耗具有重要作用。但是，在学习过程中其结构复杂，网络中参数数量庞大，且使用相对不够直观，可能发生过拟合。LSTM 模型也能够结合注意力机制，这种机制使其能在进行预测时聚焦于输入序列中的特定区域，这类似于人类在关注事物时的选择性行为。通过引入注意力机制，LSTM 能更有效地选择和利用与当前任务紧密相关的信息，从而提升模型处理序列数据的能力。长短期记忆网络结构示意图如图 7-35 所示。

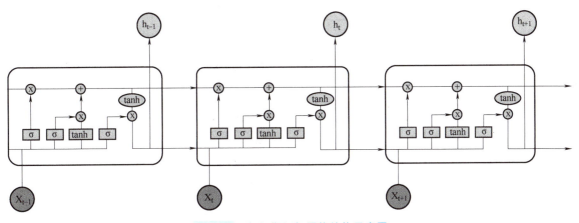

图 7-35　长短期记忆网络结构示意图

4）Transformer 模型并行能力比 LSTM 更强，抛弃了循环神经网络循环结构，通过自注意力机制，进一步加强全局信息捕捉能力。建筑能耗数据通常具有非线性和非平稳的特点，Transformer 模型由于其在处理时间序列数据方面的优异表现以及能够捕捉到长远依赖关系的特性，比起传统的人工神经网络类模型，能更好地分析建筑能耗数据中的复杂关系，从而提高预测的准确性和效率。在建筑能耗预测领域，自注意力机制的引入不仅提高了能耗模型的可解释性，还在短期预测领域表现出优于 LSTM 的 F1 分数和性能。Transformer 模型结构示意图如图 7-36 所示。

7.3.2　室内热舒适度预测

室内热舒适度预测通过分析室内外温差、湿度、空气流动、人体主观感知、人体生理指标等因素预测室内热环境对人的影响，将结果反馈给供暖、通风和空调（HVAC）系统，并自动调节建筑内部的温度和湿度。这样不仅提高了人们的舒适感，还有助于减少因不适当温控造成的能源浪费。过往的室内热舒适度的评价通常基于预测平均投票指数（Predicted Mean Vote，PMV）及其相关的预计不满意者的百分数（Predicted Percentage Dissatisfied，PPD）。预测平均投票指数（PMV）适用于测量群体目标，环境稳定且均匀分布的热环境，对于自然通风等动态变化和不均匀分布的热环境效果不佳。新的数据收集手段提供了粒度更细微、更广泛特征的多模态数据，提升了室内热舒适度预测的准确度。

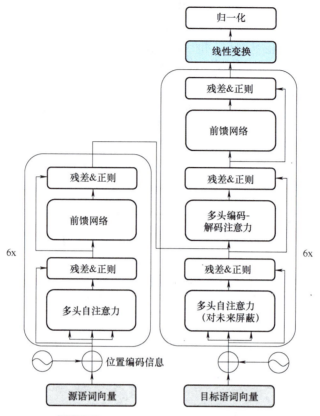

图 7-36　Transformer 模型结构示意图

1. 数据采集与设备

在传统的室内热舒适度调查中，问卷调查是一个重要方法。常见主观量表包括热舒适度投票（TCV）、热感觉投票（TSV）、热满意度投票（TSaV）、热偏好投票（TPV）。但其数据及时性不佳，被试完成表格问答需要投入精力较多，而且问答反馈主观性较强（不是指主观感知数据价值低）。

（1）穿戴式传感器

穿戴式传感器（图 7-37）能够直接捕捉皮肤温度、核心温度、心率等生理信号，可以根据用户的生理数据预测热体验或满意度，这使得收集生理数据变得越来越方便。例如，一些神经信号类传感器能够精确地捕捉心电图、脑电图、肌电图等信号，相比预测平均投票指数（PMV）而言，这对于个人化热舒适度评价更准确。将红外传感器集成在眼镜中，可以捕捉被试脸部皮肤温度。智能腕带、手环则可以便捷地测量手腕部的皮肤温度、心率（HR）、心率变异（HRV）等指标。

（2）成像类设备

红外热成像（Infrared Thermography，IRT）设备属于非接触式测量设备，较为适合多人的房间测量，能够满足实时的温度、定位和行为检测，设备隐蔽性较好。红外热成像能够很方便地实时测量皮肤温度，但缺陷也在于只能测量表面的皮肤和衣服，无法深层探测，而且红外热成像设备通常成本较高,近年来有下降的趋势。应用场景也日趋多元化,如车舱环境、睡眠环境、室外环境等。

图 7-37　穿戴式传感器示意图

视频摄像机通过新的视频处理手段也能发挥热舒适度测量功能。例如,欧拉视频放大(Eulerian Video Magnification,EVM)技术是一种增强视频中微小运动变化的技术,它可以将视频中的微小变化放大,使得肉眼难以察觉的波动变得明显。其在室内热舒适度检验中对生理反应、行为姿态、心率、局部血流变化等均有帮助。

其他一些成像类设备如图 7-38 所示。

a) 图像传感器　　　　b) 热感照相机　　　　c) 压力传感器

图 7-38　成像类设备

(3) 多模态结合

采用多种设备结合,形成多模态信息采集,通过算法融合,能够达到降低成本、提高准确率的目的。例如,采用 Kinect 传感器通过捕捉运动图像来检测用户的身体运动,同时结合穿戴式传感器测量被试的心率以估计代谢率,进而通过深度学习更准确地预测代谢率以提高热舒适度预测效果。

2. 典型算法、模型举例

(1) 支持向量机(SVM)

常见的用于主观热响应预测的机器学习算法如决策树(DT)、K 近邻(KNN)、随机森林(RF)、支持向量机,不同算法间平均准确度差异较小。这些算法也经常组合使用。其中支持向量机的平均准确率较 K 近邻和决策树更高,此处以支持向量机为例。

支持向量机的原理是找到一个满足分类要求的最优超平面,该超平面不仅能分离样本,还能最大化两类样本的差距。对于线性不可分样本,则可以通过升维到高维特征空间再进行分类。在室内热舒适度预测中，通常基于室内温湿度、空气流速、衣物特征、主观感知、人体生理指标等数据开展训练，进而调整惩罚参数、核函数参数等参数优化模型性能，原理如图 7-39 所示。

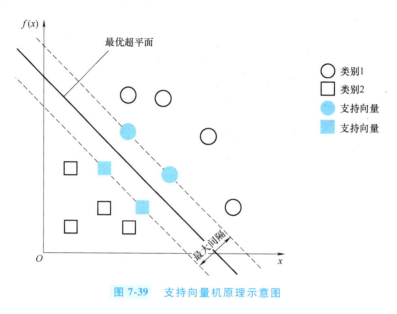

图 7-39 支持向量机原理示意图

（2）长短期记忆网络（LSTM）

长短期记忆网络是一种特殊类型的循环神经网络，解决了传统 RNN 在处理长序列数据时遇到的梯度消失或梯度爆炸问题，适用于学习长期依赖关系。其实 LSTM 的本质就是一个带有 tanh 激活函数的简单循环神经网络，遗忘门决定什么时候将之前的状态遗忘，输入门决定什么时候将引入新的状态，输出门决定什么时候需要把状态和输入放在一起输出。一些研究中采用迁移学习能够解决目标域中建模数据的稀疏性问题，进而通过卷积神经网络与长短期记忆网络结合（CNN-LSTM）能够实现有效的热舒适度建模。BiLSTM（Bi-directional Long Short-Term Memory）将前向 LSTM 与后向 LSTM 结合，能够进一步提高预测准确率。

7.3.3 室内空气质量预测

室内空气质量（IAQ）是影响人们健康和生活舒适度的关键因素。污染物如甲醛、苯、$PM_{2.5}$、细菌和病毒等，若长时间吸入，会对人体健康构成严重威胁，可能诱发呼吸道疾病、心血管疾病等。空气质量的优劣不仅关系到人体的健康，也与用户舒适度和建筑能耗密切相关。通过室内空气质量预测，可以提前了解室内空气状况的变化趋势，及时调整空气净化与新风系统，降低污染物浓度，保障居住环境的健康舒适。

1. 数据采集与设备

常规的空气质量测量对象包括：固体颗粒物，如细颗粒物（$PM_{2.5}$）、粗颗粒物（PM_{10}）等；挥发性有机化合物（VOC）和半挥发性有机化合物（SVOC），如室内常见的苯类、烃类、醛类等；无机化合物空气成分，如氧气、一氧化碳、二氧化碳、二氧化硫等；以及细菌真菌等。通常配合室内温湿度、气压、空气流速、光照强度、用户行为（如开窗等）等数据共同构建数据集。室内空气质量预测常与热舒适度预测结合在一起，构成居住者整体舒适度的预测。

数据获取的方式除了公开或商业数据集外，收集设备主要由研究者自行设计和开发。环境检测设备通常结合树莓派（Raspberry Pi）、Arduino 等开源微控制系统，搭建物联网（IoT）或无线传感网络（WSN）架构，结合用于数据采集的低成本传感器及电池供电提高设备布置灵活性。

2. 典型算法、模型举例

（1）回归类模型

回归类模型擅长处理数据集中连续及分类变量，主要用于建立响应变量与一个或多个预测变量之间的关系。例如，多元线性回归、广义线性模型、正则化回归、偏最小二乘法和主成分分析等。多元线性回归应用最为广泛，用于确定最佳预测因子，模型简单易用，但受限于数据需线性关系，且对异常值敏感。正则化回归（Regularized Regression）包括 LASSO 回归、岭回归等，通过收缩估计系数来防止过拟合并处理多重共线性问题，但其变量选择能力受限。偏最小二乘法和主成分分析（PCA）能有效处理多重共线性和少量观测值的问题，前者还能处理多个响应变量和缺失数据，后者则在选择主成分时不考虑响应变量。回归类模型的可解释性有助于理解数据结构，进行特征有效预测，选择时需考虑数据特性和研究目的。

（2）决策树类模型

基于决策树的模型适用于处理连续和分类响应变量，且能够管理线性和非线性关系。优点在于无须预先选择变量，能处理缺失数据，并适用于各类响应变量，但需要大量数据来提高稳定性且容易过拟合。决策树类模型主要包括梯度提升树（GBDT）和随机森林（RF）。

此处介绍较常用的随机森林。其作为集成方法，通过构建多个决策树来提高预测的准确性和减少过拟合，支持并行处理，但相比单一决策树，其预测因子的解释性较差，且需要调整多个参数。例如，将室内空气质量参数作为主要特征，将自我报告的室内空气质量满意度和睡眠质量作为目标变量，在多种模型对比中，随机森林分类器在室内空气质量满意度和感知睡眠质量分析方面均具有突出的表现，不仅准确度高，还提供了对室内空气质量参数特征重要性的价值研判。

（3）神经网络类模型

神经网络类模型仍然是目前最强大的预测方法。常用的包括人工神经网络（ANN）、反向传播神经网络（BP）、门控循环单元（GRU）等。这些算法模型对于非线性数据有较好的处理能力。室内空气质量预测的数据包含气体成分、物理环境、用户行为以及空气调节系统控制等诸多方面，应用神经网络方法时需要特别注意过拟合问题。这些模型的选择与具体数据特征关系密切，并且通常采用主成分分析、偏最小二乘法等方法对数据进行预探索，再传入神经网络模型中进行分析。这虽然能够降低运算量、优化输入特征，但这种预处理的前提是默认了数据间的线性关系，所以需要格外注意。

7.3.4 室内空间占用率预测

建筑使用者在室内空间的数量和行为对建筑的能源利用效率和整体性能有着显著的影

响。空间占用率预测是利用传感器和智能算法预测建筑各部分的使用情况，从而实现照明、空调等设施的智能化控制。例如，在办公室环境中，没人办公时仍然有设备运行会导致能源浪费；根据人员的实际分布和活动模式调整室内环境参数，如温度和照明，能够提供更舒适的居住和工作环境；精准的空间占用率预测有助于调整供暖、通风、空调和照明等系统的运行，从而减少不必要的能源消耗。

1. 数据采集与设备

基于机器学习的空间占用率统计依赖于广泛的数据收集。通常需要各类传感器的协同工作来自动收集数据。主要收集三个维度的数据：空间（是否被占用、多少人等）、时间（节假日、昼夜、长期季节等）、行为状态（谁在做什么）。从总体数据功能类别可分为以下几类：

（1）定位类数据

较为便捷的空间占用率计数工具包括：全球定位系统（GPS、北斗等）、射频识别（RFID）、热释电红外传感器（PIR）（图7-40a）、WiFi、蓝牙等，有穿戴式的，也有作为固定设施使用的。这些采集方式更适合于单纯人员空间占用状态计数，具有基础设备更加普及、便捷容易操作、隐蔽性好、准确率高等特点，对被试隐私影响较小。

（2）行为捕捉类数据

视频摄像机（图7-40b）在我国普及率很高。视频数据具有准确率高的特点，不仅能够实现大视野的计数人群分割与定位，还能够进一步捕捉行为姿态特征，帮助开展更进一步的行为特征分析。但是其限制也是非常明显的，拍摄视频对于隐私保护十分不友好。并且当向被试解释隐私保护措施之后，常会导致被试的格外担忧，进而导致被试的不自然行为，影响数据收集准确度。常见的保护隐私方式是添加部分屏蔽、添加噪声等，但这并不能完全打消被试的担忧。通常只有在公共建筑的公开视频采集区域，人们才较少担心摄像头的采集。类似的热成像传感器通常用于环境和人体温度变化的特定研究。

超声波、声学等运动捕捉传感器对隐私保护稍好。超声波能够检测到微小的运动，但容易受到干扰。声学捕捉对于静止状态被试捕捉不准确，并且难以对空间占用人员具体数量进行检测。而且与摄像头类似，当被试知道被监测时也容易导致行为不正常。

（3）物理环境类数据

常见的温度、湿度、二氧化碳等传感器（如无线温度传感器，图7-40c）价格便宜，普及率高，在很多暖通空调设备中均有此组件，便于直接利用。但是容易受到周边环境的影响，如移动热源贴近、不规则的开窗通风、变化的湿度污染等。通常结合气象数据，通过多元数据挖掘和清洗能够达到更高的准确性。在一些特定建筑类型中，如住宅、办公等，各类智能电表、水表、燃气表数据也能够反映空间占用率的情况。

以上各类设备通常结合使用，能够获得具有时间序列、多维的综合数据集。使得机器学习模型拥有更准确预测空间占用率的能力，进而为建筑设计和建筑管理提供优化能源利用效率、改善室内空气质量以及增强热舒适度的重要决策支持。这种以数据为驱动的策略，不仅推动了建筑环境向更智能化方向发展，还有效减少了能源的浪费，进而提升居住者的舒适感和满意度。

a) 热释电红外传感器　　　　b) 视频摄像机　　　　c) 无线温度传感器

图 7-40　常见数据采集设备

2. 典型算法、模型举例

（1）图像类数据处理模型

卷积神经网络（CNN）以其局部感知、参数共享、多层抽象、空间不变性等特点，在图像和视频分析领域表现出色。特别是在识别人的数量和活动方面，无论它们在图像中的位置如何，卷积神经网络都能够识别图像中的对象。在人数估计、追踪个体运动轨迹、分析行为模式、识别特定行为方面应用广泛。不仅对于人群，对于设备使用也可以采用卷积神经网络方法，实现实时检测空间占据情况、人群活动和电气使用。同时，卷积神经网络也可以合并热传感器、热成像、视频数据、WiFi 等多类数据。空间占用率的数据不仅对空气调节系统提供反馈，对其他设备的节能也能起到预测作用，如电梯的占用、对电梯容量的估计和集中调度优化等。

（2）时间序列类数据处理模型

卷积神经网络在图像处理任务中表现出色，但是不擅长处理长期依赖关系。对于长期的预测，回归类模型十分有效，应用较为广泛。对于短期预测，ARIMA 和 LSTM 等神经网络类分析更为显著。前文已经提到 LSTM 善于处理时间序列数据。在空间占用率预测中，LSTM 对输入序列中的时间间隔和持续时间敏感，能够识别出不同时间步长的重要性，这对于预测空间占用的高峰时段和低谷时段非常有用。另外，对不等长序列的处理，在空间占用率预测中，不同位置的占用数据可能具有不同长度的时间序列。LSTM 能够处理这些不等长的序列，使得模型更加灵活。除图像数据外，其他数据也能融合其中一并处理，例如，通过二氧化碳浓度的测量值和预测值来预测建筑空间占用率。

类似的，为了弥补卷积神经网络的缺陷，将卷积神经网络与 Transformer 模型结合也是可行的。Transformer 模型凭借自注意力机制在捕捉序列数据的长期依赖关系方面表现出色，但在图像处理任务中可能因高维度和局部结构特性而导致计算复杂度增加。可以通过卷积神经网络进行局部特征提取，有效捕捉图像中的局部模式和特征。然后，这些特征合并多类传感器数据传入 Transformer 模型中，利用其自注意力机制来捕捉全局的长期依赖关系。

随着我国区域经济、新型城镇化、智慧城市建设和高新技术产业的大力发展，智能建筑行业的发展方向应立足智能建筑，面向智慧城市；与建筑的绿色、节能、低碳、环保、节能、生态等功能目标紧密结合，全面提升我国建筑智能化建设发展水平。

智慧建筑技术整合了人类集体智慧，包括人工智能、新能源、传感技术等朝着兼容性、创新性和可持续性快速发展。嵌入建筑物物理环境中并可供建筑物用户使用的人工智能，已成为智慧建筑在线发现问题、诊断问题、解决问题的有力工具。

未来绿色建筑智能技术的发展需要整合环境资源的可持续发展、人居健康、智能化信息共享技术，通过"绿色+健康+智慧"能够真正满足人们绿色、节能、高效、健康、便利的建筑环境需求，引领建筑行业发展新趋势，实现城市真正智慧化和可持续发展。

建筑性能预测中的特征提取与量化计算等都可以为建筑设计提供科学的设计知识和设计依据。预测能力的进步将有效提高绿色低碳建筑设计的整体性能。在数据采集方面，传感器发展迅速，未来更精准、便携、价格亲民，穿戴类应用将更加广泛，但其隐私性和侵入性也需关注。大规模语言与视觉模型的发展使城市智慧化和可持续发展有了新技术支持，将成为引领未来发展的重要基础。

思 考 题

1. 绿色低碳建筑智能设计的特征是什么？
2. 绿色低碳智能建筑外壳目前有哪些发展方向？
3. 建筑全生命周期包括哪些阶段？
4. 基于前沿技术的使用后评估的前沿技术有哪些？
5. LSTM 模型适合处理什么特征的数据？
6. 视频摄像机在采集用户行为数据时的主要缺陷是什么？

第 8 章 实践案例分析

本章力图通过绿色低碳建筑案例的分析，可以清晰地了解绿色低碳技术在建筑设计、材料选择、能源利用等方面的具体应用，以及这些应用如何有效地减少建筑对环境的负面影响。同时，这些案例还展示了绿色低碳建筑在提升室内环境质量、节约资源、降低运营成本等方面的优势，从而增强对绿色低碳建筑价值的认识。

8.1 哈萨克斯坦阿斯塔纳住宅

8.1.1 工程项目概述

项目位于阿斯塔纳绿线延长轴的两侧，是比格维尔的中心，也是努尔霍尔大道的延伸。总占地面积为 49516m²，允许的建筑面积比为 2.9，允许总建筑面积为 142013.50m²。项目提供了不同类型的住宅单元，包括 1.5 室、2 室、3 室、4 室和 5 室，每种户型的面积范围为 45～350m²。总公共区域面积为 24530m²，公共区域比率为 17.3%。商业区域面积为 10144m²，其他辅助设施面积为 13333.50m²。按照每个住宅单元配备一个停车位的比例，总共需要 684 个停车位。场地覆盖率为 28.36%，建筑物占地面积为 14044m²。

项目结合场地周围成熟的学区和各种公共建筑，将客户定位为精英家庭、年轻家庭、学者和商务人士。在设计中，考虑到每个公寓的丰富区域，以满足每个客户群体的需求，并注重健康环境、开阔视野和绿色低碳（图 8-1）。

8.1.2 设计方案解析

项目设计灵感来源于传统的哈萨克文化，古代哈萨克人有崇拜太阳的传统，对于游牧民族来说，太阳也起指南针的作用。整体布局以中心向外展开，象征着太阳的辐射光芒，所有的建筑都被太阳的光环所环绕，同时形成了多层次的特色空间，如图 8-2 所示。

基地：两个地块的面积分别是 24800m² 和 24700m²，这为项目提供了足够的空间进行规划和设计。

图 8-1　项目总体鸟瞰图

图 8-2　方案效果图

体量：适当的建筑体量将根据面积要求进行设计，其中涉及建筑的高度、密度和分布，在满足规划法规和设计目标的同时，充分考虑建筑功能、能耗和舒适度。

中央绿地：地块中心规划一个中央绿地，用于提供开放空间和提升居住环境的质量。

提升公园：提升地面层的绿地至平台层，创造出一个抬高的公园空间。

形态变化：通过将形态旋转，建筑的布局适应抬高的公园和周围环境。

生态：方案注重生态设计，通过垂直绿化和绿色走廊来增强生态效益。

空中步道：绿色走廊连接不同的区域，并延伸至住宅区，形成垂直绿化，以提高住宅区的灵活性和便利性。

8.1.3　技术方案解析

1. 阳光空间设计

确保住宅区和公共空间能够获得充足的自然光照，提高居住和使用空间的舒适度。同时通过设计确保阳光最大化地照射到每个角落,以减少对人工照明的依赖,降低能源消耗。通过优化阳光照射,促进植物生长,维持生态平衡,为居民提供更加宜居的环境。这些设计亮点体现了项目对于居民生活质量的重视,创造了一个多功能、绿色、健康、活跃的社区环境。通过提供多样化的休闲和健身设施,鼓励居民参与户外活动,增进身心健康,同时也增强了社区的凝聚力,如图 8-3 所示。此外,设施的设计也考虑了不同年龄层和不同需求的居民,显示出设计的包容性和人性化。

图 8-3 "日光之环"示意图

2. 创新空间设计

"希望之环"通过创新的空间设计,提升居民的生活质量,增强社区的凝聚力,并创造出具有吸引力的居住环境。通过空中走廊、空中俱乐部、空中花园、阳光平台、咖啡吧等,强调空中空间的利用和居民的生活品质。空中走廊连接不同的功能区域,创造了一个多维度的居住和社交环境;空中俱乐部和空中花园提供了独特的休闲体验;而阳光平台和咖啡吧则为居民提供了日常的休闲选择,如图 8-4 所示。

3. 绿色空间设计

通过生态走廊连接不同的绿色空间,形成生态网络,促进生物多样性。绿色环廊和生态广场提供了丰富的绿化空间,改善社区的微气候,提升空气质量。艺术广场的设置增加了社区的文化元素,促进居民之间的交流和社区认同感。生态和艺术的结合提升了社区的环境美学,为居民提供了愉悦的居住体验。整体设计体现了对可持续发展的重视,通过绿色空间的整合,减少了对环境的负面影响(图 8-5)。

通过高比例的绿化覆盖,项目致力于创建一个生态友好的环境,减少城市热岛效应,提高空气质量。同时绿色空间被认为可以减轻压力,促进心理健康,提供休闲和运动的场所。建筑物的屋顶被绿色植被覆盖,有助于提供额外的隔热效果,减小雨水径流,同时增加生物多样性和提升建筑美观度。在建筑的平台层和露台上进行绿化,为居民提供更多的绿色空间和休闲区域。在地面层进行大量的绿化工作，包括花园、草坪、树木和其他植被，以创造一个郁郁葱葱的环境。项目的目标是至少 **60%** 的区域被绿色植被覆盖，显示了对生态和可持续性的重视。所有的土地都用于绿化，没有裸露的土地，将进一步增强生态效益和居住环境的质量。这些设计元素共同构成了"自然健康"的概念，通过在各个层面上实施绿化，创造出一个生态健康、美观且具有高度生物多样性的居住环境（图 8-6）。

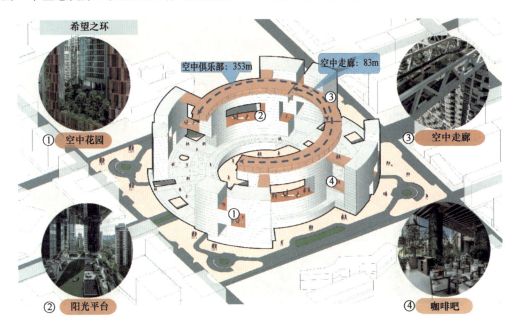

图 8-4 "希望之环"示意图

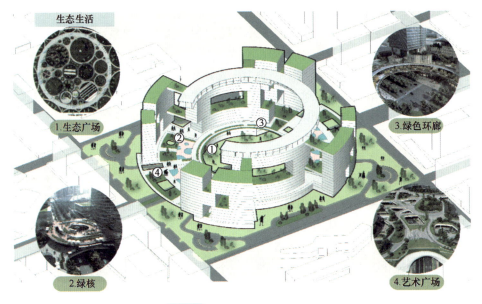

图 8-5 "生态生活"示意图

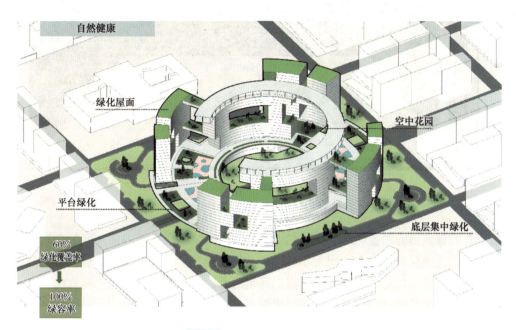

图 8-6 "自然健康"示意图

4. 采光通风设计

考虑自然光和自然通风的最大化利用,以提高能效,提升居住舒适度,并促进可持续建筑实践(图 8-7)。

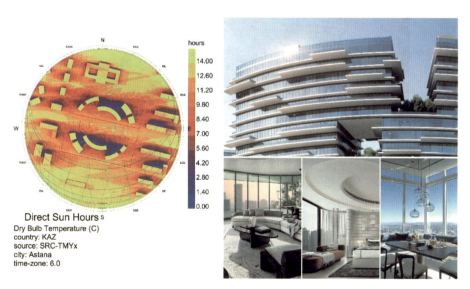

a)光环境模拟分析与设计

图 8-7 采光通风设计

b) 风环境模拟分析与设计

图 8-7 采光通风设计（续）

项目立面通风口的布置能最大化自然通风效果，同时考虑建筑内部空间的布局。通风口的截面根据所需通风量、室内空间大小和功能空间来确定。项目通风口的形状采用矩形，以优化空气流动。通风口的设计同时考虑周围环境因素，如风向、风速和可能的污染物。通风口与建筑立面的设计风格相协调，不破坏建筑的美学外观（图8-8）。

图 8-8 建筑立面通风口的设计

项目强调城市发展应与自然环境、传统文化和技术进步相结合，实现共生和代谢的理念。项目倡导在保留历史和文化特色的同时，通过创新和技术应用推动城市的现代化和绿色可持续发展。项目规划理念从线性发展到放射状模式的转变，反映了对城市发展的适应性和灵活性。

8.2 长江生态环境学院

8.2.1 工程项目概述

项目位于重庆市广阳湾，占地面积约 35.4 万 m^2，总建筑面积约

长江生态环境学院

18.3万 m²。项目能同时容纳 2000 名研究生及 500 名教职工、科研人员进行工作和学习。项目规划设计充分利用现有的地貌特点，结合重庆独有的山陵地形衍生出吊脚楼的建筑形式，形成最重要的建筑特色（图 8-9）。

图 8-9 项目鸟瞰图

8.2.2 设计方案解析

基地位于重庆广阳湾滨江区域，西临长江，与广阳岛东岛头隔江相望。用地保留绿地约 22hm²（1hm² = 10⁴m²），进行植被修复，为学院嵌入纯粹的生态空间。建筑方案表现为典型山地建筑，建筑风貌体现十八梯、吊脚楼和街巷等重庆地域元素，最终实现"因境而成""随曲合方"的设计意向，如图 8-10 所示。结合项目定位、场地条件、建筑功能等，统筹规划校园系统和单体建筑绿色低碳技术，打造全方位绿色低碳校园，践行生态文明建设。

图 8-10 建筑基座与落位

干部学院在原有村落的肌理上整合布置，保证了其原始的街巷聚落形式，建筑基于民居常年选择的最佳场地，形成融合环境与文脉的独特形式。为解决地块内部多重地形带来的高差问题，顺应地势，建筑风貌借鉴了十八梯、吊脚楼和街巷等，突出重庆地域化元素，提取重庆历史文化特点，形成具有识别性的建筑语汇（图8-11）。

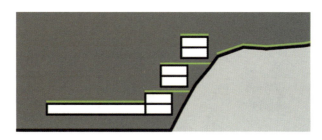

图8-11 体块适应地形分析

各功能空间以"上爬"和"下掉"两种方式，利用崖壁良好的承载能力，承载了一部分荷重，节约了结构材料，提高了建筑的稳定性。另外，建筑物附崖地段可将被切开后的崖壁适当遮挡，改善城市面貌，并且对于崖壁也起着保护作用。靠崖壁设置集水槽排水，建筑与堡坎间留出巷道，加强自然通风。江面的山谷风顺山势在建筑天井爬升，带动区域空气流动（图8-12）。

图8-12 学生宿舍局部透视

8.2.3 技术方案解析

1. 通风廊道设计

利用区域长江水体所形成的局地环流系统，在夏季将水体上方清凉空气引入校区，从而改善滨江区域微气候。通过优化景观、铺装设计和建筑布局，地下垫面热压差形成的局地风环流系统，也有助于将校园中心区域的热空气向周边输送，从而缓解热岛效应。项目设计通过规划道路走向和宽度、建筑群高度和密度控制、绿地系统生态修复、广场空地用地分布、建筑形态和朝向控制、建筑周边开敞空间控制等，规划校园通风廊道系统，极大地提升了区域的空气流动性，缓解了热岛效应和改善了人体舒适度（图8-13）。

2. 底层架空设计

针对重庆夏季炎热、潮湿多雨、风速缓慢等特殊的气候特征，架空层的设置能明显改善区域风环境特征。项目底层架空很好地适应了不平坦的地势，提供了稳定的建筑基础，通过空气对流进行热交换，改善了室内热环境，也通过增加流速，散热除湿，改善了人体热舒适度。在雨期，底层架空可以有效防止洪水侵袭和地面潮湿对建筑的影响，与周围自然环境融合，形成了生态友好的建筑形态。自然风景引入架空空间，在调节小气候的同时也让空间发生横向流动，如图 8-14 所示。

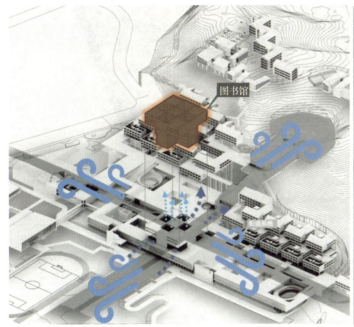
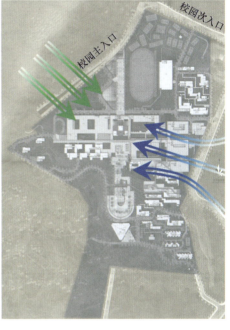

a)　　　　　　　　　　　　　　　　　　b)

图 8-13　通风廊道设计

图 8-14　首层廊道局部透视图

3. 屋顶绿化设计

屋顶绿化可以提高校园绿化覆盖率，创造空中景观价值——屋顶绿化可按照规定的方法进行屋顶绿化与地面绿化的折算（图 8-15）。对校园绿化生态环境的研究充分利用了绿化生态环境使校园生态系统具有还原功能的属性。同时实现了吸附尘埃，降低噪声，改善环境质量，减轻热岛效应，并可以缓解雨水屋面溢流，减小排水压力，有效保护屋面结构，延长防水寿命的目标。

图 8-15　屋顶绿化示意图

4. 生态修复方案

项目制订并实施生态修复工作方案,有计划有步骤地修复原有山体、湿地和植被,恢复自然生态。建设海绵校区,通过低影响开发措施将学院区域年雨水径流量 80% 留在原地。通过低影响开发措施对园区雨水径流进行净化提升,作为雨水渗、滞、蓄、净、用的主体,实现源头流量和污染物的控制,并维持园区环境和园区生态。将雨水作为活水资源,收集、净化后集蓄至景观水体,并通过循环系统让水流动起来,通过净化系统维持水质(图 8-16)。

图 8-16　核心区水体景观意向

校园建设秉承五项基本原则,即绿色化、低碳化、人文化、本土化和智慧化,采用 18 大技术系统和 68 项专项技术,通过 6 大超低能耗关键技术生成、5 大绿色性能提升、3 大健康系统构建、3 大中心智慧平台建设,打造生态圣地·环境殿堂·研究学府·绿色智库,从而形成绿色低碳的学院名片。

8.3　雄安设计中心

8.3.1　工程项目概述

雄安设计中心利用原澳森制衣厂生产楼改造而成,旨在为先期进驻雄安的国内外设计机构提供一个办公场所与交流平台。项目总建设规模约

雄安设计中心

1.2万 m²，原有主楼 1~5 层主要功能为租赁式办公，加建部分包含会议中心、展廊、会议室、餐厅、制图、共享书吧、屋顶农业、零碳展示馆、超市等配套功能。随着项目正式投入使用，雄安设计中心逐渐成为雄安设计、艺术、文化、展示、交流的重要窗口。与此同时，雄安设计中心也是践行国家关于"建筑师负责制"的发展导向，发展设计牵头的 EPC 总包新模式的一次积极尝试。建筑师围绕项目构建城市更新中既有建筑改造的绿色设计示范与集成。将行为与空间作为设计主导，实现能量微循环与所有拆解废物的再利用，最终利用生长的理念创造共享的活力社区。

8.3.2 设计方案解析

项目从全生命周期角度，基于"少拆除、多利用、快建造、低投入、高活力、可再生"的绿色理念，引导设计低碳化实施。设计采用"微介入"的方式（图 8-17），通过局部优化、逐点激活的方式以谨慎态度"轻触"既有建筑，最大化地保留老厂房，实现新老建筑间的共生式发展。

a) 改造前　　　　　　　　　　　　　　b) 改造后

图 8-17 "微介入"改造前后对比——少拆除、多利用

整个设计贯彻植根本土、回归本元的绿色设计理念。设计通过梳理城市界面，收缩了现有的场地边界，将停车、广场等公共服务功能归还给城市，内部塑造为一个人性化、生态化的共享交流场所；底层室外檐廊替代传统封闭走廊，在减小用能空间的同时，也是对我国传统园林与院落意向的表达；各层平台共同构成立体化生态交往空间，让人们在自然中办公、在共享中创造，如图 8-18 所示。

除此之外，设计的绿色理念也立足于建造方式、空间用能、资源平衡、循环再生等层面。建造方式层面，采用钢结构模块化装配，基于 6m×6m 标准模块及可移动式家具，实现空间布局及使用功能的灵活转换；空间用能层面，通过将半室外走廊定义为缓冲过渡空间，利用空腔隔热原理，大幅降低室内能耗，每年空调累计使用时间不超过 1 个月；资源平衡层面，通过光伏发电、海绵回收和绿量提升等调蓄手段，形成光—电—水—绿—气的能源循环自平衡；循环再生层面，将拆除、建造过程产生的建筑混凝土废渣、玻璃废渣和空啤酒瓶就地利用，或作为填充物置于景观石笼墙内，或作为铺装材料混合于水磨石中，以此实现材料的循环、再生和利用。

图 8-18 高活力生态共享社区

8.3.3 技术方案解析

1. 既有建筑"微介入"改造策略

雄安设计中心采用"微介入"改造策略,最大化既有建筑利用,如图 8-19 所示。将原建筑主体结构 100% 保留下来;外围护保留比例也高达 85%;节省了近 4 万 m² 的土建拆除与建设量。充分再利用场地拆除的混凝土废渣,制成废料再生混凝土绿墙和再生玻璃混凝土等,拆除混凝土再利用量达 780.45t,拆除玻璃再利用量达 312.49m²,极大地减少了社会垃圾的产生。

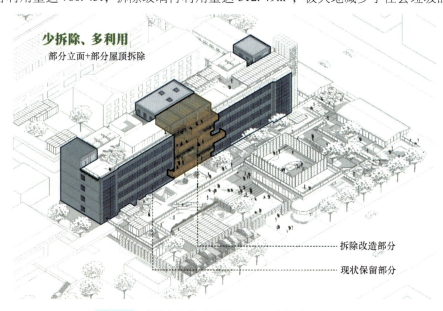

图 8-19 "微介入"改造策略——少拆除、多利用

2. 创造共享生长空间

设计提倡绿色行为,倡导室外步行活动,利用室外连廊与院落引导使用行为,形成立体化生态交往空间与氛围营造。平台、檐廊、步梯引导着健康的使用行为,公共空间的室外化大幅度地减少了用能空间与设备能耗。首层设置一条贯穿东西门厅的室外檐廊作为进入建筑的主要路径,释放了首层中央的空间作为展厅开放,半室外檐廊像我国传统的檐下空间,是遮雨纳凉的通道,也是春夏秋季风的廊道,从而形成较高的室外舒适度,观感上也因为光影的交错、小院落的穿插给人以更人性化的心理引导。在外廊的串接下,首层在旧建筑南侧像手指一样加建出一系列模块空间,模块之间嵌入不同材料塑造的主题院落,如琉璃院、降解院、静水院等,形成节奏化的开合关系,将建筑融入自然。整个设计中心利用生长的理念创造共享的活力社区,塑造多样的平台交流空间、丰富的多功能转换的配套模块,用现代手法延续我国传统院落空间和集群组合的意念(图 8-20)。

图 8-20 立体化的生态交往平台

3. 采用钢结构装配模块建造方式

建造方式采用钢结构装配与多功能使用模块,空间做到弹性灵活,自由转换,打造未来全部可回收、可再循环的建筑理念。以 6m×6m 和 6m×9m 的空间单元展开布局,形成多种可自由适应的多功能模块,如图 8-21 所示。

4. 压缩用能空间和缩短用能时间

首层加建部分通过灰空间檐下外廊替代传统的室内交通走廊(图 8-22),节约近 1006m² 空调耗能面积,主楼内走廊楼梯间等交通空间被定义为非供暖房间,形成缓冲过渡暖廊,减少空调耗能面积 1950m²,两者合计减少 2956m² 空调能耗面积,按普通办公建筑平均电耗[80.0kW·h/(m²·年)]估算,每年节约 23.64 万 kW·h 用电量。

借助首层檐廊导风、办公暖廊蓄热、外挑檐廊遮阳、高性能围护结构等被动式设计手段,如图 8-23 所示,结合设计前期的性能模拟优化与高效能的分体式 VRV 系统,雄安设计中心的空调使用时间相较于普通办公建筑减少 978h(根据业主方提供使用检测数据),推算全年共计节约耗能 15.77kW·h。该差幅在 3 月、6 月、11 月表现尤为突出,起到了延长过渡季的效果。

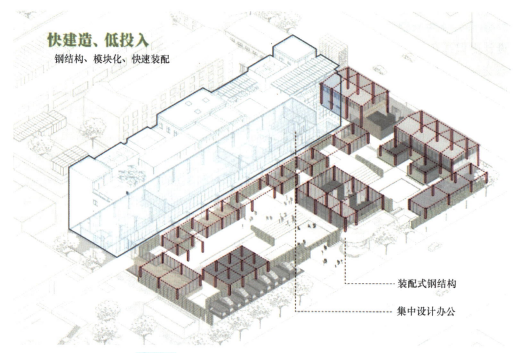

图 8-21　快建造、低投入——钢结构模块化装配

图 8-22　首层檐廊空间

图 8-23　阳光缓冲外廊——以空间调蓄达成节能目标

5. 光—电—水—绿—气能源循环自平衡体系

通过设计在场地内实现光、电、水、绿、气方面的能量自平衡，如图 8-24 所示。光伏板吸收阳光产生的电能，将雨水收集和海绵调蓄后的净水提升，用于景观植物的浇灌，产生的氧气再释放给自然，形成又一次新的循环，内在往复。经实测，2019 年光伏屋面板全年产电能 7.88 万 kW·h，雨水回收系统年回收量 188.4t，实现景观灌溉用水 22.9% 的补充。

6. 室内外建构一体形态自生成

设计过程中将结构、围护、装饰、景观、室内统一成一体化的建构模式，如图 8-25 所示。基于钢结构的快速搭建，将高能效框架式玻璃幕墙、生态木塑板、金属网室内外吊顶、金属栏板与宽大木扶手、景观透水铺装、植物种植槽等整合在一起，一次性装配建构，形成独有的一体化集成语言，使建筑形态自然形成。建筑内外一次建构，采用同样的材质、建造工艺、设计手法、设备选择。

第8章 实践案例分析

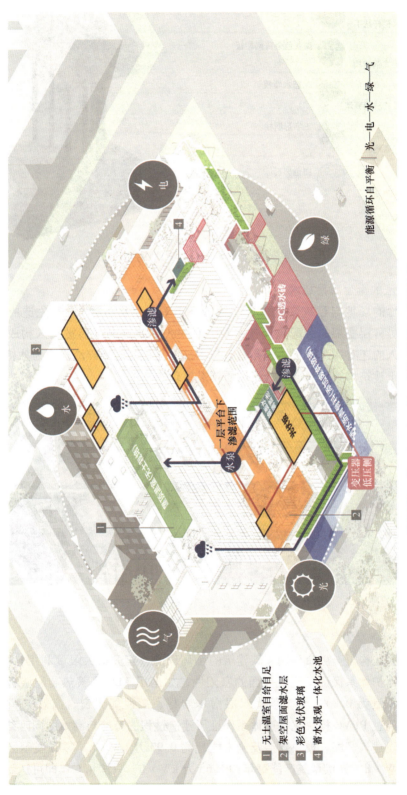

图 8-24 光—电—水—绿—气能源循环自平衡体系

① 无土温室自给自足
② 架空屋面滤水层
③ 彩色光伏玻璃
④ 蓄水景观一体化水池

图 8-25　室内外建构一体化分析

7. 拆除废渣的再生利用技术

项目将拆除的场地与建筑废渣进行就地循环再利用（图 8-26），避免造成社会环境负担。通过设置可分层叠加的装配金属笼系统，混凝土碎块与黏土砖被填入构成景观围护墙体，一同被填入的还有周边收集的废弃酒瓶与木桩。破损的玻璃碎渣也作为独特的混凝土骨料与铺装应用于建筑与景观的地面，使硬质铺装呈现出晶莹感。

图 8-26　建筑废渣在建筑与环境中的"再生"

8. 全生命周期零碳建筑示范

零碳展示区建构了全生命周期零碳建筑的循环理念。首先最大限度利用自然通风采光；再通过优良的围护体系保证了建筑界面的密闭性，如运用 ALC 高蓄热装配墙板、低传热系数木索幕墙（K 值为 0.8）、聚苯板、双层憎水岩棉、高性能天窗、高效空调系统等，如图 8-27 所示。通过 PPVC 模块化建造体系保证了建造过程的节能与高效；同时结合建筑本身的光伏产能实现建筑产能，模块建造及施工能耗约 0.97 万 kW·h，零碳展示区每年建造能耗约 1.44 万 kW·h，光伏系统产能每年约 1.65 万 kW·h，只需 4.6 年即可达到整个全生命周期过程的碳平衡。全生命周期实现碳补偿约 108.7tCO_2，达到良好的零碳示范效果。

第 8 章 实践案例分析

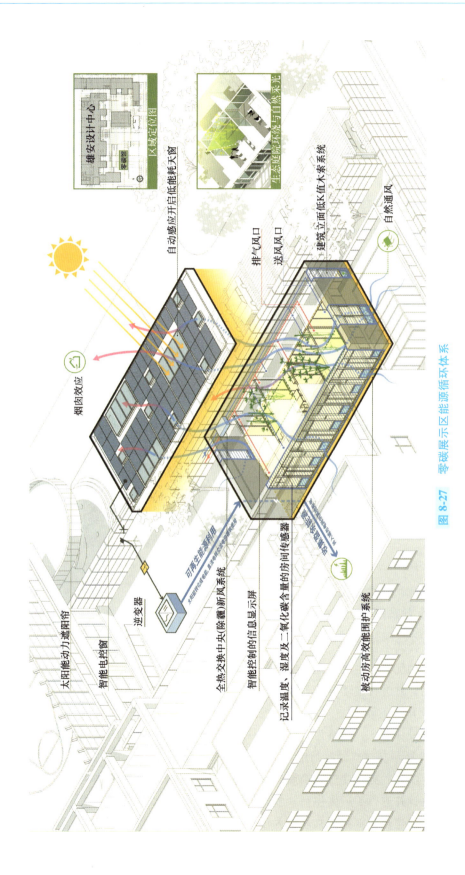

图 8-27 零碳展示区能源循环体系

最终，项目基于较低的单方造价，创造出了高品质、高性能、具备绿色人文关怀的生态活力社区。根据业主方提供的运行数据，2019 年雄安设计中心全年耗电 40.4 万 kW·h，相较于同等地区规模的普通办公建筑节能率为 59%；全年耗水量 1.09 万 t，相较于同等地区规模的普通办公建筑节水率为 21.6%。

8.4 上海张江未来公园艺术馆

8.4.1 工程项目概述

项目基地位于张江高新科技园区内，东侧紧挨上海市 AI+园区张江人工智能岛。本项目为未来公园一期的艺术馆项目，总建筑面积为 5312.2m²，主要功能包括艺术馆和辅助用房。艺术馆由室外连廊将一栋椭圆形平面综合馆、三栋圆形平面展览馆和一栋圆形平面库房连接为一个整体，如图 8-28 所示。

上海张江未来公园艺术馆

图 8-28 项目实景图

8.4.2 设计方案解析

张江未来公园不仅是一个"四节一环保"的绿色建筑，更是以"以人为本"为主旨，提倡建筑应被动优先、主动优化、综合平衡，保证建筑室内环境舒适的同时，可以自主适应外界环境变化，并进行主动调节。

1. 模块化建筑设计

采用快速设计理念，化整为零，由模块化的建筑构成，即 4 个圆形单体、1 个椭圆形单体，如图 8-29 所示。这样做的目的一方面是可以快速建造，缩短工期；另一方面是因为模块内空间适应性强，更方便布展换展，满足短期展览的需要。建筑结构形式为钢结构，主体构件标准化设计并进行工厂化生产，就地进行装配式施工，并对建筑进行了一体化装修和信息化管理，使得建筑内部数据共享更为便捷。

图 8-29　设计模型轴测图

2. 观展流线设计

本项目设计了 5 个不同的室内场景,并通过一个半室外的环廊观展流线串联在一起,如图 8-30 所示。室内场景作为主题展览区,呈向心式布局围合出中心广场作为室外科技展场。各主题展馆之间的建筑间隙设计成为临时展场,在环形流线上灵活更换,形成环廊流线模块式串联体验。建筑群外围为室外无人驾驶车展示场所。

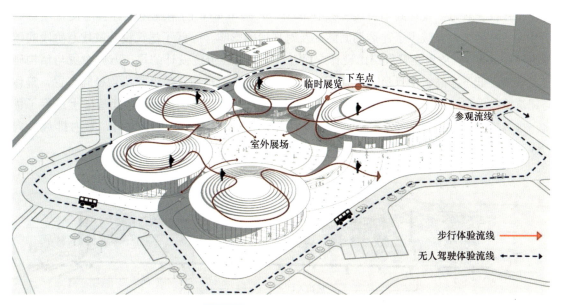

图 8-30　观展流线及临时布展

3. 室内布展设计

为了满足多种室内布展需求,设计结合了玻璃幕墙、檐下空间等将室内外进行融合,带来了室内外互动的参观体验,如图 8-31 所示。室内空间为大开间设计,内部隔墙采用轻钢龙骨石膏板,空间及其尺度可根据展览的需求进行改变。建筑主体结构为钢结构,建筑设备管线与主体结构分离以配合不同的布展需求,增加了室内空间的灵活性。

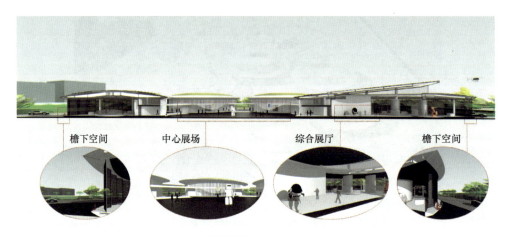

图 8-31　场景分析

8.4.3　技术方案解析

1. 基于 BIM 的精细化设计管理

项目设计管理突破传统方式，全过程由 BIM 协同，使得在传统模式下很多串联的工作前置和并行。从方案设计到项目竣工共计 6 个月，基于 BIM 的精细化设计管理使得项目周期节省了一半，大大减少了建造期间能耗及对环境的影响，降低了建筑设计及建造阶段的碳排放（图 8-32）。项目在管线路由设计方面进行了优化。传统设计的风口方向布置与结构碰撞，不仅压低了净高，而且风口布置不美观。经过优化，风口、喷淋喷头均径向布置，整体与建筑流线保持一致，且净高增加了 550mm。项目的设备机房空间也在此基础上进行了优化。排风机被移至机房内部，减少了梁下管线叠加，排风口远离新风口，室内排风排向 VRV 室外机，有利于建筑夏季降温和冬季预热，提高建筑的节能率。

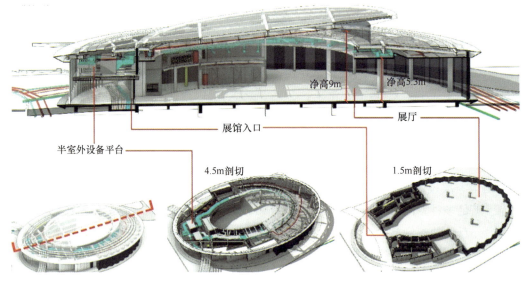

图 8-32　椭圆馆 BIM 分析图

2. 健康舒适的室内环境设计

为了实现建筑内部舒适的光环境，立面采用玻璃幕墙，引入充足的自然光，同时采用外遮阳，设计大幅度的屋面出挑以减少阳光直射，为今后布展设计预留良好的光环境。VIP 休息室、办公室和会议室幕墙设置可开启，可开启比例为 56.6%。展厅设置全空气空调系统，办公区域设置变频多联式空调系统，空调独立控制，主要人员活动区域均满足 II 级舒适度的要求。室内自然采光模拟分析图如图 8-33 所示。

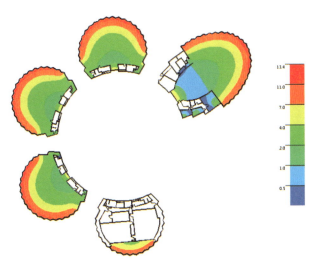

图 8-33　室内自然采光模拟分析图

3. 可再生能源照明设计

项目中心展场铺地采用深灰色胶粘石结合 5mm 厚发光石组成光斑点阵，白天吸收太阳光，晚上发出荧光，节约景观照明用电，如图 8-34 所示。在景观地灯的设计中，利用干涉曲线与参数化技术调整地灯的尺寸变化和距离位置。

图 8-34　场地荧光石铺装

本项目获得绿色建筑三星级设计标识认证，也是全国首批获得主动式建筑认证项目之一，在主动性、舒适、能源和环境四个维度上均有较好的表现。在主动性方面，项目可以主动感知建筑室内外基本环境参数，且室内可感知面积达 50% 以上。标准展厅和综合展厅设置全空气空调系统，管理用房区域及办公区域设置变频多联式空调系统，保证主要功能房间可以主动调节室内温湿度。在舒适方面，设置外遮阳，玻璃遮阳系数为0.33，平均自然采光系数在0.5~0.6之间；VIP休息室、办公室和会议室幕墙可开启比例为56.6%；为了充分满足短期布展的要求，分回路进行室内照明设计，独立控制不同展区的照明；通过多种照明灯具的组合，整体照明设计柔和舒适，避免产生眩光感；展厅区域的气流组织设计较为合理，室内风速、温湿度等均满足相关规范要求。在能源方面，本项目围护结构热工性能提高了10%，屋面和铝板外墙采用岩棉带保温，砌块外墙采用岩棉带保温，玻璃幕墙采用中空玻璃；空调机组能效高于国家现行有关标准规定的2级能效要求。在环境方面，采用基于BIM的精细化管理，减少一半的建造工期，可再循环材料比例达到69.8%；进行全生命周期环境影响分析得到，本项目碳排放设计值小于先进值和约束值的平均值；采用一级洁具和非传统水源利用。

8.5 山东建筑大学教学实验综合楼

8.5.1 工程项目概述

山东建筑大学教学实验综合楼是国内首栋钢结构装配式超低能耗建筑，也是第一批入选山东省被动式超低能耗绿色建筑示范工程项目。项目作为住房和城乡建设部国际科技合作项目及山东省被动式超低能耗绿色建筑示范工程，在严格执行《德国被动房认证标准》的基础上，还通过装配式超低能耗建筑研究与创新实验平台开发，对国内既有装配式技术与建筑节能技术进行了改造与再升级。项目位于山东建筑大学新校区内图书信息楼南侧，总建筑面积为9696.7m²。为多层公共建筑，地上6层，其中1、2层主要是实验室，3~6层主要是研究室（图8-35）。

山东建筑大学
教学实验综合楼

图8-35 山东建筑大学教学实验综合楼

8.5.2 设计方案解析

本项目在方案设计阶段，为了与周围环境相协调，最大限度地保留了场地内原有的地形，在形体上形成了三段的布局形式。针对场地内建筑所处的环境和气候条件，设计者又对建筑形体设计的初步情况进行了场地风环境模拟，当建筑物的报告厅部分改为圆形，主楼的形体改为长方形以后，建筑物的室外风环境达到了十分适宜的程度，如图 8-36 所示。该项目预制装配率达 90%，采用钢框架结构外挂蒸压加气混凝土墙板的整体装配式形式，遵循被动式超低能耗建筑的基本原则，采用了高隔热保温的围护结构体系、无热桥处理技术、高气密处理技术、高效新风热回收系统、室内舒适性控制技术、温湿度独立控制技术等关键技术。

图 8-36　山东建筑大学教学实验综合楼鸟瞰图

8.5.3　技术方案解析

项目遵循被动式建筑的基本原则，从绿色低碳的角度对影响空气对流交换的内部功能空间通风组织，影响建筑采光的开窗面积与形式，影响空调供暖制冷能耗的外围护结构的热工性能，以及外围护结构中的透明部分与非透明部分构成比例等方面，进行了低碳设计策略的制定，主要包括以下几个方面：

1. 自然采光优化设计

室内自然采光设计主要针对小型研究室、大型研究室采光两种形式。对于不同功能、不同平面形式、不同需求的空间，建筑采用了不同的采光设计。济南为Ⅳ类光气候区，按照 GB 50033—2013《建筑采光设计标准》规定，教育建筑办公区室内采光系数标准值不应低于 3.3%，采光照度标准值不应低于 450lx。

小型研究室根据柱网单元面积约为 60m²，窗台高度为 900mm，窗户尺寸为 1800mm×2100mm，窗户数量为 3 个，窗地面积比达到 18%。根据室内采光模拟结果显示，室内采光系数平均值为 5.6%，室内采光系数满足标准在 3.3% 以上的面积达到 56%；采光照度平均值为 700lx，采光照度在 450lx 以上的达到 66%，故室内采光情况良好。小型研究室室内自然采光分析如图 8-37 所示。

大型研究室面积约为 240m²，窗台高度为 900mm，窗户数量为 11 个，南侧 5 个、北侧 3 个、西侧 3 个，窗地面积比达到 16.6%。根据室内采光模拟结果显示，室内采光系数平均值为 5%，室内采光系数满足标准 3.3% 以上的面积达到 51%；采光照度平均值为 483lx，采光照度在450lx以上的达到42%，故室内采光情况良好。大型研究室室内自然采光分析如图8-38所示。

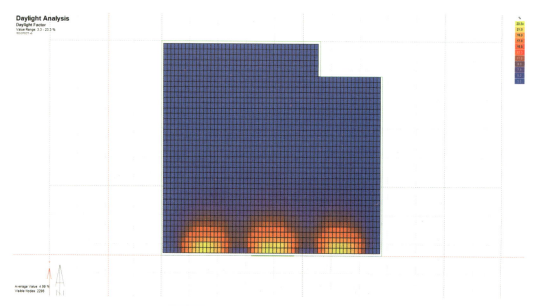

图8-37　小型研究室室内自然采光分析

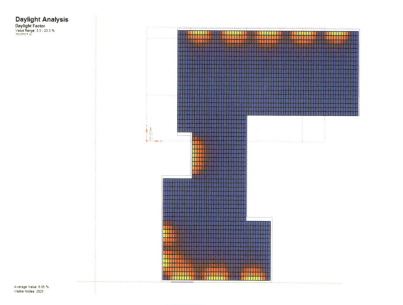

图8-38　大型研究室室内自然采光分析

2. 自然通风组织设计

合理的平面布局形式及建筑形体设计能够促进建筑的自然通风，在过渡季节，利用穿堂风及中庭热压通风，提高室内环境的舒适度，减少对机械通风的依赖性，从而降低建筑能耗。项目利用外窗、内侧高窗、中庭及天窗组织自然通风，如图8-39所示。

第 8 章 实践案例分析

图 8-39　过渡季节室内被动式通风设计

同时，利用流体计算软件对通风组织进行优化，实现过渡季节的被动式通风置换，经优化后的设计方案可实现在室外风压、中庭及竖井热压的共同作用下，室外新鲜空气由建筑南北两侧进入，通过中庭天窗及竖井排出，屋顶天窗出风口风速在 1.2m/s 左右，室内大部分房间空气流速在 0.15m/s 左右，位于 0~0.25m/s 的通风舒适区间内。建筑室内通风分析如图 8-40 所示。

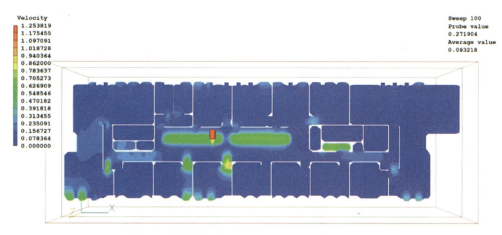

图 8-40　建筑室内通风分析

3. 可调节的外遮阳技术

"过滤"与"吸收"太阳能是建筑节能的有效方式，在利用太阳能的同时也要充分考虑建筑隔热，"过滤"部分太阳能，合理的遮阳方式能够降低建筑夏季制冷能耗。建筑西向设置可调节活动外遮阳卷帘，如图 8-41 所示，夏季开启遮阳卷帘阻挡太阳辐射进入室内，某些房间也可依据太阳光照强度自动控制外遮阳下落高度及角度。

图 8-41　西向可调节金属百叶遮阳

4. 高保温隔热性能外围护结构

项目外墙采用导热系数较小 [$\lambda = 0.16\text{W}/(\text{m}\cdot\text{K})$] 的蒸压加气混凝土外墙板作为主体，并采用 200mm 厚石墨聚苯板 [$\lambda = 0.032\text{W}/(\text{m}\cdot\text{K})$] 作为外墙外保温材料，墙体整体传热系数 $k = 0.14\text{W}/(\text{m}^2\cdot\text{K})$。建筑屋顶找坡材料采用导热系数较小 [$\lambda = 0.07\text{W}/(\text{m}\cdot\text{K})$] 的水泥憎水型珍珠岩，并采用 220mm 厚挤塑聚苯板 [$\lambda = 0.03\text{W}/(\text{m}\cdot\text{K})$] 作为屋面保温材料，屋顶整体传热系数 $k = 0.14\text{W}/(\text{m}^2\cdot\text{K})$。外墙外保温、屋顶保温构造节点分别如图 8-42 和图 8-43 所示。

图 8-42　外墙外保温构造节点　　　　图 8-43　屋顶保温构造节点

透明外门窗采用被动式节能窗,塑料窗框(外加铝合金扣板),配置双镀膜 Low-E 三层中空玻璃,中空玻璃采用暖边间隔条密封,间层填充惰性气体氩气,传热系数为 $1.0 W/(m^2 \cdot K)$,太阳得热系数为 0.32,如图 8-44 所示。

5. 气密层构造设计

针对外门窗洞口处,气密性构造做法:将防水透汽膜粘贴于室外窗框处,防水隔汽膜粘贴于室内窗框处,将缓慢回弹高压缩率海绵胶条贴于窗框和洞口间,如图 8-45 所示。门窗框与洞口连接固定时,需采用隔热断桥处理的橡胶垫片,将外保温层全包裹窗框。室内外两侧均需要进行连续性抹灰处理。然后用胶粘贴海吉布,再抹腻子两道。

针对室外预制墙板与楼板连接处的线性缝隙构造设计,在缝隙外侧的上下端口处,填充 ALC 专用密封胶,粘贴 50mm 厚的聚苯板。在聚苯板上下两端分别塞入缓慢回弹高压缩率海绵胶条,用密封胶将上下缝隙口抹平,再涂抹耐候防水密封胶和用混合砂浆抹平。室内侧气密性做法:室内侧用密封胶填实缝隙口,粘贴海吉布气密层,并使其延伸至底层楼板 300mm 处,如图 8-46 所示。

图 8-44 双镀膜 Low-E 三层中空玻璃窗

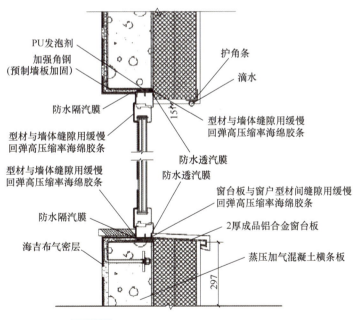

图 8-45 外窗洞口处气密性构造做法详图

针对预制墙板与钢结构连接处,板与钢结构间缝隙用 ALC 专用黏结剂,然后塞入缓慢回弹高压缩率海绵胶条,在缝隙口外侧涂抹耐候防水密封胶,抹灰处理;室内侧用防火石膏板包裹工字钢,用混合砂浆打底,粘贴海吉布气密层,再用黏结剂涂抹海吉布面层,如图 8-47所示。

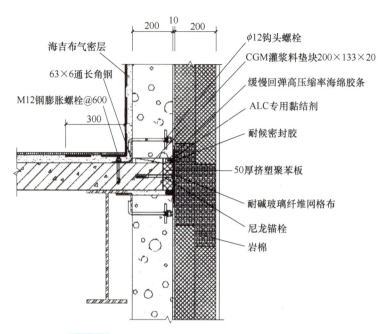

图 8-46 室外预制墙板与楼板连接处气密性做法

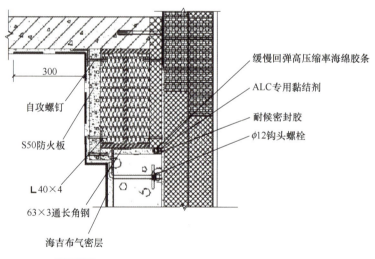

图 8-47 室外预制墙板与钢结构连接处气密性做法

通过对本项目进行分析，夏季制冷需求为 24.2kW·h/m²，小于标准值规定的 25kW·h/m²；冬季供热需求为 4.17kW·h/m²，远远低于标准值规定的 15kW·h/m²，显著降低了建筑冷热负荷需求。将项目的最终冷热需求转换为能耗后，通过与 GB/T 51161—2016《民用建筑能耗标准》规定约束值相比，项目每年可节约非供暖用电 203622.3kW·h，节约供暖用煤 58.9tce（标准煤当量），节省能源费用支出 15.1 万元，减少二氧化碳排放 251.7t，建筑环境效益十分明显。

第 8 章 实践案例分析

8.6 成都天府农博园

8.6.1 工程项目概述

成都天府农博园是一个以农博会展为核心的新型城乡融合发展试验区，旨在打造"永不落幕的田园农博盛宴，永续发展的乡村振兴典范"。天府农博园选址位于新津区兴义镇和崇州市三江镇，紧邻成新蒲快速路和成都第二绕城高速，景观及交通条件良好。天府农博园规划面积达到 $113km^2$，其中核心区面积为 $13km^2$。主场馆位于农博岛片区，成新蒲快速路以北，羊马河西侧，包含农博展厅、会议中心、天府农耕文明博物馆、文创孵化、特色街坊、室外展场等功能（图 8-48）。

成都天府农博园

图 8-48 农博园建筑实景图（一）

8.6.2 设计方案解析

项目摒弃传统封闭型行列式的会展模式，采用指状与田园景观互相渗透的布局方式，将室外展场分散布置在建筑周边的林盘特色空间中，形成"田馆相融"的展会空间模式，实现"田间地头办农博"的基本理念。园区采取"一岛三镇"的空间格局，包括天府农博岛、农博·兴义镇、文博·宝墩镇、渔博·安西镇三个城乡融合发展片区。同时，园区还规划建设了"2.5+X"km^2 的天府农博岛高品质科创空间，营造会展会议、农科文创、生活配套、休闲旅游等体验场景。建筑形体取义于成都平原远望层峦叠嶂的远山意向，并提取丰收时节风吹稻浪的场景，转换为建筑屋面的优美形态和丰富色彩，形成别具特色的曲面形体，与大地轻盈相接，成为大田景观的一部分，如图 8-49 所示。项目采用前展后街的布局方式，将多种功能穿插融合。设计充分发掘场地的自然景观优势，将室内展馆、室外展区、林盘展区、大田展区相结合，加入会议中心、演艺中心、文化博览、餐饮购物等多种功能，提供全天候多种体验型空间。

图8-49　农博园建筑实景图（二）

8.6.3　技术方案解析

1. 生态节能设计

主展馆在采用指状布局，与田园景观形成渗透的同时，为体现农博展览的特色并兼顾遮风挡雨的基本需求，主要采用了有顶室外展场的形式。展览部分更是做到了近似零能耗的目标，真正实现了与农博相契合的绿色生态理念。主体建筑采用外廊式与遮阳防雨棚架结合的方式，通过适当的被动式绿色建筑技术，引导组织气流，营造出舒适的半室外活动空间，如图8-50~图8-52所示。这种做法还降低了单位面积的空调能耗，减少了对人工照明的需求。建筑开口的设计可形成通风廊道，使室内温度长时间处于更舒适的状态，改善人活动的微气候环境。另外，近人尺度采用雾喷附加措施，也可以对微环境有所调节。

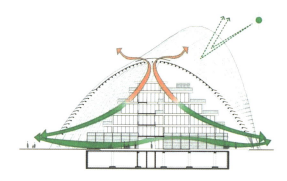

图8-50　借助棚架营造的立体空间，同时利用绿色建筑技术进行导风降温

2. 木结构设计

根据农博展览需求，主展馆形式为大跨度建筑。结合项目位于农田之中的位置因素，主展馆设计摒弃施工过程中对农田破坏较大且不可再生的钢筋混凝土结构形式。而传统的钢结构形式虽然能解决大空间的问题，但同样会产生大量的现场焊接、外包封装等问题，因此也非首选。项目采用的胶合木结构则是一种可以固碳的负碳材料，更能体现生态与农业特色，

且全部为工厂预加工，再到现场拼装，减少了施工误差，保证完成质量。同时，木结构源于自然，色彩质朴，符合农业博览特色，是我国传统建筑的精髓，在四川地区也被广泛采用。木构体系优势明显，结构性能和防火性能良好，无须二次外立面装修。其节能环保、污染小、能耗低、施工周期短、精度高、可现场组装等的优势，均体现出农博的绿色生态特性。棚架内部空间和外观细节分别如图8-53和图8-54所示。

图8-51　会议中心开放的灰空间

图8-52　叠退的房子与棚架的关系

图8-53　棚架内部空间

图8-54　棚架外观细节

3. 遮阳透光屋面设计

为解决农博展览基本的遮阳挡雨需求，设计师需选用一种建筑材料作为室外展场的顶部围护结构。传统建材如金属屋面则具有不透光的劣势，而玻璃虽然透光，但存在自重大、易自爆、不易围护等缺点，且使用玻璃带来的荷载加大问题，会使主体大跨度结构的造价大量增加，经济性不好。而ETFE膜材则自重轻、透光性好、易着色，可以通过自身彩色的肌理与彩色的大田相映衬，更好地体现农博理念，如图8-55所示。

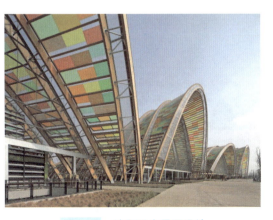

图8-55　遮阳透光屋面设计

4. 开放式吊顶系统设计

棚架内地上建筑部分采用钢框架结构体系，钢柱、钢梁可直接外露，保温和防火涂料表面不必大量封装。钢柱表面、工字钢梁侧面用不同饱和度的绿色随机分段涂刷，形成了立面别具一格的色彩和肌理，如图 8-56 所示。基于满足定期和长期维护修缮要求的考虑，所有建筑外廊均采用开放式吊顶系统，其中吊挂的 2m×2m 的镂空金属格架单元，可以根据功能需要随意组合，既可嵌灯，也可局部封装金属网以遮挡管线。室内的格架之间还嵌入了不同颜色的吸声条板，形象表达了纵横交织的田耕肌理。

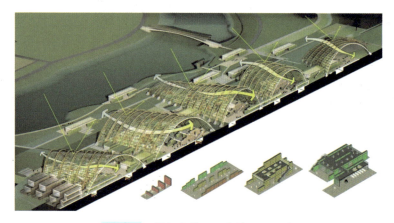

图 8-56 棚架与装配可变的展架系统

5. 微生态系统设计

天府农博园为了把景观引入拱棚，在室内营造出户外田园的感觉，建筑在边界处伸入田野的同时，也将外部景观环境延展至拱棚内，模糊弱化建筑与自然的边界，增加与自然全天候接触的机会。而室内部分，将种植槽、滴灌系统、花槽组合在标准钢架单元内部，进而组合成穿插在空间中透光点景的绿植幕墙。对于幕墙上植物的搭配，设计师选择了适宜在半室外环境生长的绿植种类，并配合紫外线光谱灯以促进植物光合作用，构建出拱棚内部有机富氧的微生态系统，如图 8-57 所示。

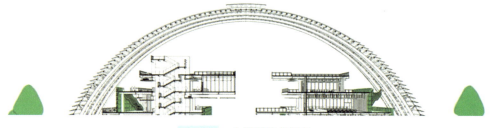

图 8-57 立体绿化的植入

通过对天府农博园的性能进行分析，可知该建筑各项性能指标良好：室内自然通风良好，均可满足 2 次/h 以上的换气次数；室内人行高度处温度为 32~33℃，风速在 0.5~1.2m/s 之间，室外标准有效温度 SET^* 在 38~40℃ 之间，室内标准有效温度 SET^* 在 34~

35℃之间，相对室外较舒适，比室外无风条件下的标准有效温度约低5℃。

8.7 上海市第一人民医院改扩建

8.7.1 工程项目概述

项目位于上海市虹口区武进路86号地块，东起九龙路、北至哈尔滨路，南侧隔武进路与第一人民医院老院区比邻，西侧紧邻市级文保单位消防站。由新建的住院医疗综合大楼（A楼）、保留建筑（B楼）及连廊、连接体共同构成，如图8-58所示。功能包含急诊急救中心、手术中心、门诊体检中心、住院中心及相关诊疗辅助等。项目建筑面积为48129.73m²，其中地上建筑面积为34630.69m²，地下建筑面积为13499.04m²。塔楼15层61.6m，裙房5层22.4m。

图8-58 项目实景图

8.7.2 设计方案解析

项目用地面积仅8320m²，并包含一栋既有建筑，建筑设计在满足日照、防火、卫生等要求的基础上充分利用基地和既有建筑特征，利用空中连廊及地下空间，将新建建筑和既有建筑有机结合，如图8-59所示。容积率达到3.0，建筑密度为52.65%。合理解决了有限用地内的综合医疗功能需求。本项目B楼原为虹口中心教学楼，改造后为行政办公及急诊用房。空间布局基本形式保持与原平面相同。按原立面风格修整外墙面，建筑改造后延续了原有风貌特征，并满足了现行节能等标准规定和使用功能需求。

图 8-59　建筑连廊效果图

8.7.3　技术方案解析

1. 节能改造设计

外墙内侧加设 AEPS 内保温，立面窗材更新为断热型材中空玻璃窗，屋顶重新设置 Ⅱ 级防水，延续并优化原屋顶绿化等，如图 8-60 所示。

a) 改造前

b) 改造后

图 8-60　建筑改造图

2. 可调节的内遮阳设置

项目在新建单体与保留单体连接体的中庭天窗设置可调节遮阳百叶，优化自然采光，防止眩光，并减少夏季太阳辐射得热，降低空调能耗，如图 8-61 所示。

第 8 章 实践案例分析

图 8-61　建筑内遮阳效果图

3. 自然采光优化设计

连接体共享大厅：新建单体与保留单体之间设置三层通高共享大厅，并设置天窗和可调节遮阳。主要功能房间：病房、诊室、办公室等主要功能房间沿外墙布置，并优化窗地面积比。采光达标比例：采光系数满足 GB 50033—2013《建筑采光设计标准》要求的比例为 78.7%。项目在 A 楼和 B 楼连接体处设置下沉庭院，改善地下一层候诊厅的自然采光，经分析，该区域的平均采光系数达到了 1.4%，地下一层有 5.4% 的区域的采光系数达到了 0.5%（图 8-62）。

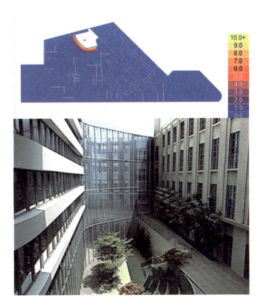

图 8-62　主体建筑效果图

4. 自然通风优化设计

合理设置开启扇：主要功能房间均设置可开启外窗，春季、秋季典型工况下主要功能房间平均自然通风换气次数均不小于 2 次/h 的面积比例为 81.1%，能有效促进室内自然通风。建筑外窗效果图如图 8-63 所示。

图 8-63 建筑外窗效果图

5. 高效节能系统设计

A 楼冷热源采用风冷螺杆式热泵机组（洁净区与非洁净区域分别设置）。机组 COP 达到 3.20，高于标准中的要求值 2.80。B 楼采用多联机组，IPLV 不低于 5.6，较标准中要求的 3.4 高。分体式空调器能效等级满足现行国家规定的 1 级要求。空调机组还采用调速风机，设置 CO_2 浓度探测装置，根据区域内 CO_2 浓度调节系统新风量。同时，过渡季节可增加新风量，可实现 70% 新风工况运行。

6. 排风热回收系统设计

为避免排风和新风发生交叉污染，A 楼塔楼采用热管式能量热回收新风机组，对室外新风机病房卫生间排风进行热量回收，回收效率大于 63%。B 楼采用多联机+新风系统，一层药房采用排风进行热回收，回收效率大于 65.5%。地下一层办公采用 1 台全热回收器，回收效率为 80%。

7. 节水设施系统设计

本项目为医院建筑，从卫生防疫安全角度出发，未设置非传统水源利用系统，但在节水系统以及节水器具与设备方面，采用有效措施，节约用水。选用密闭性能好的阀门、设备，使用耐腐蚀、耐久性能好的管材、管件，设置分级计量仪表，减少给水管网漏损；合理进行供水压力分区及支管减压设置，保证各供水压力不大于 0.20MPa，限制超压出流；按使用用途和付费管理单元，分别设置水表，促进后期行为节水。采用 2 级节水型卫生器具，以及无蒸发耗水量的冷却技术，有效节约水资源。

8. 智能化管理集成系统设计

本项目弱电智能化系统紧紧围绕现代智能化综合性三甲医院进行设计，采用当前先进成熟的技术，突出数字化、网络化、信息化技术的应用，建立智慧医院平台。弱电系统包括通信系统、计算机网络系统、综合布线系统、安全防范系统、公共广播系统、有线电视接收系统、火灾自动报警系统、建筑设备管理系统、护理呼叫系统、信息显示与发布系统、叫号排队系统、医疗示教系统、子母钟系统、一卡通系统和 BMS 集成系统、停车库管理系统、视频集成管理系统、医用综合信息集成系统（HIAS）等。

本项目为实现绿色建筑而增加的初投资成本为 154.3 万元，单位面积增量成本 32.08 元/m²，绿色建筑可节约的运行费用约 61.3 万元/年，绿色建筑投资回收期约 3 年。在建成至今的运行过程中，医院使用方和患者都感受到该建筑设计构思巧妙，医疗功能设计合理实用，交通设计简洁高效。新的医院承担了虹口地区医疗急救、复杂疾病诊治、大型辅助项目检查、各种危重病人转诊任务，成为虹口地区重要的医疗诊治中心。设计中采用的节能理念，在日常的医疗工作运行中得到了充分的体现，并转化为实际的经济效益。

8.8 上海自贸区临港新片区酒店

8.8.1 工程项目概述

本项目位于上海自贸区临港新片区 PDC1-0401 单元 H01-01 地块，世界顶级科学家社区（WLA 科学社区）规划用地西北角，建筑如同双翼向城市展开，抽象提取振翅欲飞的势态，起伏的光伏屋面与建筑浑然一体，期许"展未来之翼，聚科技之光"美好愿景，如图 8-64 所示。工程包括一座多层会议中心、一座五星级酒店和一座公寓式酒店，总建筑面积为 227082.18m²，容积率为 1.8，建筑密度为 51.79%，绿地率为 10.5%，酒店塔楼 23 层，建筑高度为 99.9m，裙房 5 层。其中五星级酒店和公寓式酒店部分为超低能耗实施范围，建筑面积为 97264.89m²，建筑结构形式为钢框架-中心支撑结构。

上海自贸区临港新片区酒店

图 8-64 项目实景图

8.8.2 设计方案解析

项目积极响应国家"碳达峰、碳中和"目标，响应上海市 2021 年节能减排降碳重点工作安排，落实临港新片区管委会的要求，以三星级绿色建筑标准、高预制装配率要求进行设计建造，并进行可再生能源建筑一体化设计，打造低能耗低碳排的高品质建筑。项目团队在设计全过程中进行多方案对比，在保证室内外舒适度及建筑品质的基础上，兼顾建筑美学和技术科学，最终达到绿色三星、超低能耗的标准要求，如图 8-65 所示。

图 8-65　建筑实景

上海地区夏季炎热、昼夜温差小、太阳辐射强烈，建筑设计应重点考虑降低环境温度，做好建筑遮阳、围护结构隔热；同时本地区还有冬季寒冷、潮湿，梅雨季潮湿多雨的特点，对应地则应加强建筑的可控通风，做好围护结构与地面保温，加强建筑气密性。

本项目的设计原则如下：

1. 以健康舒适为前提

作为世界顶尖科学家论坛会址用途，项目对建筑品质有着极高的要求，保证室内外环境安全、健康、舒适是设计的首要前提。因此在制定超低能耗策略时，以建筑健康舒适为基础，尊重各功能空间的使用特点和使用需求，将自然采光、自然通风、室内热湿环境控制、室内空气品质等放在首要位置，在此基础上探索合理的超低能耗技术路径，而非一味地追求高节能率而牺牲建筑品质。

2. 以节能减排为目标

超低能耗建筑要求一次能源消耗量降低 50% 以上，这对大型公共建筑有着极高的难度。团队从方案创作开始对建筑方案进行多轮优化，对关键技术进行反复比选，通过建筑气候响应设计、建筑体形系数和窗墙面积比的测算比较、不同朝向的外遮阳设计、围护结构热工性能优化设计、机电系统能效提升优化设计、可再生能源建筑一体化设计等，实现节能减排的目标。

3. 技术和艺术的融合

在方案创作过程中充分发挥建筑师的主观能动性，将绿色、节能、低碳融入设计理念，并贯穿设计全过程，充分融合工程、技术与艺术，打造美的、健康舒适的、绿色低碳的高品质建筑。

8.8.3　技术方案解析

上海地处夏热冬冷地区，需满足保温、隔热设计要求，重视自然通风及遮阳。项目所在的临港地区位于浦东东南，潮湿多风，设计时需要充分分析场地微气候，顺应并引导室内外环境设计，优先选用简单实用的低成本技术措施。

1. 场地布局优化设计

项目包含酒店及会展功能，场地总体布局的不同会对场地微气候带来较大影响。设计中将酒店和会展沿轴线拉开，连接部分设置为架空连廊，保持人行区域良好的风环境的同时，兼顾酒店和会展的采光需求。同时酒店设置于地块南侧，并将酒店裙房设计为南向退台式，顺应夏季主导风向，并引导环境风，减少场地风速过大或出现旋涡区的情况，保证 1.5m 处行人可感知风环境区域的人体舒适度。室外风环境模拟分析如图 8-66 所示。

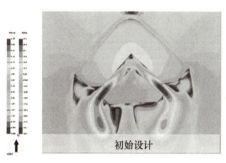

a) 1.5m 高度水平面风速云图（冬季）

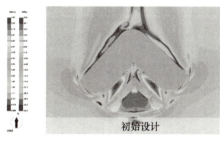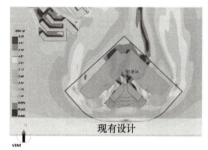

b) 1.5m 高度水平面风速云图（夏季）

图 8-66 室外风环境模拟分析

2. 建筑窗墙面积比优化设计

建筑窗墙面积比对建筑能耗和建筑采光都有较大的影响，因此合理选择窗墙面积比是超低能耗建筑设计的重点。本项目根据不同功能房间进行建筑外立面虚实比例设计，尤其是客房部分，在考虑星级酒店的自然采光和视野舒适性需求的同时，兼顾超低能耗建筑空调负荷降低和能耗降低的要求。通过对不同立面、不同窗墙面积比的设计方案进行能耗及采光的计算分析（图 8-67），最终确定各朝向平均窗墙面积比约为 0.5 的建筑设计方案。

3. 外遮阳优化设计

夏热冬冷地区的气候特点决定了设置建筑外遮阳的重要性和必要性。本项目将建筑外遮阳构件作为建筑造型的有机组成部分，使其成为立面的重要元素，从而将建筑外遮阳和建筑立面设计相结合，丰富建筑立面，赋予建筑鲜明的特点。酒店塔楼客房外立面顺应建筑造型设计，在满足室内采光的基础上设置水平外遮阳，在保证客房采光的同时，降低客房夏季太阳辐射得热，实现节能及采光的最优化设计。裙房每层设置大挑檐，将外遮阳构件与屋顶空间复合化设计，在增加屋顶绿化面积的同时，利用挑檐形成外遮阳，降低太阳辐射得热，减少能耗。建筑外遮阳效果分析如图 8-68 所示。

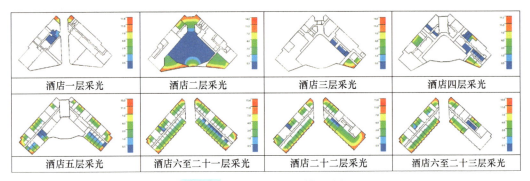

图 8-67　室内自然采光模拟分析

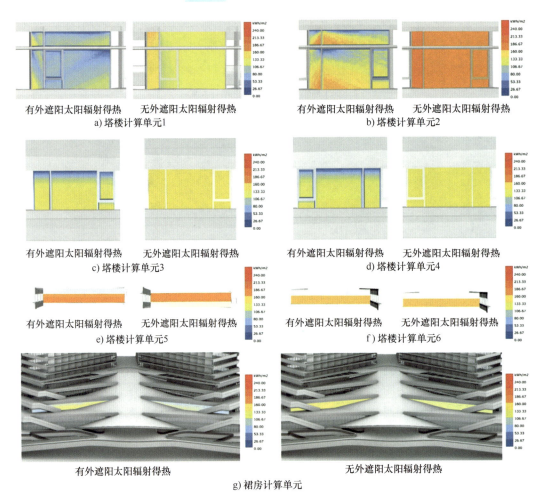

图 8-68　建筑外遮阳效果分析

4. 自然通风优化设计

开启扇的设置对建筑立面效果和成本都有较大影响，为此，项目从方案阶段开始就进行建筑风环境模拟分析，确定利于室外风顺利进入室内的开启扇设置位置，并跟随项目进程，配合立面造型及平面功能进行调整，从而满足室内换气次数的需求。室内自然通风模拟分析如图 8-69 所示。

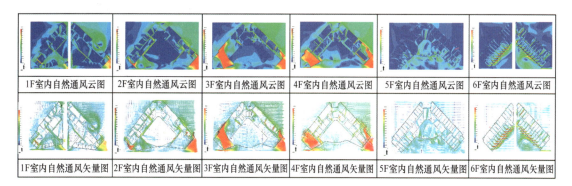

图 8-69　室内自然通风模拟分析

5. 可再生能源利用

太阳能光伏在建筑中的应用往往面临着发电效率与建筑效果的选择。本项目结合建筑整体造型，通过对不同光伏产品的发电效率、产品特性以及与建筑造型的结合美观性等进行对比，选用了薄膜光伏系统。通过对不同时刻阴影遮挡下的表面太阳能辐射资源情况进行分析对比，对适合布置太阳能光伏的区域进行选择，并利用 BIM 辅助设计进行太阳能光伏建筑一体化设计，最终实现建筑美学与科学技术的高度统一。将光伏板设置于北侧会展的金属屋面和南侧酒店裙房的采光中庭屋顶上，面积约 1.4 万 m^2，（图 8-70）。采光顶玻璃为三玻两腔钢化超白玻璃，电池芯片位于外侧的双玻夹片中，可有效吸收太阳辐射得热，起到隔热作用。

图 8-70　太阳能光伏布置图

本项目旨在营造低碳健康的建筑环境空间，大幅降低供暖、空调、照明、电梯等用能需求，推进空间节能和设备系统节能的融合，在提高室内舒适性的同时降低建筑碳排放，达到绿色三星、超低能耗的高标准要求。本项目作为上海首个通过方案评审的超低能耗公共建筑，也是全国最大的超低能耗公共建筑，其设计策略和技术路径可为上海乃至全国大型公共建筑所借鉴，项目的实施对建筑行业实现"双碳"目标具有重要意义。

8.9　苏州奥林匹克体育中心

8.9.1　工程项目概述

苏州奥林匹克体育中心（简称苏州奥体中心）是集体育竞技、健身休闲、商业娱乐、文艺演出为一体的多功能、综合性、生态型的甲级体育中心,也是一座开放式的体育公园,如图8-71所示。项目倡导绿色建筑理念,并把它贯穿设计、建造和运营全过程。它从项目自身特点出发,结合周边环境和自然条件,综合运用多项绿色建筑技术,实现土地空间集约、能源高效、水源节约、建筑材料减量和环境健康舒适的目标。

8.9.2 设计方案解析

本项目从室外环境技术措施、室内环境技术措施以及资源节约技术三个方面出发,将绿色建筑理念应用于项目设计中。

图8-71 苏州奥体中心

项目布局与传统的以体育场馆为中心的设计方式不同,采用了公园式的布局方式,打造体育公园的理念。项目结合周边环境条件和自身特征,从室外空间综合利用和海绵城市建设方面来塑造室外公共环境;同时结合项目特点,采用建筑自遮阳、建筑外遮阳、天窗内遮阳以及导光管等措施,在保证项目自然采光的同时,减少夏季太阳辐射得热,改善室内环境。通过高效围护结构及高效空调系统,配合可再生能源的使用,有效降低项目空调能耗、热水能耗以及全年耗电量,实现节能目标。在水资源综合利用方面,项目也做了很多努力,一方面项目收集屋面和硬质道路雨水,处理并消毒后输送至清水箱,用于绿化浇灌、道路冲洗和水景补水;另一方面,项目采用中水回用技术,将游泳池淋浴用水进行处理后送至用水点,节约大量用水。

本项目已获得国家三星级绿色建筑设计/运营评价标识和LEED金/银级认证,全国建筑业绿色施工示范工程等荣誉。

8.9.3 技术方案解析

1. 室外空间综合利用

苏州奥体中心从规划总体布局出发,根据城市周边环境,现有公交系统和正在施工中的地下轨交站点规划,打造地上地下立体交通体系,充分利用室外空间,使项目融入城市。项目规划布局从总体出发,通过中央地下车库建立外部交通与各体育场馆和服务楼的联系,形成体育中心和外部交通的连接,以及内部场馆之间的人行流线。奥体中心各单体与中央车库通过地下通道连通,给观众出行和赛事人流集中疏散提供便利。临近主干道交叉口服务楼的下沉式广场形成了有围合感的室外广场;阶梯式平台上布置了绿化和球类活动场地,以底座形式托起体育场馆,如图8-72所示。屋顶绿化面积占可绿化屋顶面积的31%。地下一层中央车库以及局部设置地下二层,主要用于车库、设备用房和商业用房,提高了土地空间利用率。项目利用下沉式广场、地下天井、室外场地、阶梯式平台等,形成多层次室外空间。

2. 海绵城市建设

苏州奥体中心在片区开发中重视海绵城市建设,采用屋顶绿化,地下室顶板覆土厚度不小于1.5m,硬质透水铺装等措施降低综合径流系数。针对当地水系发达、面源污染突出的特点，利用绿地和硬质透水铺装下渗、下凹式绿地滞流、雨水收集池调蓄以及雨水回收利用等技术措施，控制场地内雨水外排量，缓解暴雨季节对市政管网的压力，同时使场地保持良好生态雨水系统。本项目室外硬质铺装采用彩色透水混凝土铺装，如图 8-73 所示。室外景观步道、慢跑步道、自行车道、室外运动场地、儿童游乐场和休闲广场等均采用透水混凝土路面，总计约 5.1 万 m²。

图 8-72　室外空间综合利用

图 8-73　室外硬质透水铺装

3. 自然采光设计

本项目对于自然光的利用主要表现在：中央车库采用 13 套导光管系统，把室外光线导入地下，有效改善了地下车库的采光；另外，下沉式广场使得地下空间能够获得较好的侧面采光；中央车库设置了 3 个采光井，直接把光线引入地下车库；服务楼塔楼的酒店、办公在平面布置上把公共服务设施设于中央区域，平面四周为主功能区，为室内争取了良好的自然采光。

4. 建筑遮阳设计

本项目地理位置属于夏热冬冷气候区，表现为夏季太阳辐射强，需要采取建筑遮阳措施，减少太阳辐射热直接进入室内；冬季则需要争取太阳辐射进入室内，减少室内的供暖热负荷。经过对外遮阳、中置百叶遮阳和内遮阳的技术可靠性和经济性的分析比较，本项目外窗采用水平固定遮阳措施和高反射材料的内遮阳。建筑中庭天窗采用电动内遮阳系统，减少夏季太阳辐射。遮阳系统采用智能控制系统控制开启，根据室外光线变化调节内遮阳。建筑外遮阳设施和中庭内遮阳设施分别如图 8-74 和图 8-75 所示。

5. 太阳能热水技术

项目各单体在运营过程中需要生活热水，主要用于运动员淋浴、盥洗、游泳池热水和厨房餐饮等。按照单体运营管理要求，项目设置 4 个独立的太阳能生活热水系统，分别为体育场、体育馆、游泳馆和服务楼提供生活热水。太阳能生活热水集热器布置如图 8-76 所示。

6. 光伏发电技术

项目采用光伏电站为建筑提供照明用电，如图 8-77 所示。服务楼裙房屋面构架安装光伏板，共 240 块 250Wp 多晶硅光伏组件，总装机功率为 60kWp。光伏组件的安装角度为 30°，与当地纬度接近，能够充分接受高强度太阳辐射。整个系统安装了 3 个光伏汇流箱、3 台逆变器。光伏系统采用低压侧并网，所发电用于建筑内部机电设备。苏州年均太阳辐射量为 4651MJ/m^2，常年平均日照时数为 1965h，折合峰值日照时数为 1441.75h，考虑到光伏组件功率的衰减，在其全生命周期 25 年内的发电量预计为 146.69 万 kW·h。

图 8-74　建筑外遮阳设施

图 8-75　中庭内遮阳设施

图 8-76　太阳能生活热水集热器布置

图 8-77　屋面光伏电站

8.10　上海临港星空之境主题公园游客服务中心

8.10.1　工程项目概述

"零碳纸飞机"是星空之境主题公园内配套的一栋公共服务建筑，内部包含游客问询、换乘休憩、展览活动等功能，项目总规模为 2130m²，建筑高度约 12m，是园区内唯一按照零能耗零碳理念、绿色建筑三星标准设计的单体子项。

"零碳纸飞机"通过屋面造型的折叠构成简单明晰的形体暗示，与区域航天主题呼应，也起到了公园入口标志性提示的作用，如图 8-78 所示。周边景观环境根据不同朝向结合屋檐起伏纳入建筑内部，屋面底部架空出多样化的公共服务空间，通过高低起伏的地面限定不同活动使用区域。建筑外界面采用全开敞围护设施设计，最大化自然通风与采光。"机身"表面采用 BIPV 光伏一体化组件全覆盖，实现能源的自给自足。

上海临港星空之境主题公园游客服务中心

图 8-78 "零碳纸飞机"实景图

8.10.2 设计方案解析

由于项目所处的星空之境主题公园紧邻上海天文馆，因此建筑单体在设计之初即被业主要求需与"星空·航天"主题有所呼应。"零碳纸飞机"的极简造型看似是浪漫主义的童心未泯，但实则来源于建筑对上海气候特征的积极回应以及场地周边环境的收放转承。

上海临港星空之境主题公园游客服务中心设计旨在探索一种将"形态、空间、产能"一体化整合的零碳实现路径，营造一个"轻介入、全开敞、少用能、自发电"的游客服务中心。原生芦苇荡是场地重要的生态特征，设计的出发点就是在少干预环境的条件下做出设计策略。建筑通过悬浮的方式自然渗入场地，将建筑抽象为遮阳挡雨的漂浮屋面，悬浮于自然环境之上，外部景观与气流渗入建筑，同时建筑屋顶根据河道与道路不同景观环境起伏折叠，折纸屋面同时组织排水路径分区进行雨水收集。通过全屋顶光伏覆盖实现光伏年发电量 4.63 万 kWp，根据建筑预估年负荷 4.34 万 kWp，可实现 107% 能源供给。最后，将公共休息、问询等空间室外化，仅在办公室及智慧中心内部设置空调，大幅降低用能空间面积。

8.10.3 技术方案解析

1. "轻介入"：轻触场地建造，建筑悬浮自然

设计通过最少量的独立柱基点式生根以一种"轻介入"的方式让建筑置入场地，减少大面积封闭混凝土底板对原有生态的不可逆覆盖。此举也是对现场土壤表层松软地耐力较差的合理回应。上部采用整体钢结构确保结构构件的轻盈纤细，1∶18 的高细比使支撑圆柱近乎消失，围护界面采用吊挂式构件与结构主体相互脱开，进一步强化建筑的悬浮感。轻量化节点设计如图 8-79 所示。

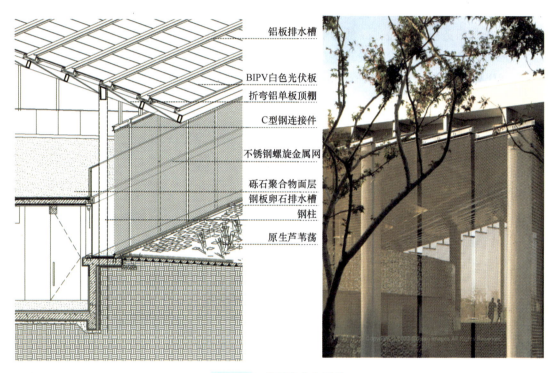

图 8-79 轻量化节点设计

2. "全开敞"：空间开敞连续，自然风景贯穿

游客服务中心是一种"快速使用"的建筑类型——使用者在完成问询休憩后，会快速换乘电动车驶向各个景点，因此设计并没有采用传统建筑实体外墙进行室内空间封闭，而仅仅使用金属网进行管理界面上的内外限定，实现物理环境与自然景观最大程度上的贯穿（图 8-80 和图 8-81）。另外，在游客服务中心的飞檐下，设计通过不同高差地面塑造出连续起伏的开放空间，根据高差关系诱发多样性公共活动发生，如展览休憩、论坛交流、教学授课等（图 8-82）。

3. "少用能"：减少用能空间，引导健康行为

"零碳纸飞机"屋檐下 70% 的空间约 $1750m^2$ 定义为室外非空调空间，如开放展厅、咖啡简餐区、活动发布舞台等区域，减少短暂停留空间对设备的使用能耗。将办公区、后勤服务区等长时间停留空间定义为空调用能空间，依靠设备提供稳定、舒适的物理环境，如图 8-83 所示。在电动车换乘休息区域设置室外喷雾降温装置，确保炎热季节等候的舒适性，檐下空间热舒适度的模拟分析如图 8-84 所示。经测算此举每年为建筑节约用电 14.16 万 kW·h。

第 8 章 实践案例分析

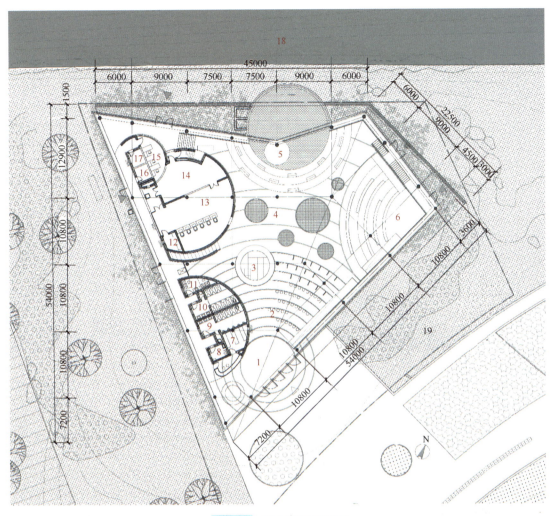

图 8-80 建筑首层平面图

1—门厅　2—电动车换乘休息区　3—沙盘摆放区　4—开放展厅及交通空间　5—活动发布舞台　6—海绵展厅
7—寄存处　8—无障碍卫生间　9—男卫　10—女卫　11—母婴室　12—广播室　13—智慧运营管理中心
14—UPS及弱点机房　15—办公室　16—配电间　17—光伏机房　18—景观河道　19—芦苇荡

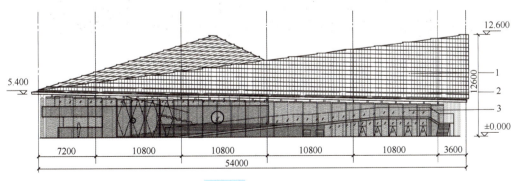

图 8-81 建筑立面图

1—白色碲化镉光伏屋面　2—折弯铝板排水槽　3—不锈钢螺旋编织网

295

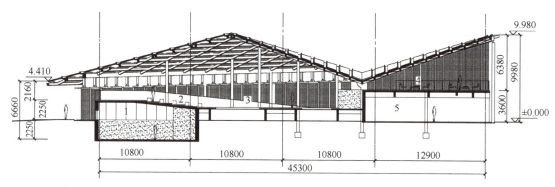

图 8-82　建筑剖面图

1—海绵研发中心　2—开放展厅及交通空间　3—蹦床游戏区　4—水吧　5—智慧管理运营中心

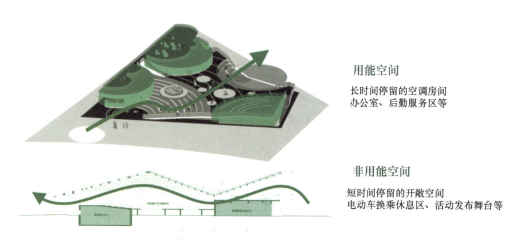

用能空间

长时间停留的空调房间
办公室、后勤服务区等

非用能空间

短时间停留的开敞空间
电动车换乘休息区、活动发布舞台等

图 8-83　用能/非用能空间定义

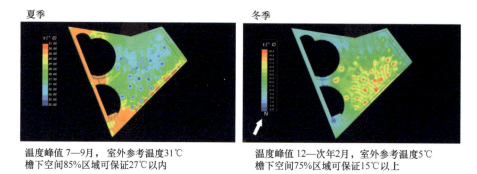

夏季　　　　　　　　　　　　　　冬季

温度峰值 7—9月，室外参考温度 31℃　　　温度峰值 12—次年 2月，室外参考温度 5℃
檐下空间 85%区域可保证 27℃以内　　　　檐下空间 75%区域可保证 15℃以上

图 8-84　檐下空间热舒适度的模拟分析

4. "自发电"：屋顶光伏产能，能源自给自足

折叠的屋顶"机身"表面采用 BIPV 建筑光伏一体化的方式，灰白色不透光薄膜发电玻璃与铝板的组合屋面进行全覆盖使之成为一艘名副其实的"太阳能飞船"，如图 8-85 和图 8-86 所示。装载的薄膜发电 BIPV 光伏组件单片功率为 25.5W，总装机量为 44.5kWp，年发电量为 46280kW·h，1750m² 的光伏覆盖面积帮助建筑实现日常能源用电的 107%供给，多余的无污染能源供给园区内其他建筑。

第 8 章 实践案例分析

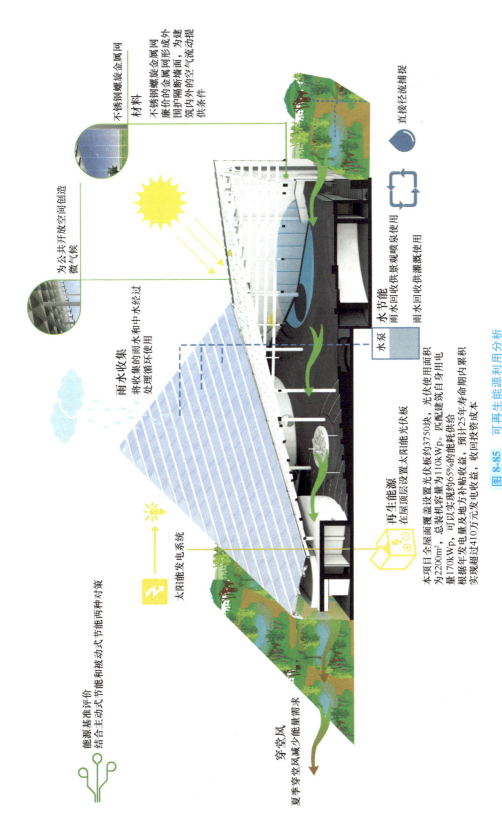

图 8-85 可再生能源利用分析

图 8-86　BIPV 一体化光伏屋面

零碳的路径源于对空间的调节控能，大幅降低使用需求，同时利用建筑光伏一体化提升建筑产能，在一负一正的平衡中实现运营阶段的零碳零能耗。自项目竣工开始运营以来，根据现场反馈的能耗数据测算，建筑年用电量为 43252kW·h，光伏发电量为 46280kW·h，由此推测建筑全生命周期碳排放量减少可达 4982t，其中约 3690t 来源于空间设计手段实现调蓄，占比达 74.1%。24.3% 来源于可再生能源利用，约 1212t，1.6% 来源于高效能的设备设施，减排量约 80t。

参考文献

[1] 崔愷，刘恒. 绿色建筑设计导则：建筑专业［M］. 北京：中国建筑工业出版社，2021.
[2] 陈易. 低碳建筑［M］. 上海：同济大学出版社，2015.
[3] 杜明芳. 智慧建筑：智能+时代建筑业转型发展之道［M］. 北京：机械工业出版社，2020.
[4] 刘加平，董靓，孙世钧. 绿色建筑概论［M］. 北京：中国建筑工业出版社，2010.
[5] 杨维菊. 绿色建筑设计与技术［M］. 南京：东南大学出版社，2011.
[6] 徐燊. 太阳能建筑设计［M］. 2版. 北京：中国建筑工业出版社，2021.
[7] 中国建筑标准设计研究院. 太阳能集热系统设计与安装：06K503［S］. 北京：中国计划出版社，2006.
[8] 中国建筑标准设计研究院. 建筑太阳能光伏系统设计与安装：16J908—5［S］. 北京：中国计划出版社，2016.
[9] 汪集暘. 地热学及其应用［M］. 北京：科学出版社，2015.
[10] 中国能源中长期发展战略研究项目组. 中国能源中长期（2030、2050）发展战略研究［M］. 北京：科学出版社，2011.
[11] 赵军，戴传山. 地源热泵技术与建筑节能应用［M］. 北京：中国建筑工业出版社，2007.
[12] 林丽珊. 可再生能源技术：风能利用研究及产业进展［M］. 广州：华南理工大学出版社，2021.
[13] 韩家新. 中国近海海洋可再生能源［M］. 北京：海洋出版社，2015.
[14] 鲍亚飞，熊杰，赵学凯. 室内照明设计［M］. 镇江：江苏大学出版社，2018.
[15] 王如竹，翟晓强. 绿色建筑能源系统［M］. 上海：上海交通大学出版社，2013.
[16] 张三明. 建筑物理［M］. 武汉：华中科技大学出版社，2009.
[17] 秦佑国，王炳麟. 建筑声环境［M］. 北京：清华大学出版社，1999.
[18] 宋德萱. 建筑环境控制学［M］. 上海：同济大学出版社，2023.
[19] 杨丽. 绿色建筑设计：建筑风环境［M］. 上海：同济大学出版社，2014.
[20] 刘京，陈志强. 室内环境控制原理与技术［M］. 哈尔滨：哈尔滨工业大学出版社，2007.
[21] 张丽丽. 绿色建筑设计［M］. 重庆：重庆大学出版社，2022.
[22] 高延继，王桓. 碳中和发展与绿色建筑［M］. 北京：中国建材工业出版社，2022.
[23] 张海涛，张林城，陈祥武. 建筑设计与绿色智慧建造技术研究［M］. 长春：吉林科学技术出版社，2021.
[24] 姜兆宁，刘达平. 智能照明设计与应用［M］. 南京：江苏凤凰科学技术出版社，2023.
[25] 中国城市科学研究会. 中国绿色低碳建筑技术发展报告［M］. 北京：中国建筑工业出版社，2022.
[26] 林文诗. 绿色智慧建筑技术及应用［M］. 北京：中国建筑工业出版社，2023.
[27] 马薇，张宏伟. 美国绿色建筑理论与实践［M］. 北京：中国建筑工业出版社，2012.
[28] 姚海鹏，王露瑶，刘韵洁. 大数据与人工智能导论［M］. 北京：人民邮电出版社，2017.

［29］胡玲，许维进. 人工智能应用基础［M］. 北京：中国铁道出版社，2022.

［30］杨和稳. 人工智能算法研究与应用［M］. 南京：东南大学出版社，2021.

［31］绿色建筑工程师专业能力培训用书编委会. 绿色建筑基础理论［M］. 北京：中国建筑工业出版社，2015.

［32］徐素君. 苏州奥林匹克体育中心全过程建设管理实践［M］. 北京：中国建筑工业出版社，2019.

［33］燕艳. 主动式建筑实践：以上海张江未来公园（艺术馆）项目为例［J］. 绿色建筑，2022，14（2）：12-14；17.

［34］燕艳，孙斌，沈蔚伟，等. 大型超低能耗公共建筑设计策略及技术路径：上海自贸区临港新片区 PDC1-0401 单元 H01-01 地块项目［J］. 绿色建筑，2022，14（2）：8-11.

［35］张时聪，刘常平，王珂，等. 零碳建筑定义及碳排放计算边界研究［J］. 建筑科学，2022，38（12）：283-290.

［36］朱馥艺. 生态建筑的地域性与科学性［J］. 新建筑，2002（4）：78-79.

［37］韩亚洁，许大为. 我国声景观研究现状与展望：基于科学知识图谱分析［J］. 中国城市林业，2023，21（4）：120-126.

［38］许家瑀，许琦. 场地微气候调查技术在绿色建筑设计中的应用［J］. 中国建筑装饰装修，2023（6）：82-86.

［39］马思聪，李振全，惠善康，等. 夏热冬冷地区公共建筑场地声环境优化策略研究［J］. 建筑节能，2019，47（12）：52-56；96.

［40］王伟军，李雯喆. 基于绿色建筑评价标准和绿色建材评价体系的建筑低碳选材研究［J］. 浙江建筑，2024，41（2）：91-94.

［41］齐月，陈颖. 预制构件物化阶段碳排放量测算及综合成本分析［J］. 陶瓷，2024（2）：228-230.

［42］蔡雨亭，王舜，戴胡蝶，等. 混凝土复合材料碳排放因子测算方法研究［J］. 建筑技术，2024，55（9）：1122-1125.

［43］杨春虹，蒲云云. 基于低碳理念的装配式工业建筑模块设计研究［J］. 建筑技术，2023，54（14）：1707-1710.

［44］刘柱. 低碳节能理念下建筑幕墙优化设计［J］. 居舍，2023（29）：81-84.

［45］刘绍堃. 数据中心项目屋面防水做法探究［J］. 工业建筑，2023，53（S1）：781-785.

［46］朱志明，杨红，谢静超. 适宜极端热湿气候区的建筑屋面节能构造浅析［J］. 中国建筑防水，2017（23）：26-31.

［47］SUN Y, HAGHIG-HAT F, FUNG B C M. A review of the-state-of-the-art in data-driven approaches for building energy prediction［J］. Energy & Buildings, 2020, 221: 110022.

［48］AMASYALI K, EL-GOHARY N. Building lighting energy consumption prediction for supporting energy data analytics［J］. Procedia Engineering, 2016, 145: 511-517.

［49］YUN D. A novel interval energy-forecasting method for sustainable building management based on deep learning［J］. Sustainability, 2022, 14（14）: 8584.

［50］BOURDEAU M, ZHAI Q X, NEFZAOUI E, et al. Modeling and forecasting building energy consumption: a review of data-driven techniques［J］. Sustainable Cities and Society, 2019, 48: 101533.

［51］SHEN Y X, PAN Y. BIM-supported automatic energy performance analysis for green building design using explainable machine learning and multi-objective optimization［J］. Applied Energy, 2023, 333: 120575.

［52］SEO J, KIM S, LEE S, et al. Data-driven approach to predicting the energy performance of residential buildings using minimal input data［J］. Building and Environment, 2022, 214: 108911.

[53] 郑媛. 基于"气候-地貌"特征的长三角地域性绿色建筑营建策略研究[D]. 杭州：浙江大学，2020.

[54] 蔡适然. 绿色智慧建筑的自然维度与可持续性设计策略[D]. 南京：东南大学，2019.

[55] 孙萍怡. 建筑设计中的自然要素探析[D]. 郑州：郑州大学，2016.

[56] 辛善超. 当代自然观与技术语境下的有机建构研究[D]. 大连：大连理工大学，2011.

[57] 伍未. 适应气候的建筑设计策略初探：以重庆地区为例[D]. 重庆：重庆大学，2009.

[58] 左力. 适应气候的建筑设计策略及方法研究[D]. 重庆：重庆大学，2003.

[59] 邓寄豫. 基于微气候分析的城市中心商业区空间形态研究：以南京为例[D]. 南京：东南大学，2018.

[60] QIAO Q Y, YUNUSA-KALTUNGO A, EDWARDS R. Hybrid method for building energy consumption prediction based on limited data[C]//2020 IEEE PES/IAS PowerAfrica Conference. New York：IEEE，2020.

[61] 国家技术监督局，中华人民共和国建设部. 建筑气候区划标准：GB 50178—1993[S]. 北京：中国计划出版社，1994.

[62] 中华人民共和国住房和城乡建设部. 民用建筑设计统一标准：GB 50352—2019[S]. 北京：中国建筑工业出版社，2019.

[63] 中华人民共和国住房和城乡建设部. 城市居住区规划设计标准：GB 50180—2018[S]. 北京：中国建筑工业出版社，2018.

[64] 中华人民共和国住房和城乡建设部. 民用建筑热工设计规范：GB 50176—2016[S]. 北京：中国建筑工业出版社，2017.

[65] IPCC. Special report renewable energy sources[R]. NewYork：IPCC，2011.